高等职业技术教育机电类专业教材

机械制图习题集

（机械类专业）

第5版

金大鹰　主编

机械工业出版社

本习题集是根据教育部职业教育与成人教育司编发的《高等职业学校专业教学标准》的基本要求，在总结近年来制图教学改革经验，征求读者意见的基础上，采用现行机械制图国家标准编写的，并与金大鹰主编的“十二五”职业教育国家规划教材《机械制图(机械类专业)》第5版配套使用。本习题集以“强化看图、画图的基本训练”和“突出看图能力的培养”为编写主线。习题集内容丰富，与教材内容同步、交融、互补。题型多、寓意深、角度新。图形准确、清晰、醒目。习题有一定余量，并编有一部分难度较大、附有答案的看图选做题。此外，习题集中还编写了“章首寄语”和“做题前必读”栏目，主要内容有疑难问题解答、作图方法指导等。

本习题集适用于高等职业学校、高等工程专科学校以及成人高等院校机械类各专业的制图教学，也可供近机械类专业使用和工程技术人员参考。

图书在版编目(CIP)数据

机械制图习题集：机械类专业/金大鹰主编. —5版. —北京：机械工业出版社，2019.8(2025.6重印)
高等职业技术教育机电类专业教材
ISBN 978-7-111-63585-7

Ⅰ. ①机… Ⅱ. ①金… Ⅲ. ①机械制图—高等职业教育—习题集 Ⅳ. ①TH126-44

中国版本图书馆CIP数据核字(2014)第188930号

机械工业出版社(北京市百万庄大街22号 邮政编码100037)
策划编辑：张 萍 责任编辑：张 萍
责任校对：刘雅娜 封面设计：马精明
责任印制：张 博
北京铭成印刷有限公司印刷
2025年6月第5版第20次印刷
260mm×184mm · 12.75印张 · 309千字
标准书号：ISBN 978-7-111-63585-7
定价：39.00元

电话服务	网络服务
客服电话：010-88361066	机 工 官 网：www.cmpbook.com
010-88379833	机 工 官 博：weibo.com/cmp1952
010-68326294	金 书 网：www.golden-book.com
封底无防伪标均为盗版	机工教育服务网：www.cmpedu.com

第 5 版前言

本习题集是根据教育部职业教育与成人教育司编发的《高等职业学校专业教学标准》的基本要求，在《机械制图习题集(机械类专业)》第 4 版的基础上，采用现行机械制图国家标准编写的。本习题集与金大鹰主编的“十二五”职业教育国家规划教材《机械制图(机械类专业)》第 5 版配套使用。

本习题集具有以下特点：

1. 突出看图、画图能力的培养。这是编写本习题集的主线。自投影作图起，即将画图、看图有机地结合在一起，步步相随。尤其为了突破看图难关，从点、直线、平面的投影开始，即以轴测图为媒介，以识读一面视图、试做趣题为手段，加强投影的可逆性训练，积累基本体的形象储备，引导学生走上正确的看图之路。此外，本习题集通过适时引入的有效方法和层次渐进的习题，使学生把握开启画图、看图之门的两把钥匙，使其画图、看图的能力得以强化。

2. 习题集内容丰富，题型活、寓意深、角度新，与教材内容同步、交融、互补。除了编排供学生理解、消化、巩固基本知识的习题外，又以填空、改错、判断、一题多解、对号入座、综合练习等多种形式，设计了一些灵活多样的练习题。在某些内容联系紧密之处，还编写了一些富于思考的引申题(如“点”中有直线和体的投影)。为了便于自学，习题集中不仅对学生画图时易犯的错误示出了正误对比图例，还采用了“以例引路”“依图配文”等方式引导学生作图，使其进一步理解所学知识，掌握规律。

本习题集所提供的习题有一定余量，为教师取舍及学生多练提供了方便。此外，还编排了一部分难度较大、附有答案的看图题，供学有余力的学生选做。

3. 图形清晰、美观、准确，非常利于学生看图、画图能力的训练。

4. 本习题集各章之首都开辟了“章首寄语”，其主要内容有剖析知识、抓住“经脉”、点拨重点、指破迷津、调理思路、指导学法、引导用法等。学习时，应采用“学前先读(预习)、学哪读哪(细读)、学后再读(总结)”的“三步读书法”。这样，不但能加深理解所学知识，还可收到融会知识和承上启下的效果，而且，会大大提高居高临下分析问题和解决问题的能力。

另外，本习题集还开设了“做题前必读”(位于某些章节作图题目之后)。其主要内容有直观展示、调理思路、指出关键、解疑释惑、掌握方法、明确步骤、引导作法，还有师、生教与学的经验传授和教训告诫等。作图时，通过“做题前必读”，学生可得到针对性很强的具体指导，对知识的掌握，画图、看图技能的提高会大有帮助。“章首寄语”和“做题前必读”这两个新栏目，是本习题集的一个特色。深信，它一定会成为广大读者的良师益友。

为实现立体化教学，我们完善了《机械制图(机械类专业)》第 5 版教材的配套资源，通过 AR、二维动画、微课等手段，打造全新机械制图立体化教材。教材的配套资源包括：“优视”APP、二维动画、微课、翔实版 PPT 课件(含丰富动画)、习题集答案和教学建议等。选用本教材的教师，可在机械工业出版社教育服务网(http://www.cmpedu.com/)，对教材相关配套资源进行免费下载。

➢打开“优视”APP，使用移动设备扫描书中零部件图片，即可通过交互的形式，实现零部件的自由旋转、拆分及组合，使零部件的结构一目了然。

➢使用移动设备扫描书中的二维码，可直接观看书中相关知识点和关键操作步骤的动画，方便学生学习和理解课程内容。

➢8节微课对机械制图课程中的重点、难点进行了详细讲解。

➢翔实版PPT课件，通过丰富的动画，生动地演示了绘图的过程。

本习题集适用于高等职业学校、高等工程专科学校以及成人高等院校机械类各专业的制图教学，也可供近机械类专业使用和工程技术人员参考。

参加本习题集修订工作的有金大鹰、张鑫、杜庆斌、拓晓华、高俊芳、林春江、高航怡，由金大鹰任主编。

限于编者的水平，本习题集难免存在缺点，恳请读者批评指正。

编　者

目　　录

 1-1 章首寄语。

整合知识　点拨重点　引导学法

本章为学习机械制图之开篇，其内容都是一些绘制和识读机械图样所必须了解、熟悉和掌握的最起码的基本知识和应具备的基本技能。

（1）机械图样是人们表达设计意图和交流技术思想的工具，是通用的工程语言。图样具有如此功效，是因为使用者都必须遵守统一的规范——《技术制图》与《机械制图》国家标准。因此，为了掌握画图、看图的本领，在学习本课之初，就应树立起以"标准"为准绳、严格遵守国家标准的意识。

由于图样是指导生产的技术文件，画图不能有错误，看图不能有误解，无论画图、看图都必须具有高度的责任感，具有严肃认真的工作态度和一丝不苟的工作作风。学习本课时，就应在这些方面努力培养自己。

（2）正确而熟练地使用绘图仪器和工具，将直接提高手工绘图的质量和效率。只有练好手工绘图，才能更好地掌握画图和看图方法。

（3）关于图纸幅面和格式中的"标题栏方位"问题。标题栏的方位，不仅关系到图纸的装订，还关系到看图的方向。标准中对此有两项规定：

1）在正常情况下，A4 图纸应竖放，其他图纸均应横放，标题栏位于图纸的右下角，长边置于水平方向，装订边在左面。此时，标题栏中的文字方向即为看图方向。

2）如果利用预先已印制的图纸，出现 A4 图纸横放、其他图纸竖放且标题栏位于图纸右上角的情况时（图 1），必须在图纸的下边对中符号处画一个方向符号，并以此作为看图方向。即使未用预先印制的图纸画图时，其标题栏和装订边的方位也必须采用图 1 的形式，而不可采用图 2 的形式（GB/T 4457.1—1984 旧标准中是允许的）。

还必须注意，所谓标题栏位于图纸的右下角，对于留有装订边的 A4 图纸（图 3a），则近乎是位于图纸的正下方。这是因为 A4 图纸宽度为 210mm，除去左装订边 25mm 和图框右侧 5mm 后，恰好等于标题栏的规定长度 180mm。因此，此时的标题栏当然也就通栏地居于下方了。而对于不留装订边的 A4 图纸（图 3b）来说，标题栏的左侧边显然就不应与左图框连接。

（4）绘制机械图样。几乎每张图都会遇到圆周等分、正多边形、圆弧连接等作图问题，因此应熟练地掌握其作图方法。尤其要掌握带有圆弧连接的较复杂平面图形的画法。现将其分析方法和作图步骤小结如下：

1）分析方法。画平面图形时，首先应对图形中的尺寸、线段的性质进行分析，然后才能明确作图顺序。

① 尺寸分析：先分析线段的长度、圆弧半径和角度大小等尺寸，再以图形的对称线、中心线或轮廓线作为基准分析定位尺寸。

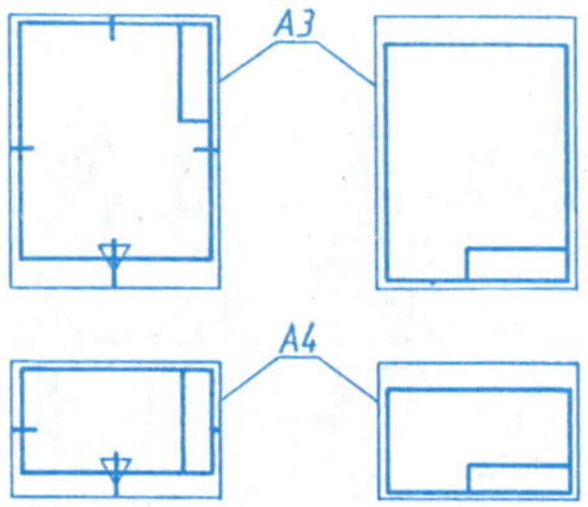

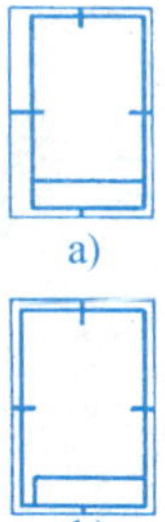

图 1　　图 2　　图 3

② 线段分析：先分析哪些是已知线段（即根据尺寸可以直接画出的线段和圆弧），再找出中间线段（即利用它与已知线段相切条件可以画出的线段和圆弧），余下的即未知线段和圆弧。画图时，先画已知线段和圆弧，再画中间线段和圆弧，最后画未知的连接线段和圆弧。

2）作图步骤

① 尺寸分析是线段分析的基础，故应先分析尺寸，再分析线段。

② 根据定位尺寸画图形的基准线，"搭好架子"。

③ 依次画出已知线段和圆弧、中间线段和圆弧、连接线段和圆弧。

画图时切勿取错尺寸，否则，图形将会走样儿、变形，甚至无法作图。

（5）斜度和锥度。斜度和锥度的概念不同，作法也不一样。在平面图形中，斜度是指直角三角形的两个直角边之比，其斜线为斜度线。锥度是等腰三角形的底边与锥高之比，两腰为锥度线。作斜度线时，先按 $1:n$ 的比例在适当部位作两直角边，再连斜线。作锥度线时，先按 $1:n$ 的比例在适当部位作等腰三角形，然后分别根据作图要求作斜线或两腰的平行线即可。斜度注在与斜度线相连的引出线上，锥度注在与素线相连的基准线上，且斜度、锥度符号方向应分别与斜度、锥度的方向相同。

（6）草图用途广泛，表达设计方案、意图时要用它；测绘零部件也是先画出草图，再依据它画出正规的图样；利用计算机绘图时，随时勾画草图也有助于记录、开拓思路，提高绘图速度。

绘制草图，除了掌握各种徒手画线的方法外，还必须注意保持图形各部分的比例关系不失真，否则，尽管图线画得很好，也是一张不合格的草图。为此，画图时应随时将图形中的每一细小部分与已拟定的总体尺寸比例进行比较，以达到局部与整体的协调。初学者为了保证图样绘制的准确性，可使用方格纸来画。

总之，作为工程技术人员，必须具备徒手画图的过硬本领，而这只有通过经常地、有意识地练才能奏效。

班级　　　　姓名　　　　学号

1-2　字体综合练习。

螺母铸钢铁钉高低速轴左旋转方案要求销出口度量尺寸画斜线材料

均布与零件截面孔包减速机盖同钻铰刮平长度方主要基准后视测定内外径

0123456789RΦ

abcdefghijklmnopqrstuvwxyz

班级　　　　姓名　　　　学号

1-3 字体综合练习。

丁字尺头紧靠图板可上下移动铅笔由左向右称重泵盖体装配后试验

投影面中心孔轴端倒角零件均布垫圈画圆长宽高技术要求相贯级其余加工

0123456789RΦ ABCDEFGHIJKLMNOPQRSTUVWXYZ

班级 姓名 学号

1-4 字体综合练习。

轴承座沉孔深泵盖制图材料数量比例审核座体号标准垫圈齿轮部件

精度等级模数齿形放大法向中心距齿宽齿顶圆直径座体的偏差螺旋角规定

0123456789RΦ

I II III IV V VI VII VIII IX X

0123456789RΦ

班级 姓名 学号

1-5 图线练习。

1. 完成图形中左右对称的各种图线。

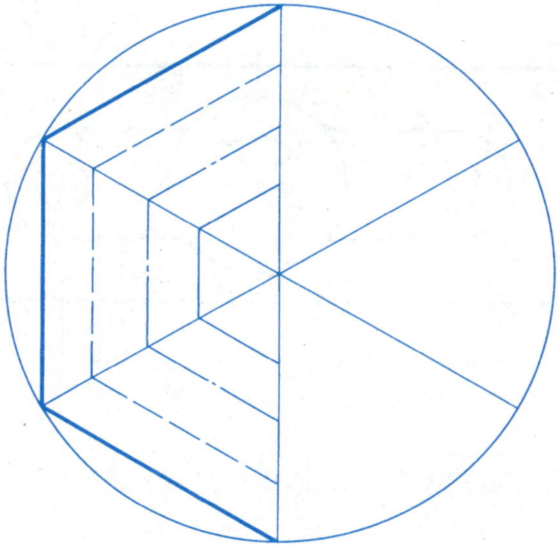

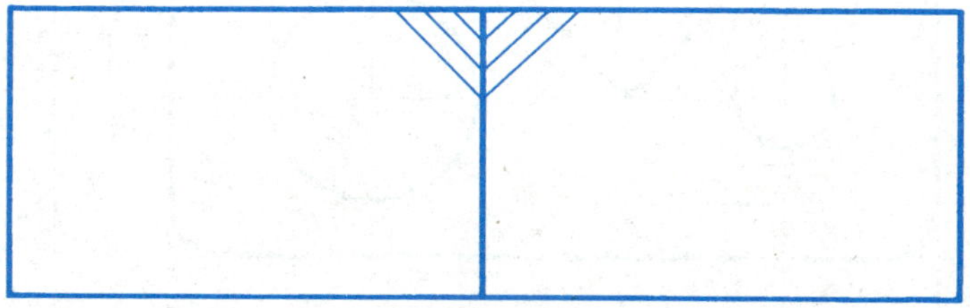

2. 过各等分点分别抄画下列图线的平行线。

3. 过中心线上给出的“小弧”抄画左图。

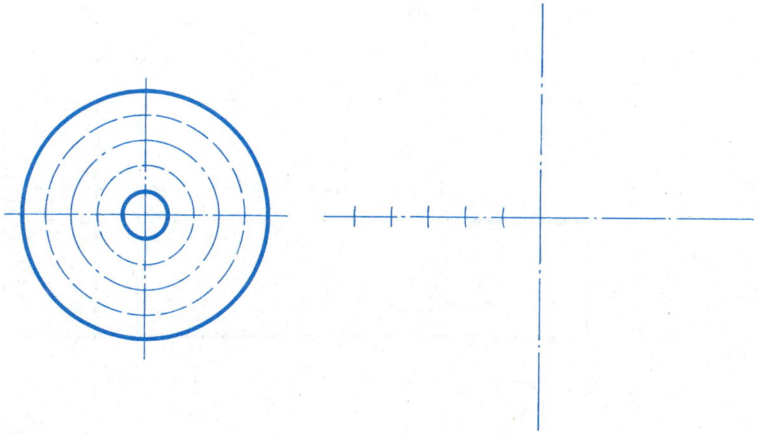

班级 姓名 学号

1-6　尺寸注法。

1. 对比阅读下列两图，以避免出现初学者标注尺寸时常犯的错误。

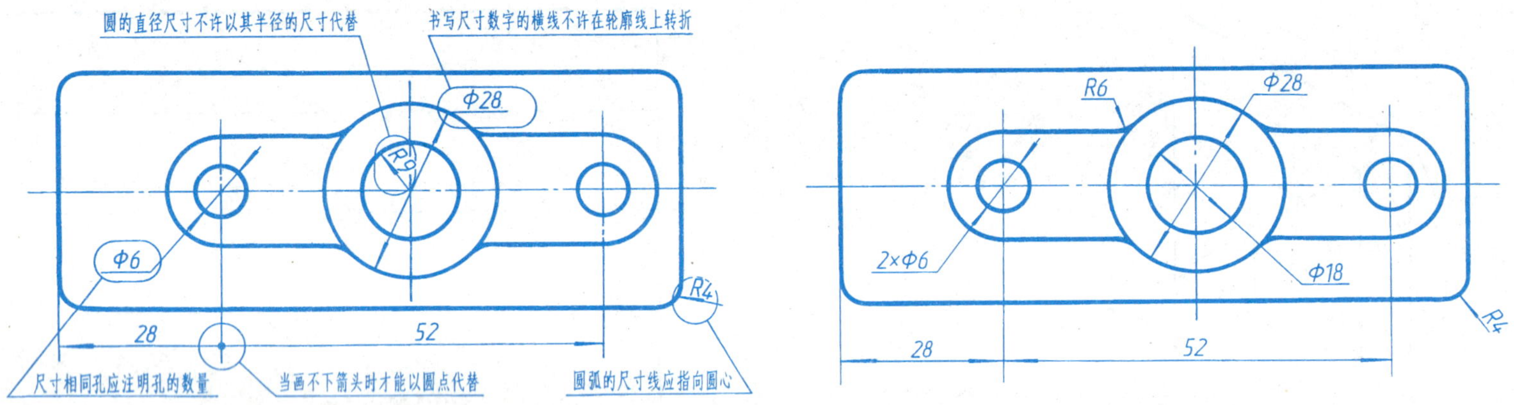

2. 在下图中填写未注的尺寸数字并补画遗漏的箭头(参照已注出的数字、箭头的形状和大小)，数值按 1∶1 量取整数。

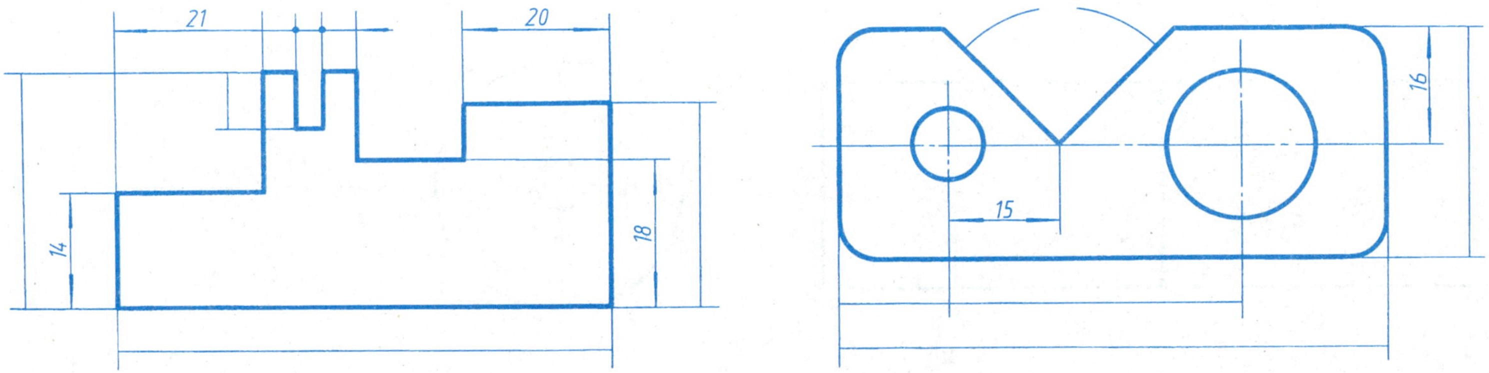

班级　　　　　　　　姓名　　　　　　　　学号

1-7 尺寸注法。

1. 检查左图尺寸注法的错误，将正确注法注在右图中。

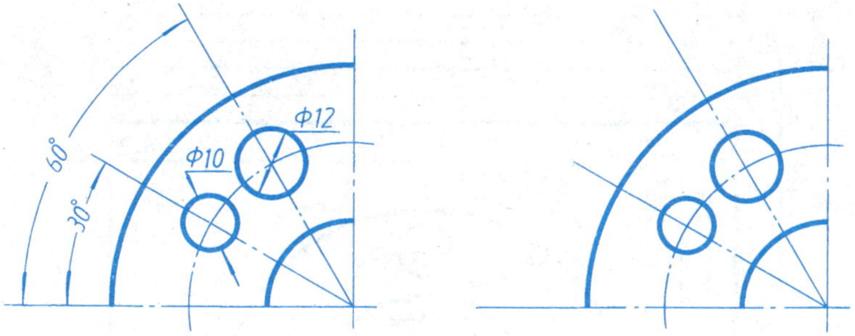

2. 填写尺寸数字（下图是按 1 : 2 的比例绘制的）。

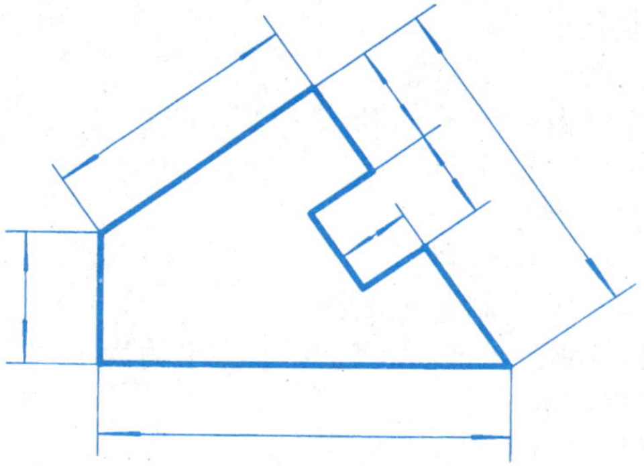

3. 将左图中的尺寸，标注在右图中。

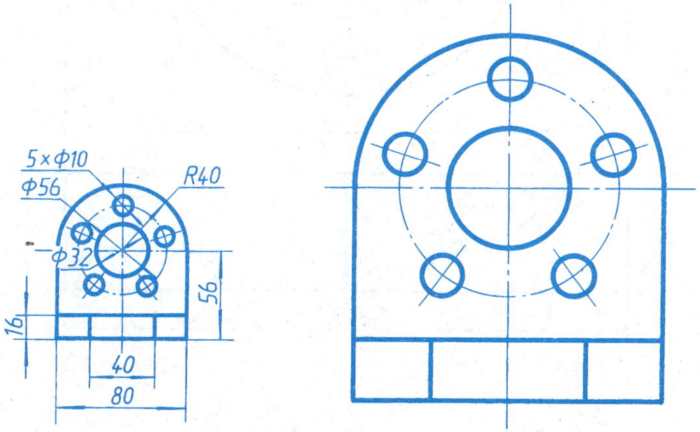

4. 分析下图中小尺寸的各种注法，并在相应图中模仿注出。

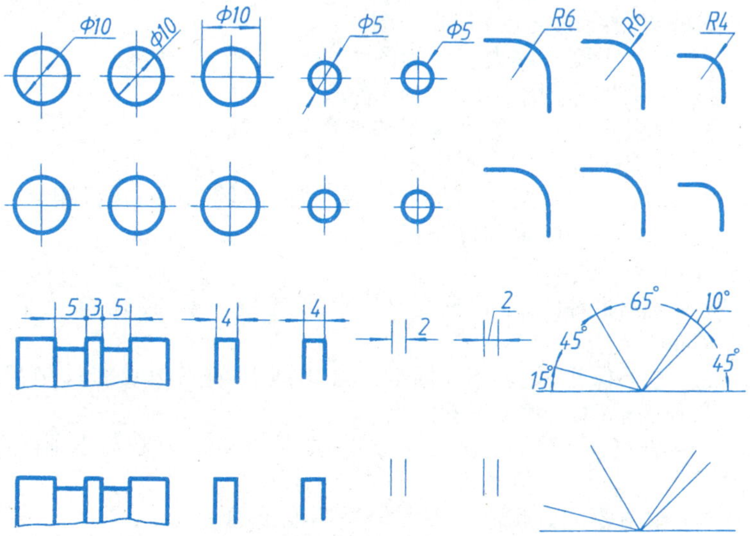

班级　　　　姓名　　　　学号

作业1 线 型

（一）作业目的

1）熟悉主要线型的规格。

2）掌握图框及标题栏的画法。

3）练习使用绘图工具。

（二）内容与要求

1）绘制图框和标题栏。

2）按图例要求绘制各种图线。

3）用A4图纸，竖放，不注尺寸，比例为1∶1。

（三）绘图步骤

1）画底稿(用H~3H铅笔)。

① 画图框。

② 在右下角画标题栏。

③ 按图例中所注的尺寸，从图纸有效幅面的中心处(标题栏以上图框对角线的交点)开始作图。

④ 校对底稿，擦去多余的图线。

2）铅笔加深(用HB或B铅笔)。

① 画粗实线圆、细虚线圆和细点画线圆。

② 按上述顺序依次画出水平方向和垂直方向的直线。

③ 画左、右两组45°的斜线，斜线间隔约为3mm(目测)。

④ 用标准字体填写标题栏。

（四）注意事项

1）各种图线必须符合国标的规定。粗实线宽度宜采用0.7mm。

2）为了保证线型符合标准，细虚线和细点画线的长画与间隔，在画底稿时，就应正确画出。

3）细点画线的长画与点要一次画出，不要画好长画后再加点。

4）作图要细致耐心，不要轻易换纸重画。

（五）图例(见右图)

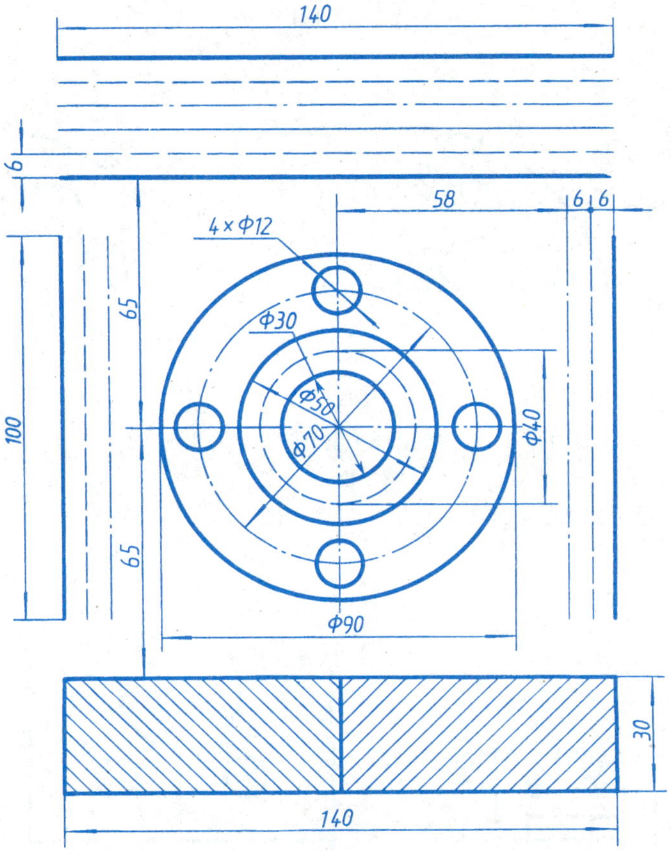

线 型		比 例	材 料	图号
		1∶2		
制图				
审核				

班级 姓名 学号

1-9 等分圆周。

1. 按右上角的图例，完成下图（前四题用圆规取等分点，再用 30°-60°三角板验证并作图）。

（1）

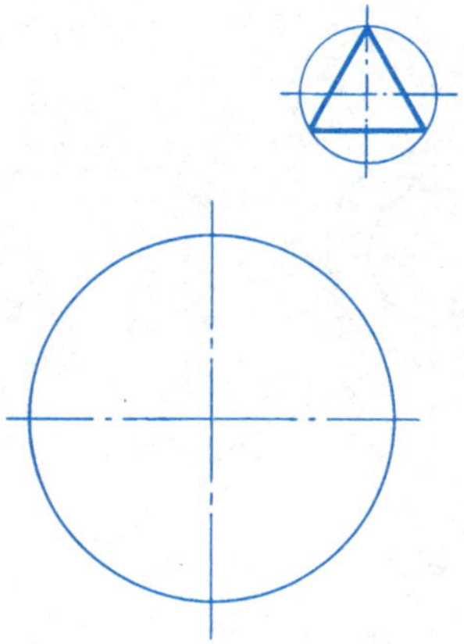

（2）

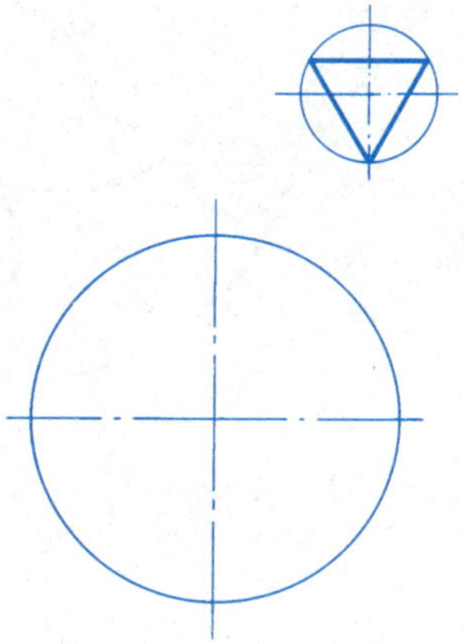

（3）

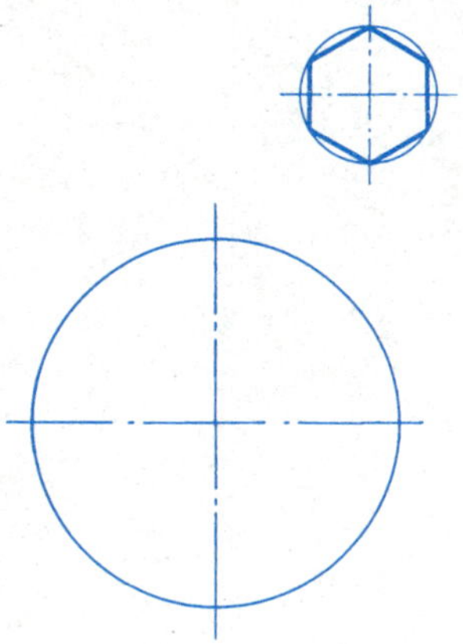

（4）

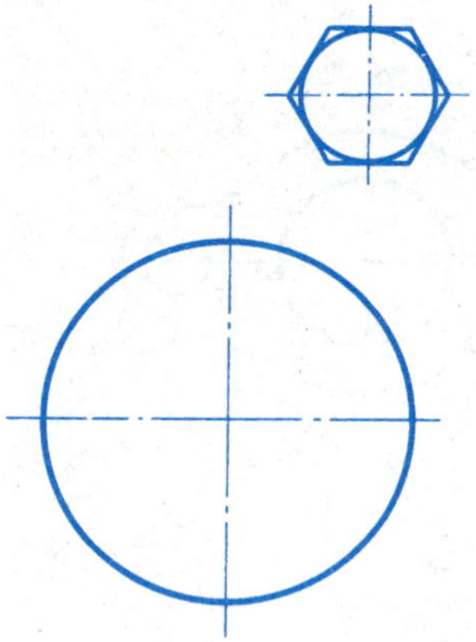

（5）

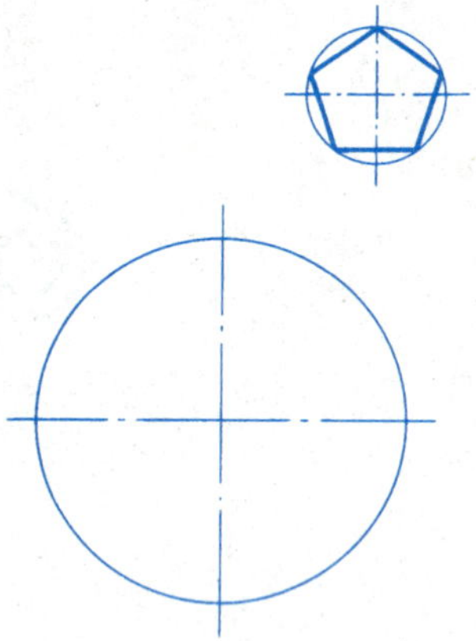

2. 按左面的图例，以 2∶1 的比例完成右图。

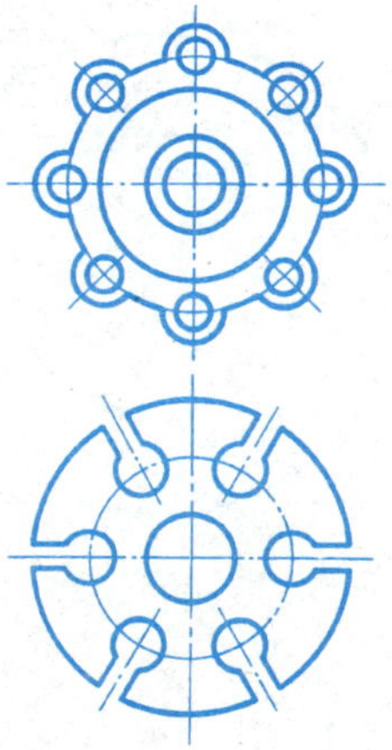

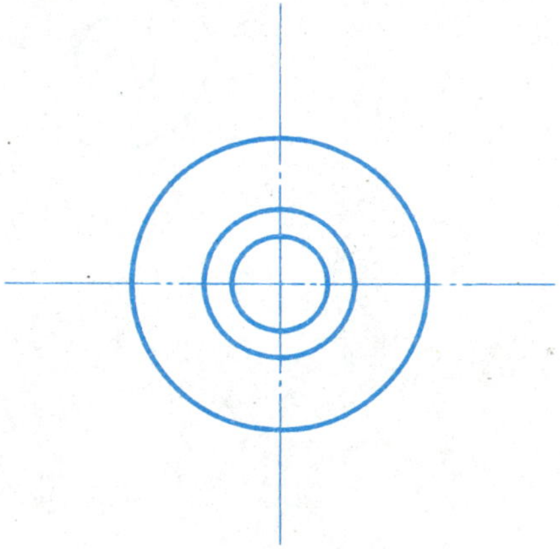

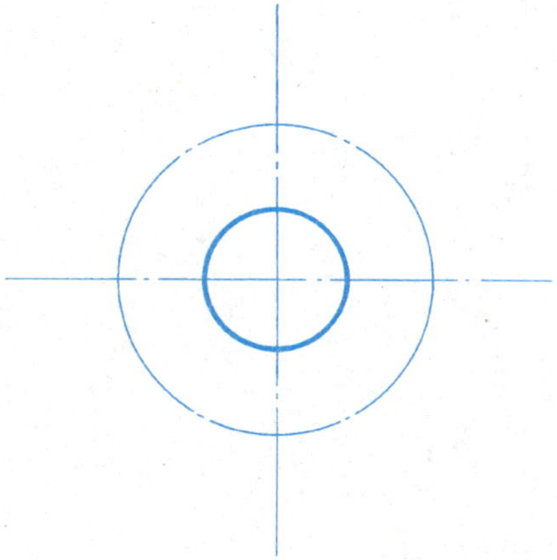

班级　　　　　　　　　　姓名　　　　　　　　　　学号

1-10　完成下列图形的线段连接(比例为 1：1)，标出连接弧的圆心和切点。

1.

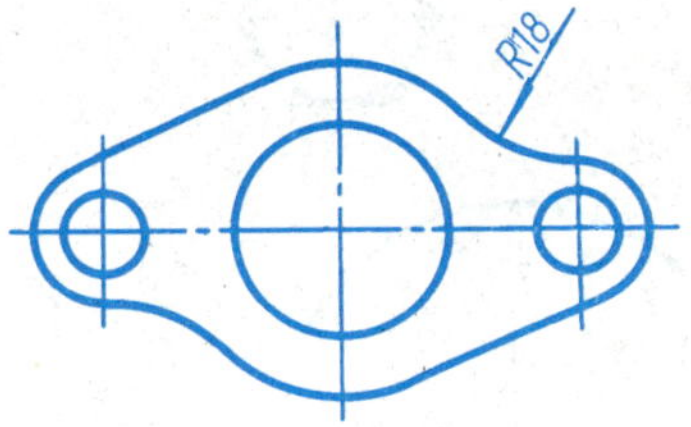

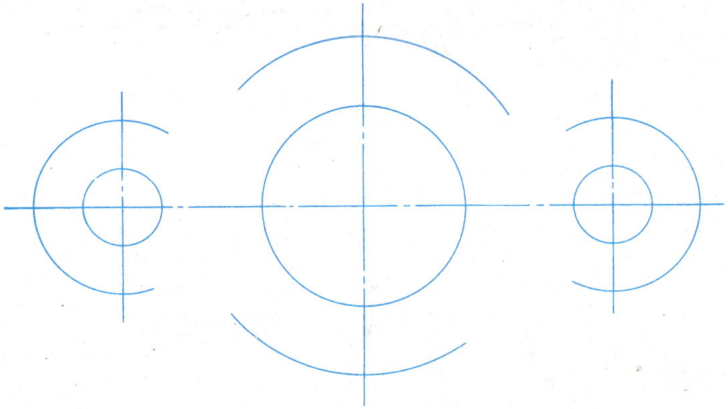

2.

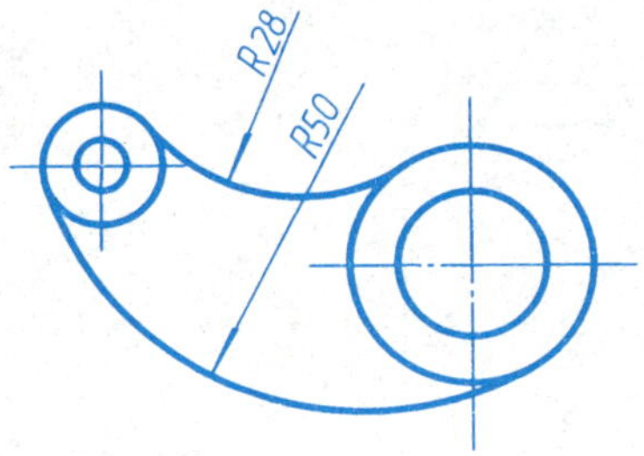

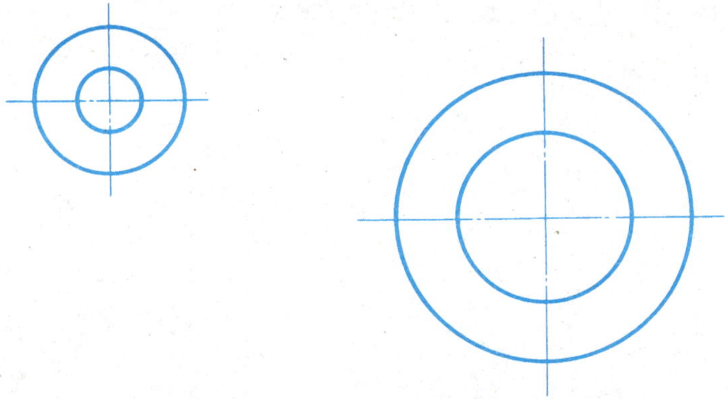

班级　　　　　　　　　　姓名　　　　　　　　　　学号

1-11　完成下列图形的线段连接(比例为 1：1)，标出连接弧圆心和切点。

1.

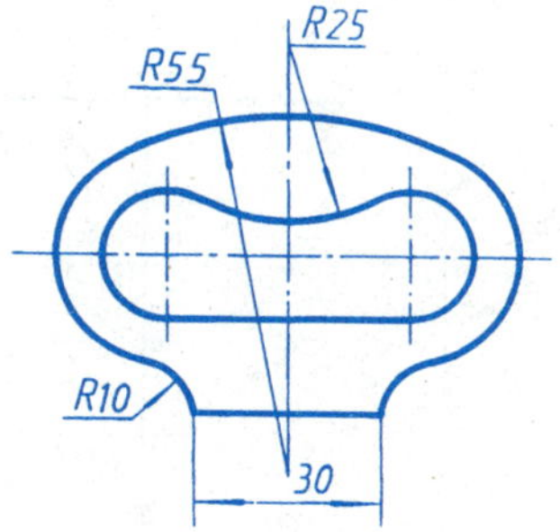

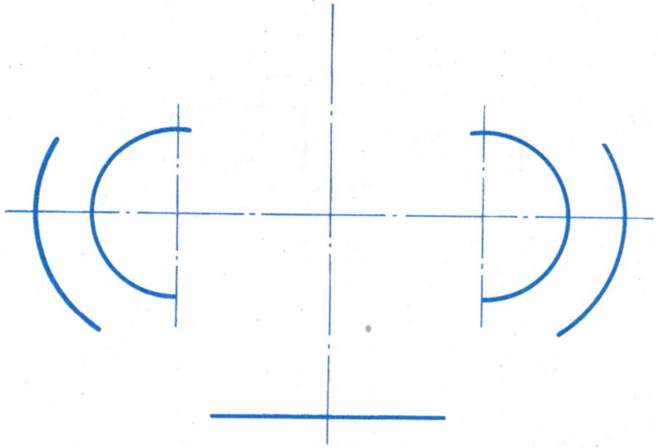

2.

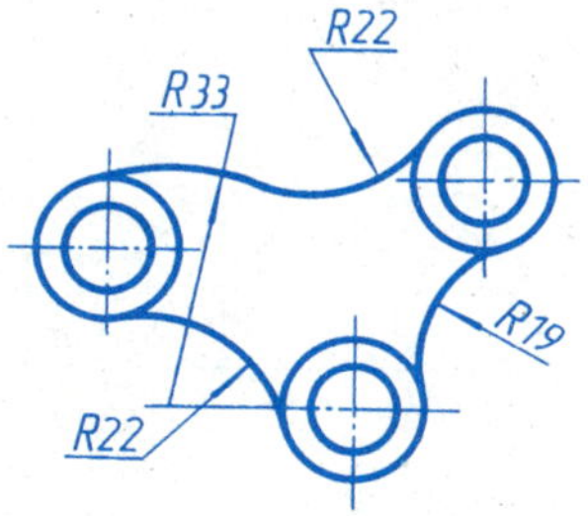

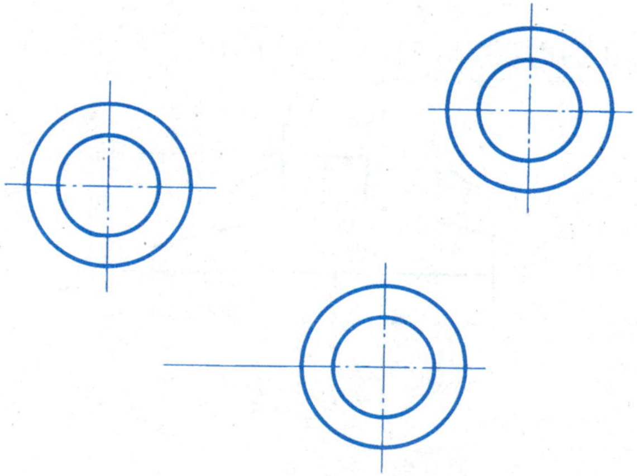

班级　　　　姓名　　　　学号

1-12 斜度和锥度。

1. 根据下图中给定的作图条件作斜度或锥度，用粗实线完成其图形轮廓图，并标注斜度或锥度。

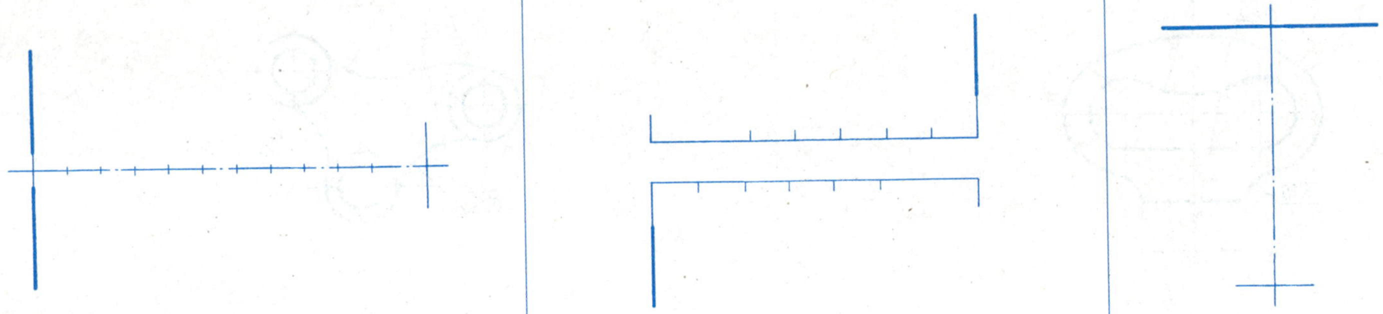

2. 按 1∶1 的比例抄画下图，并标注斜度、锥度(不注尺寸)。

(1)

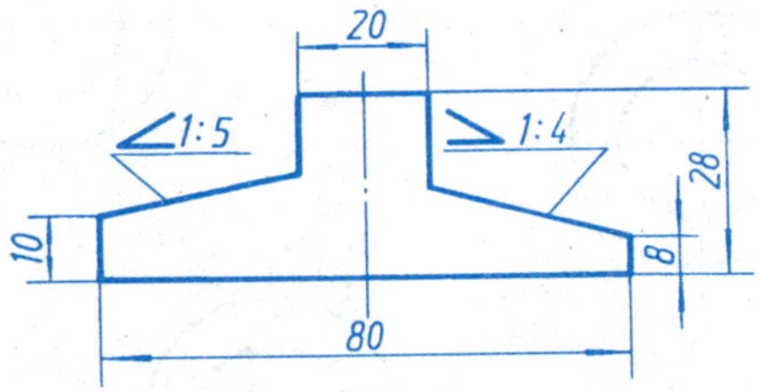

(2)

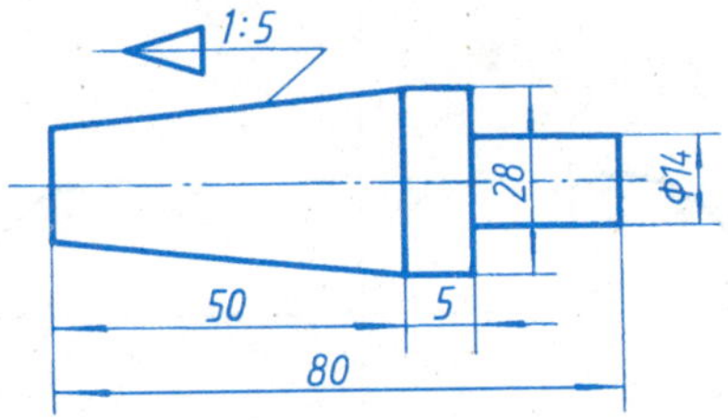

班级　　　　　　　　姓名　　　　　　　　学号

1-13 已知长轴 *AB*、短轴 *CD*，用四心近似画法绘制椭圆。

1.

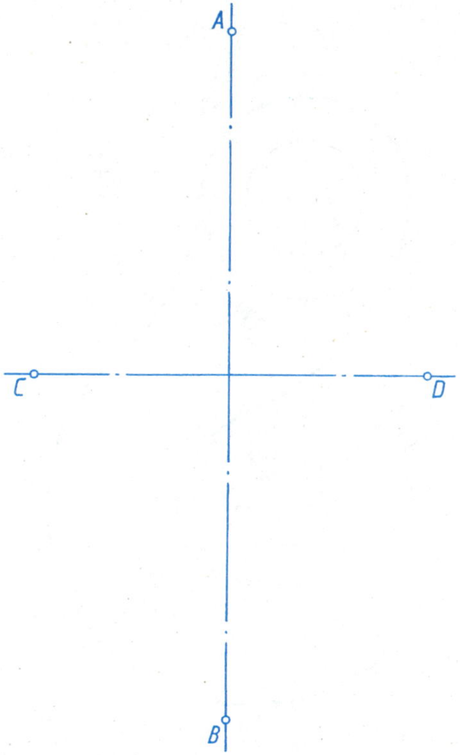

2.

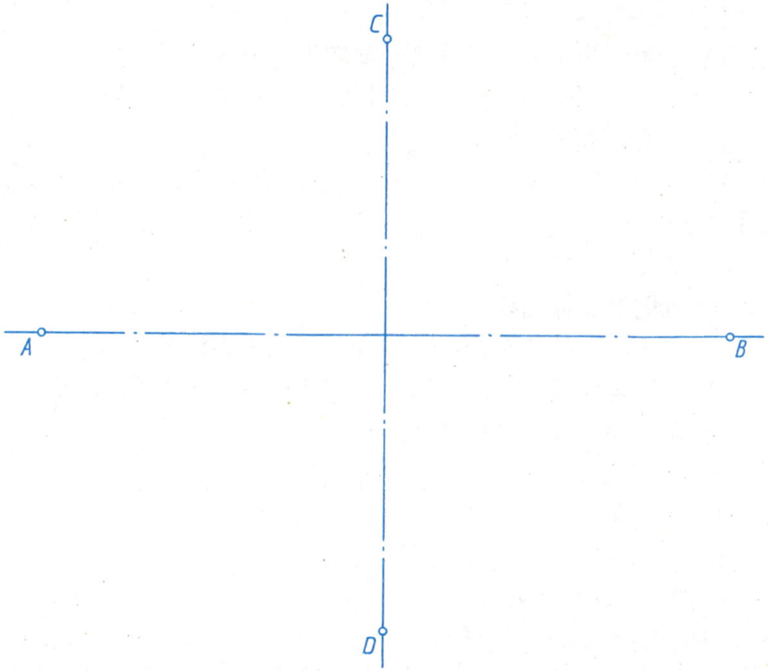

班级 姓名 学号

作业 2　平 面 图 形

（一）作业目的

1）熟悉平面图形的绘制过程及尺寸标注方法。

2）掌握线型规格及线段连接技巧。

（二）内容与要求

1）按教师指定的题号绘制平面图形，并标注尺寸。

2）使用 A4 图纸，自己选定绘图比例及图纸横放或竖放。

（三）作图步骤

1）分析图形。分析图形中的尺寸作用及线段性质，从而决定作图步骤。

2）画底稿。

① 画图框及标题栏。

② 画出图形的基准线、对称线及圆的中心线等。

③ 按已知线段、中间线段、连接线段的顺序，画出图形。

④ 画出尺寸界线、尺寸线。

3）检查底稿。

4）用铅笔加深图形。

5）画箭头，标注尺寸，填写标题栏。

6）校对及修饰图形。

（四）注意事项

1）在布置图形时，应考虑标注尺寸的位置。

2）画底稿时，作图线应轻而准确，并应找出连接弧的圆心及切点。

3）加深时必须细心，按“先粗后细、先曲后直、先水平后垂直再倾斜”的顺序绘制，应做到同类图线规格一致，线段连接光滑。

4）箭头应符合规定，并且大小一致。

5）不要漏注尺寸或漏画箭头。

6）用标准字体填写尺寸数字及标题栏。

7）保持图面清洁。

（五）图例

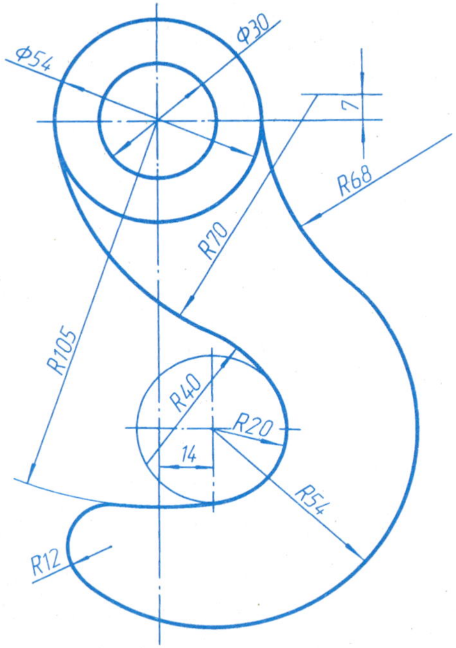

平 面 图 形			比 例	材 料	图号
			1 : 2		
制图					
审核					

班级　　　　姓名　　　　学号

1-15　平面图形作业题。

1.

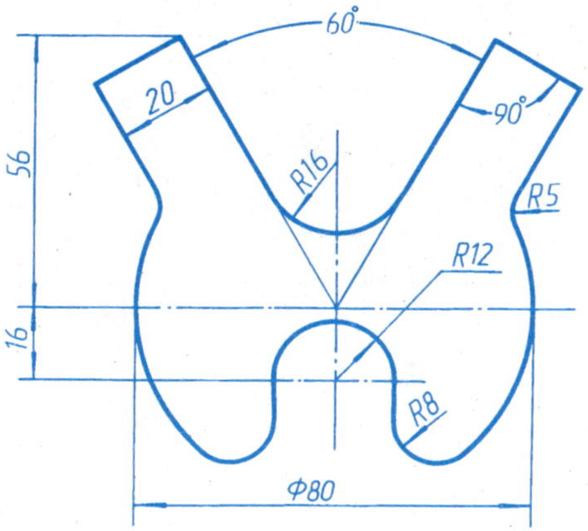

2.

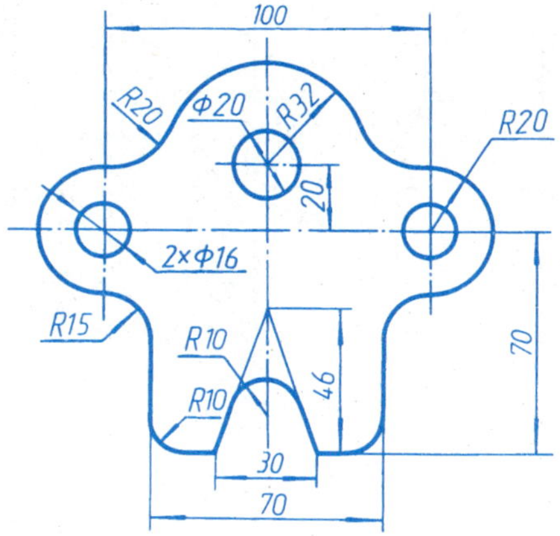

3.

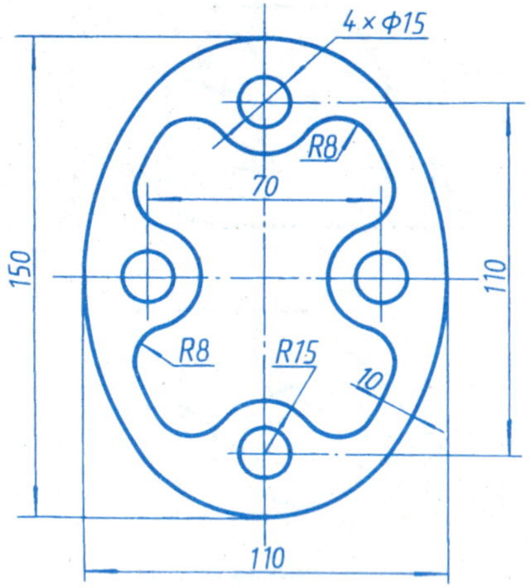

4.

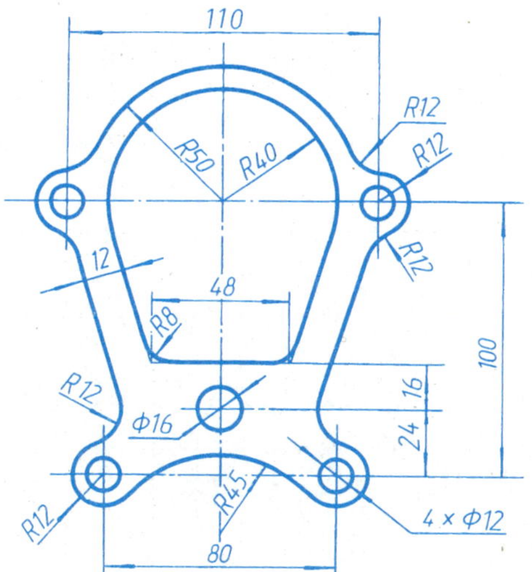

5.

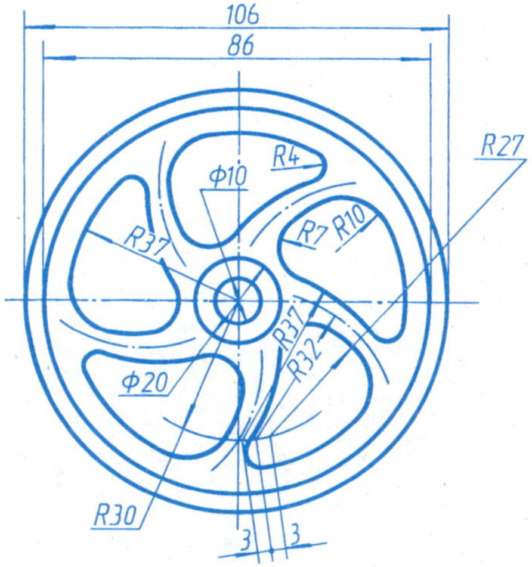

6.

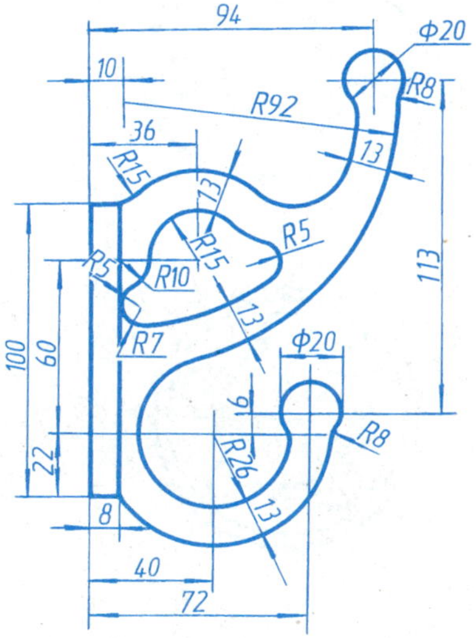

班级　　　　姓名　　　　学号

1-16　徒手画出下列图形(比例 2：1)。

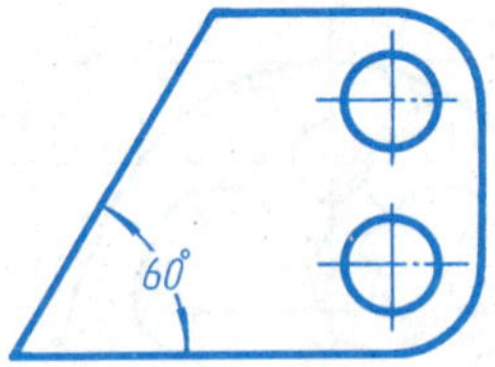

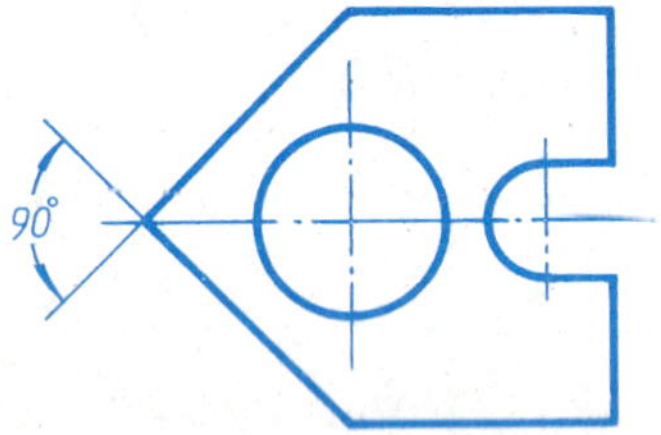

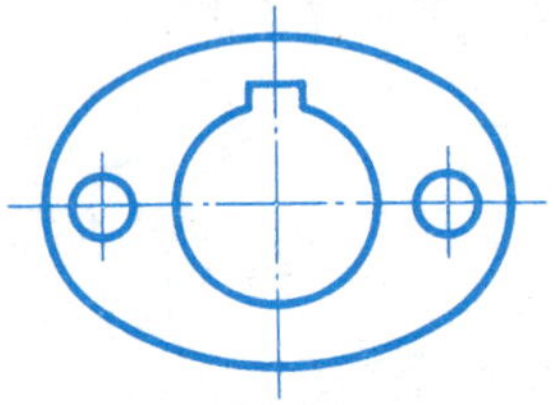

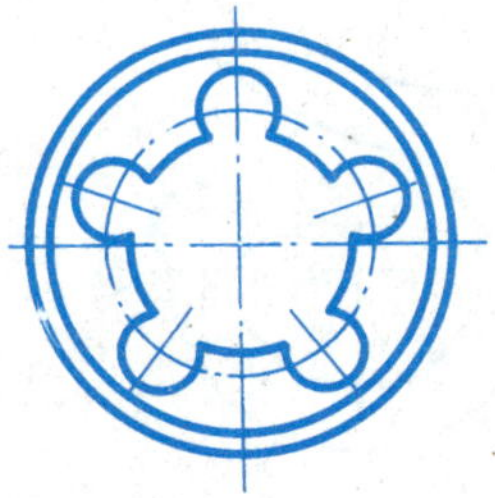

班级　　　　姓名　　　　学号

本课特点　　重点内容　　学法指南

从本章开始，学习制图课的主要任务——如何画图、怎样看图，这才真正切入正题。

先提个醒：本章内容是制图课的理论基础，在整个制图教学中具有极其重要的地位。

我们知道，任何新知识都需建立在已有的基础知识之上。然而，制图的基础知识却主要来自于本课自身，即从投影概念，点、直线、平面及简单体的投影，一阶一阶地砌垒而成。这个基础打好了，以后的学习将一帆风顺，否则将寸步难行。这既是学习之优者的经验，也是学习吃力者的教训，而且为历届学生所证明。足见，这些基础理论在教学中具有的地位，因此必须重视它、学好它、掌握它。

那么，怎样才能学好呢？下面，先介绍本课的特点及应采用的思维方式。

画图，是运用正投影法，将物体用几个平面图形表示出来的过程——由“空间”到“平面”的转化；看图，是运用投影的可逆性，根据平面图形想象物体形状的过程——由“平面”到“空间”的转化。这种转化，在画图、看图过程中每时每刻都在进行着，脑海中似乎始终有物体的形象在闪现，这就是形象思维的过程，即本课以形象思维为主。如果从投影作图开始，就着意养成正确的思维方式，学习则很容易走上正道。相反，若是采用死记硬背的学法，则难免误入歧途。

那么，具体的思维过程是怎样的呢？先举个例子——问：俯、左视图分别表示物体的哪些方位？答题时，正确的思维方式是，脑中应立即出现物体投射，投影面展开、摊平之情状；然后边想图，边回答：“俯视图反映物体的左、右和前、后，左视图反映物体的上、下和前、后。”答得有点卡壳也无妨，但是，决不能背答，答得纯熟也不可取。如果背对了，但在图中对不上号，就更糟了。显然，以后学习、做题的思维方式，均应以前者为鉴。

（一）投影规律与方位关系

“长对正、高平齐、宽相等”中的长、宽、高，其值分别在 OX、OY、OZ 轴的方向上度量。凡与 OX 轴平行的线段，再短也视为长(宽、高也同样)。“长对正”是指主、俯视图，“高平齐”是指主、左视图，“宽相等”是指俯、左视图。它与物体的方位关系相辅而行，即长度方向表示左右，宽度方向表示前后，高度方向表示上下。其中，“宽指前、后”容易弄混，不能将俯视图的上、下边，误认为是物体的上、下面(而是后、前面)；不能将左视图的左、右边，误认为是物体的左、右面(也是后、前面)。理解上的偏差，主要是忽略了投影面 H、W 在分别向下、向右旋转 90°时，空间视图也同样随着投影面一起旋转的缘故。

掌握投影规律、明确方位关系，是为了指导画图和看图。譬如，画图时，在长度方向上——主、俯视图及其中的每一部分，必须有投影对应关系。在宽度方向上——俯、左视图，在高度方向上——主、左视图，也必须有投影对应关系。看图时也同样要应用这些理论，但其角度似乎有些侧重，尤其表现在寻找上下、左右、前后关系上。很明显，若上下、左右、前后关系均不清、不明，怎么看图呢？所以，必须明确：主视图不反映前、后，俯视图不反映上、下，左视图不反映左、右。反过来讲，若想象物体的左、右关系，必须看主、俯视图；想象物体的上、下关系，必须看主、左视图；想象物体的前、后关系，必须看俯、左视图。

上面的内容可归结为一句话：投影、方位关系很重要，它是开启画图、看图之锁的金钥匙。所以，必须通过作图反复地练，才能达到融会贯通、真正掌握的效果。

（二）点、直线、平面的投影

点、直线、平面是组成物体最基本的几何元素，研究其投影，将起到从微观的角度进一步揭示画图实质、加深理解物体由空间到平面转化过程的作用，对画图和看图具有重要的理论指导意义。

1. 点的投影

“两点的相对位置”是本节内容的要害，它与“视图与物体的方位关系”一脉相承，具有训练辨向、转向的作用。

学习时，应把握住以下几点：

（1）两点的相对位置，是相对于投影面而言，是指空间两点至各个投影面的距离，以坐标表示，由三个异向坐标差决定。

（2）判别时，先看一面投影(任选)，以确定出两个方向的位置：如 W 面，根据两点的 Z 坐标确定出上下，根据 Y 坐标确定出前后。再看另一面或两面(V、H 面)投影，根据 X 坐标，以确定 W 面所不能反映的左右位置。这样，由二维到三维，才能确定空间两点的相对位置。

（3）看投影图时，最终的熟练程度应达到：即刻反映出两点投射的空间(即投影时的轴测图)情状，然后迅速地判定出两点的上下、前后、左右的位置关系，进而能说出：它是通过什么坐标反映的，以及至该投影面距离的大小(包括为“0”的情况)等。

（4）熟练地掌握空间两点的轴测图画法。这种轴测图，实际上就是投影面展开前两点投射的原始状态。它不仅能直观地反映出空间两点的相对位置，同时，也为绘制直线、平面乃至简单体的轴测图打好基础。

班级　　　　姓名　　　　学号

2. 直线、平面的投影

（1）掌握各种位置直线、平面的投影特性，其熟练程度应达到：①能够迅速地画出各种位置直线、平面的三面投影图，并总结出投影特性；②根据各种位置直线、平面的投影图，应即刻反映出空间的投射状态，想象出线、面的空间位置，说出其线、面的名称。

（2）学习时，可将教室三个互相垂直的墙面当作投影面，用铅笔、三角板等物比示，在画、看的反复演练中，验证、归纳投影规律。除完成习题外，还应以画徒手图的形式、采用自己拟题（如画三面投影图、给出两面求作第三面投影等）的方法，多多演练，务必做到切实掌握。同时，还要注意将线、面的投影与简单体的投影结合起来进行分析。

（三）几何体的投影

1. 认清几何体，熟知其三视图

所谓“认清”，是指在视图中，几何体（或部分几何体）的方位无论怎样变化，都能说出它的名称。所谓“熟知”，是指熟练地掌握各种位置几何体的三视图画法，或根据其两视图或三视图，迅速地想象出它的形状来。这只有正确地进行点、线、面的投影分析，并通过不断变法地练（如将锥体的锥顶进行上下、前后、左右的变位，先画出三视图，再据此想出其形状和方位），才能达到。“熟知”的目的，可以说这是在为构筑“制图大厦”砌好基石。

2. 回转体的投影

针对回转体的投影，学习时要注意以下几点：

（1）回转面上素线的投影分析。从回转面形成的过程可以想象出，回转面是从母线起绕轴转至母线止，由一条挨一条的素线围成的。也就是说，这些看似光滑的表面，实际是由无数条素线密集、有序地排列而形成的。因此，回转体的三视图，也就是各自所有素线投影的集合。反之，在三视图上，也完全能够找出其所有素线的对应投影来（自己试试看）。透彻地理解这一点，将直接关系到体表面上点、线的求法。

（2）特殊位置素线的投影意义。特殊位置素线的投影确实有它的特殊性：①位置特殊——它们通常处在视图中最前、最后、最左、最右、最上、最下的极端位置，或图形的对称线上；②投影特殊——它们在轴线所平行的投影面上的投影，都反映素线的实长或实形；③作用特殊——它们既是某个视图中的主要轮廓线，又是转向线和体表面上可见与不可见部分的分界线。因此，掌握这些特殊性，对画图、看图及判别回转体表面上点、线投影的可见性，都很有帮助。

（3）回转体表面上的点。求体表面上点的投影具有深刻的含义：①起到辨向作用，培养空间思维能力；②为求体表面上交线的投影打基础。因此，必须熟练地掌握。

求体表面上点的投影，一要步骤清，二要方法明。即根据已知点的位置，先判别出欲求点投影的大致位置和可见性，再根据已知点所在表面的投影特性，选择合适的求法：如点所在表面为特殊位置，可利用其投影的积聚性直接求得（棱柱、圆柱常用此法）；如其表面的投影没有积聚性，则必须通过先在面上取线，再在线上取点的方法间接求得（棱锥、圆锥、圆球、圆环等常用此法）。

（4）回转体的轴线、物体的对称线、圆的中心线，必须在视图中以点画线清晰、规范地画出，它对画图、看图和标注尺寸将起着基准或定位的重要作用。因此说，视图中不画这些线，实在是一种错误。

（四）线框的含义

视图中的封闭线框（单个框、相邻框、框中框），既可以表示“面”，也可以表示“体”，看图时用它来分析面与面间的相对位置或体与体间的凸凹关系是非常奏效的，故必须掌握线框分析法（由于线框的含义是约定俗成的结论，故不要硬抠字眼和死板地套用。当所看的视图难以划分线框或经线框分析不奏效时，就不宜采用此法，而应进行点、直线、平面的投影分析，进而将图看懂）。

（五）识读一面视图

与“线框”的内容相连，习题集中安排了“识读一面视图”，这些练习对提高空间想象能力、创新能力、打通看图思路、丰富形象储备具有莫大好处。再者，看图本来就是先从某一个视图（或其一部分）看起的，因此我们一定要掌握这种识图技巧，就是看三视图时也应有意识地进行这种训练，即先“遮盖”住两个，只看一个，想出物体的几种可能形状后，再与另两个视图相对照，即便与预想的投影不完全吻合，也不会相差太远，能够很快地将图看懂。如此练习，可以收到非常好的学习效果。

2-2 分析三视图的形成过程，并填空说明三视图之间的关系。

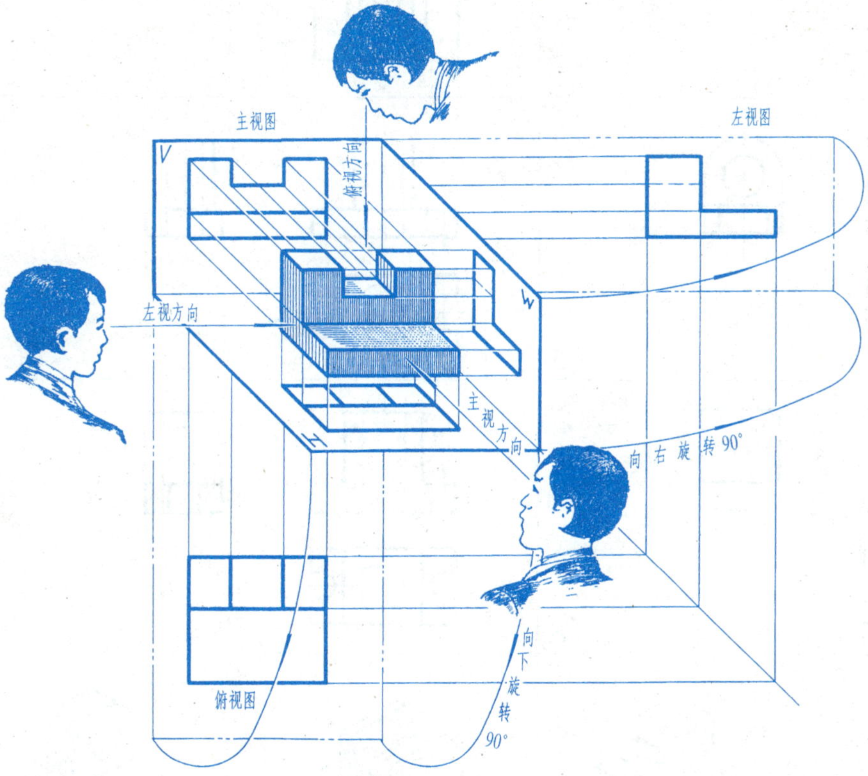

投射方向与视图名称的关系

由____向____投射所得的视图，称为________；
由____向____投射所得的视图，称为________；
由____向____投射所得的视图，称为________。

视图间的三等关系

主、俯视图________；
主、左视图________；
俯、左视图________。

视图与物体间的方位关系

主视图反映物体的______和______；
俯视图反映物体的______和______； 填入下图括号中
左视图反映物体的______和______。

俯、左视图，远离主视图的一侧，表示物体的____面；靠近主视图的一侧，表示物体的____面。

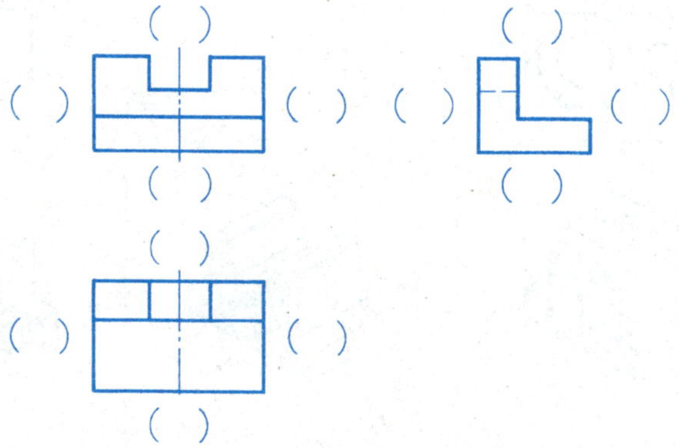

2-3　分析下列三视图，辨认其相应的轴测图，并在空圈内填上相应三视图的编号。

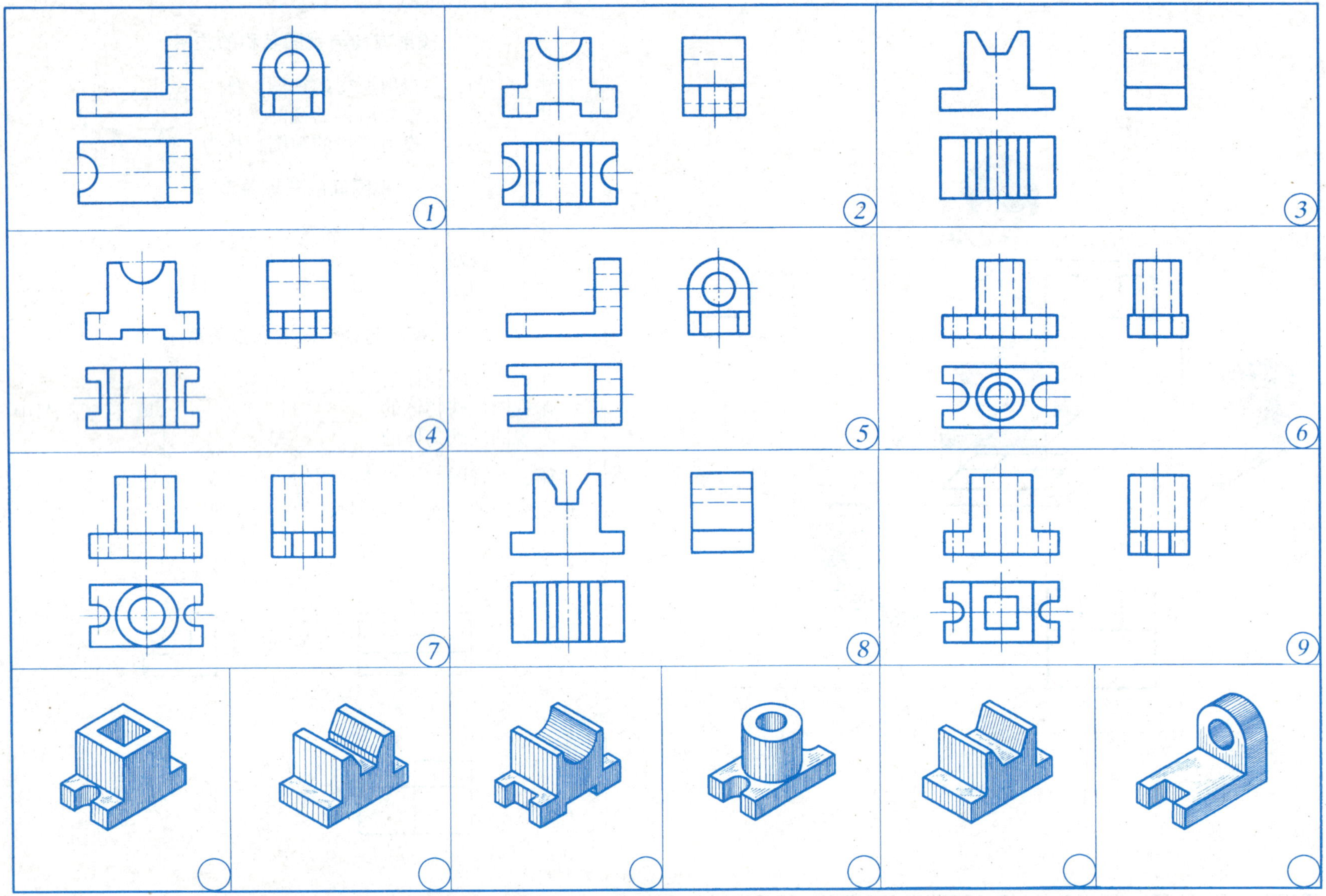

班级　　　　　　姓名　　　　　　学号

2-4 辨认与主视图对应的俯视图及立体图，并将其编号填入表中的相应位置。

主视图

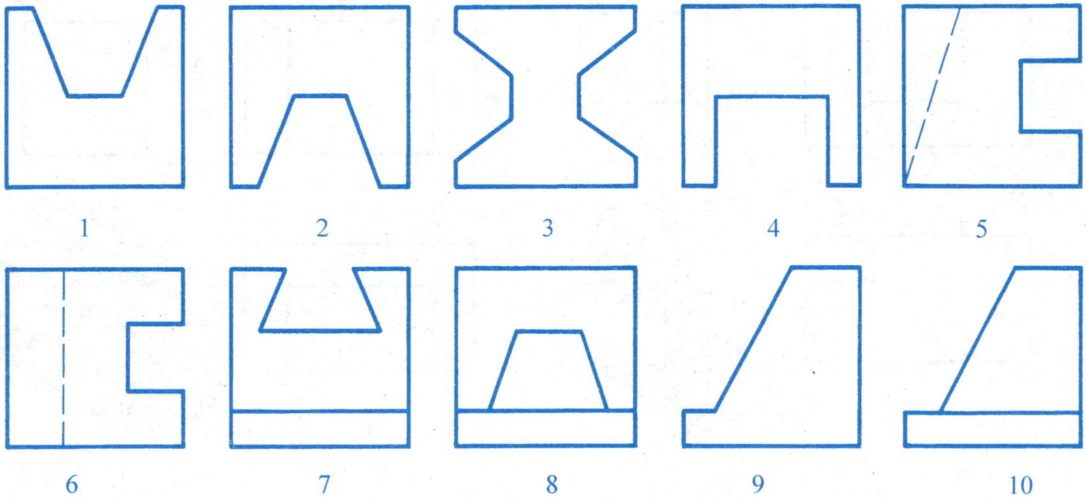

俯视图

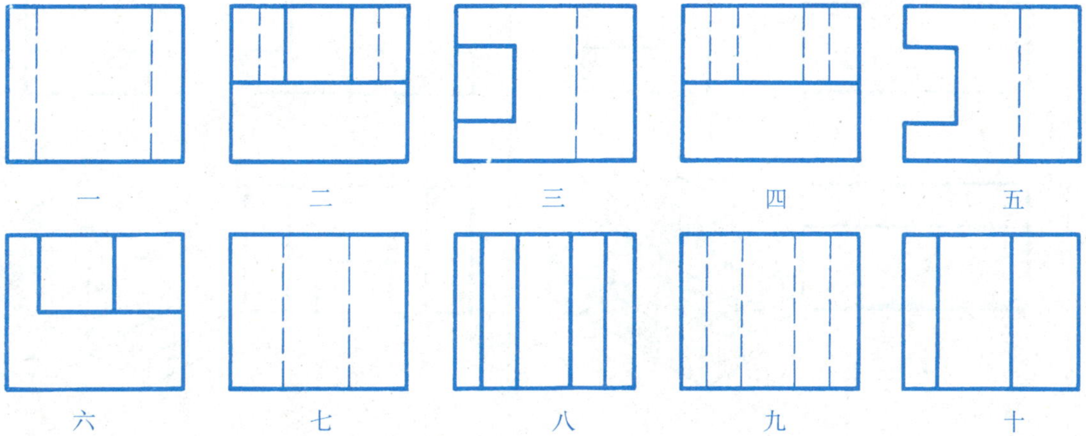

立体图

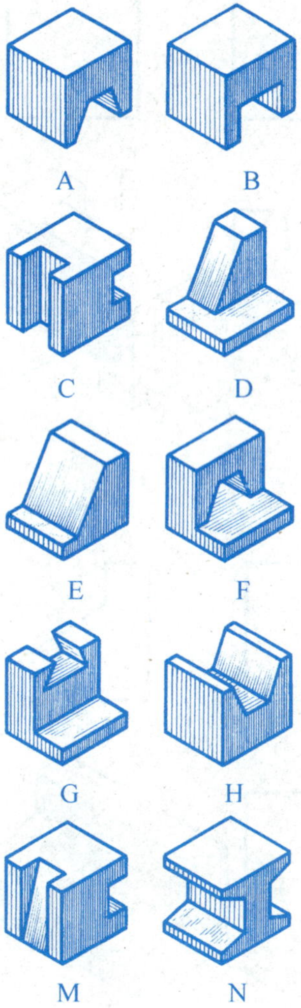

主视图	俯视图	立体图
1		
2		
3		
4		
5		
6		
7		
8		
9		
10		

班级　　　　姓名　　　　学号

2-5 将轴测图上表示投射方向的箭头，注上“主视”或“俯视”或“左视”，然后参照轴测图补画视图中所缺的图线。

1.

2.

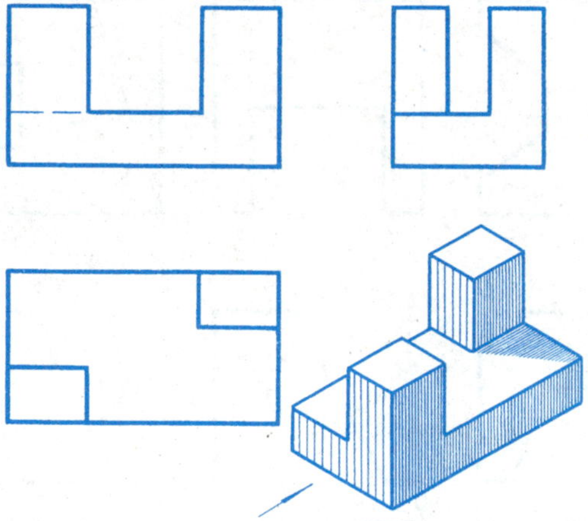

3.

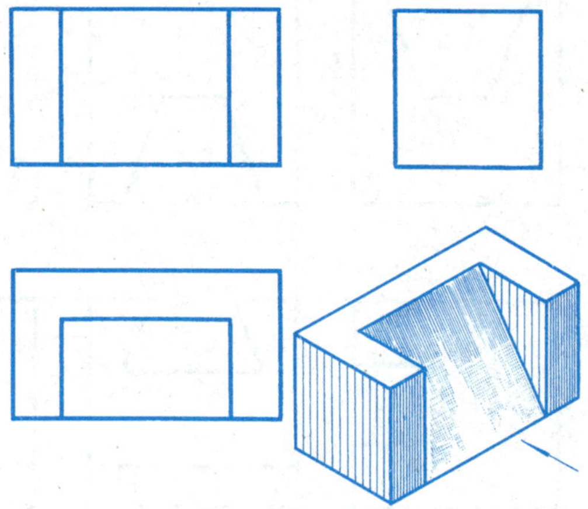

4.

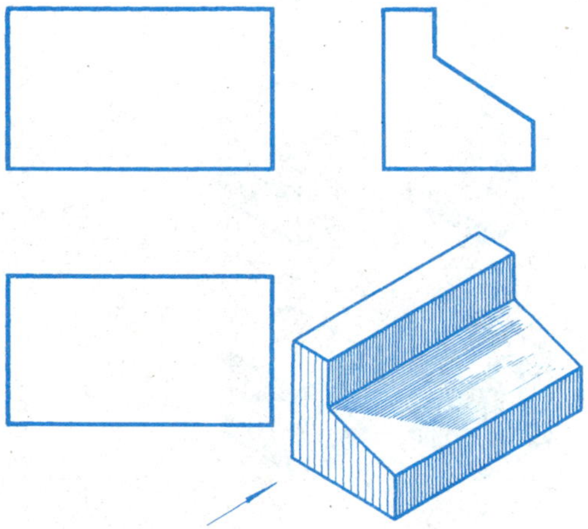

5.

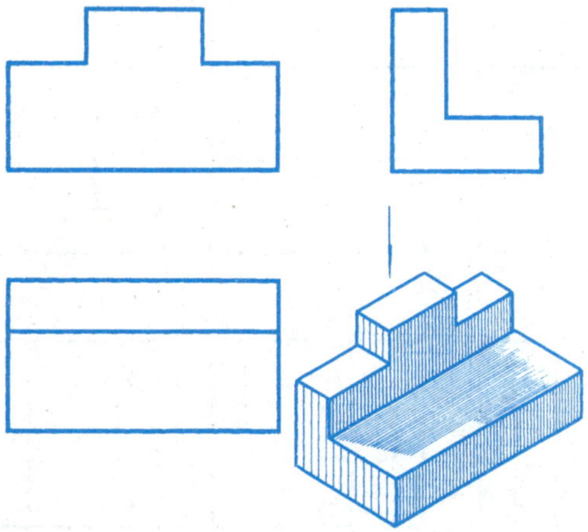

6.

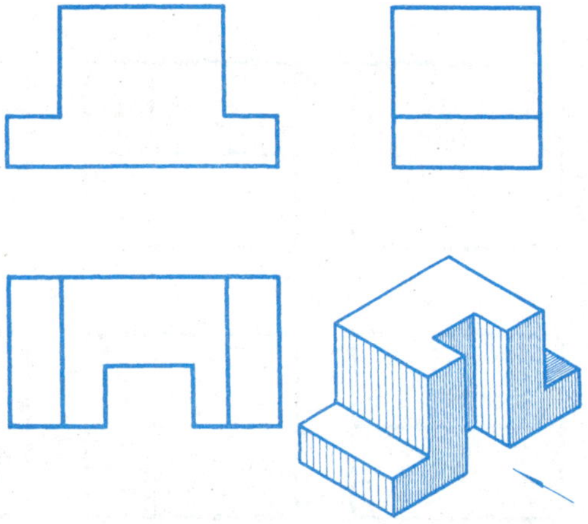

班级　　　　姓名　　　　学号

2-6　根据三视图辨认其相应的立体图（将其编号填在空圈内），并徒手补全视图中所缺的图线。

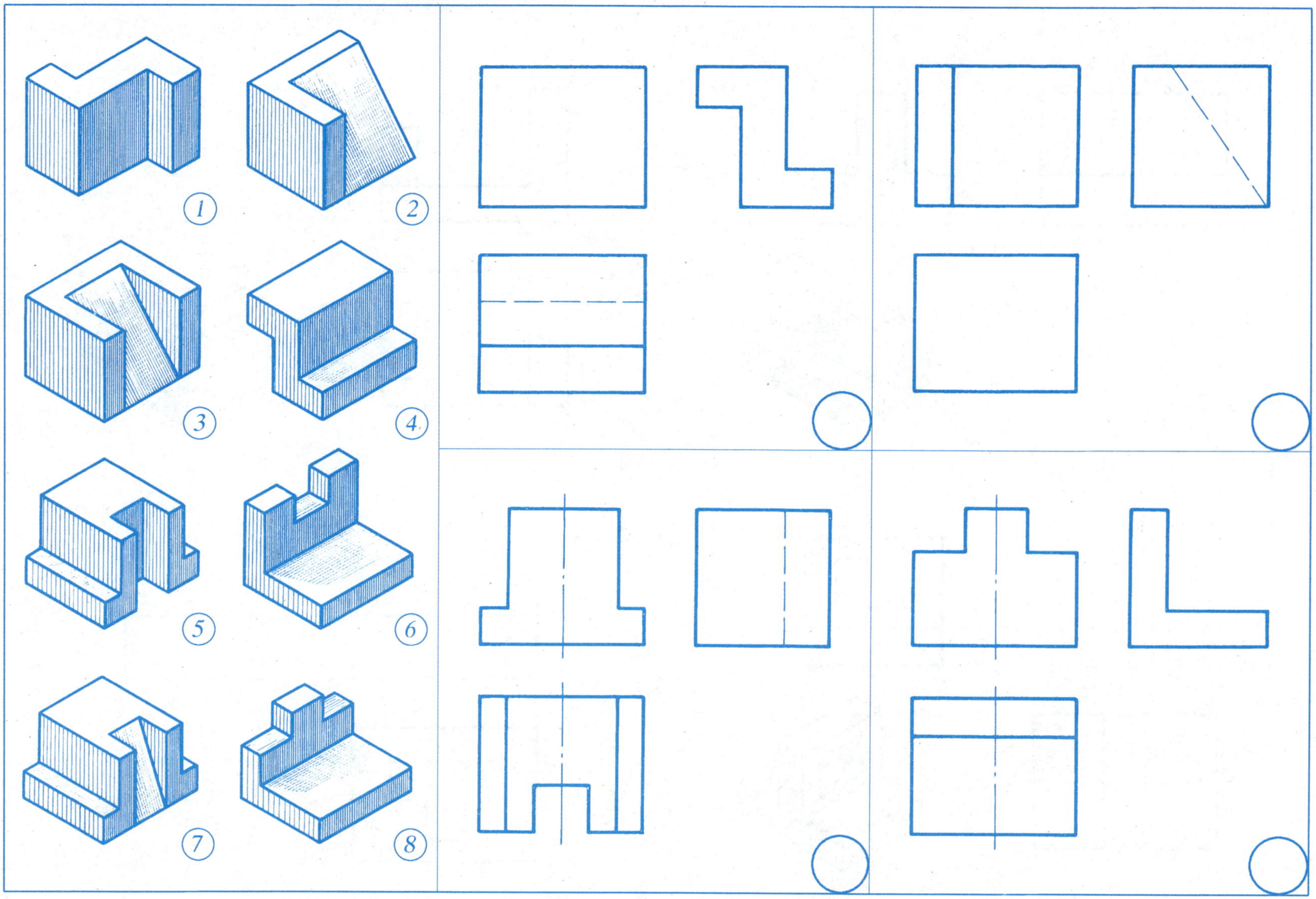

班级　　　　　　　　姓名　　　　　　　　学号

2-7　第 1、2、3 题：根据两视图，参照立体图徒手补画所缺的第三视图；第 4 题：根据俯视图，完成主视图、左视图(形状自定)。

1.

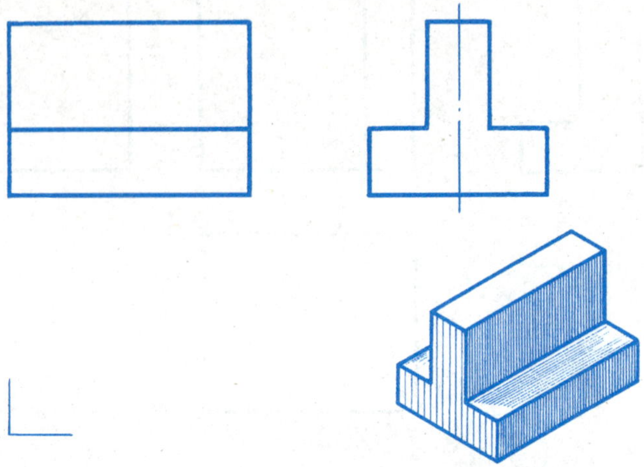

2.

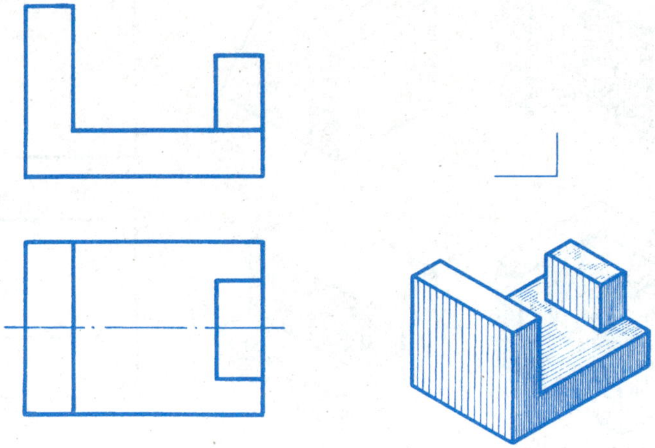

3.

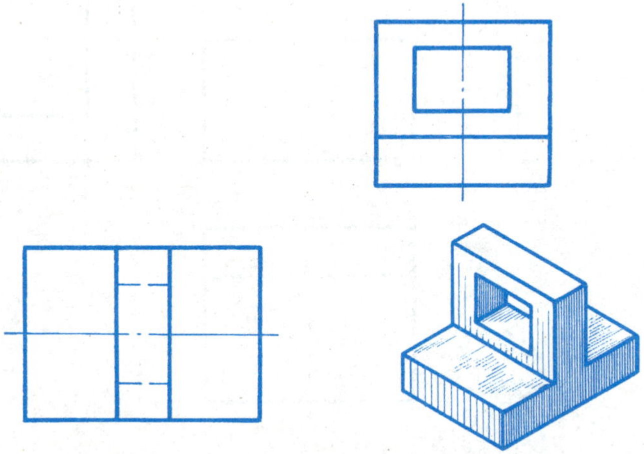

4.

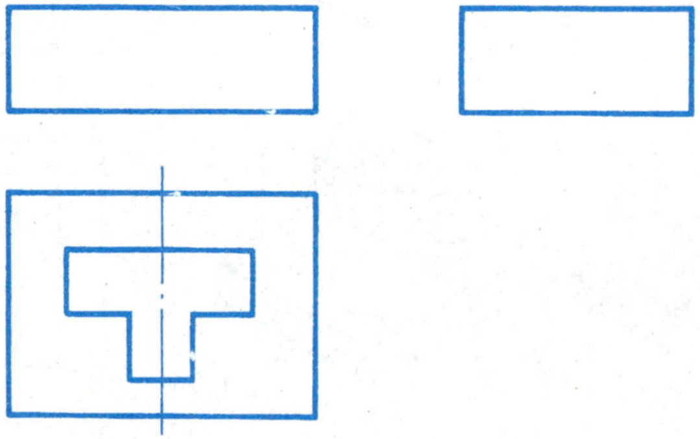

班级　　　　姓名　　　　学号

作业 3　三　视　图

（一）作业内容

根据模型(或轴测图)画三视图。

（二）作业目的

1）初步掌握根据模型画三视图的方法。

2）掌握三视图之间的对应关系。

3）进一步掌握绘图工具和用品的使用方法。

（三）作业要求

1）用 A3 图纸，横放，每张纸画六个模型的三视图。

2）画出投影轴和全部投影连线。

3）绘图比例自定。

（四）作图步骤

1）先用细实线将图纸的有效作图面积均匀分成六格。布图时，三视图之间的距离应适当，六组三视图的总体布局应协调、匀称。

2）主视图的选择，应能明显地表现模型的形状特征。一般常以模型的最大尺寸作为长度方向的尺寸。在决定主视图投射方向时，还应考虑到各个视图中的细虚线越少越好。

3）起底稿，首先画出投影轴，其次画外形轮廓线，再按顺序画其他轮廓线。

4）底稿完成后，经检查、修正，再按线型的规格描深。

（五）注意事项

1）三视图应按规定的位置配置，且符合“长对正、高平齐、宽相等”的关系。

2）度量模型尺寸所得的小数，画图时要化为整数。

3）应注意细虚线与其他线相交处的画法。

（六）图例

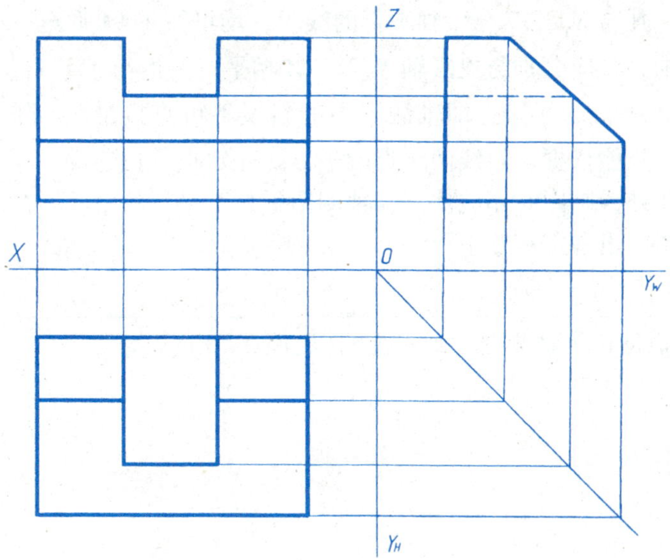

班级　　　　姓名　　　　学号

根据轴测图画三视图时，怎样度量尺寸呢？

轴测图中的轴测轴 X_1、Y_1、Z_1 与三视图中的投影轴 X、Y、Z 有着一一对应的关系。在正等轴测图（右图）中度量尺寸时，凡与 X_1、Y_1、Z_1 轴平行的线段，均可按 1 : 1 取至三视图中，且应分别与投影轴 X、Y、Z 相平行。但与 X_1、Y_1、Z_1 轴不平行的线段，即轴测图中的斜线不可直接量取。作图时，只能依据该斜线两端点的坐标，先定点，再连线。

此外，画图时还应注意，轴测图中相互平行的线段，在三视图中也一定相互平行。

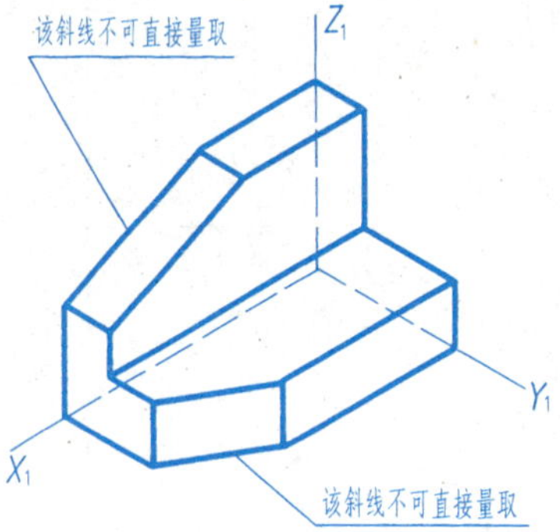

正等轴测图

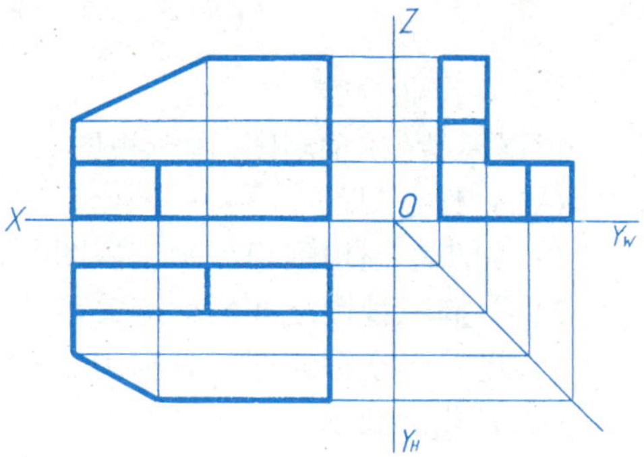

三视图

1. 根据正等轴测图，画三视图（比例 2 : 1）。

2. 根据正等轴测图，画三视图（比例 2 : 1）。

班级　　　　姓名　　　　学号

2-10　根据轴测图画三视图作业题（由教师选定6个作为上板作业题，其余各题在后两页方格纸上徒手画三视图）。

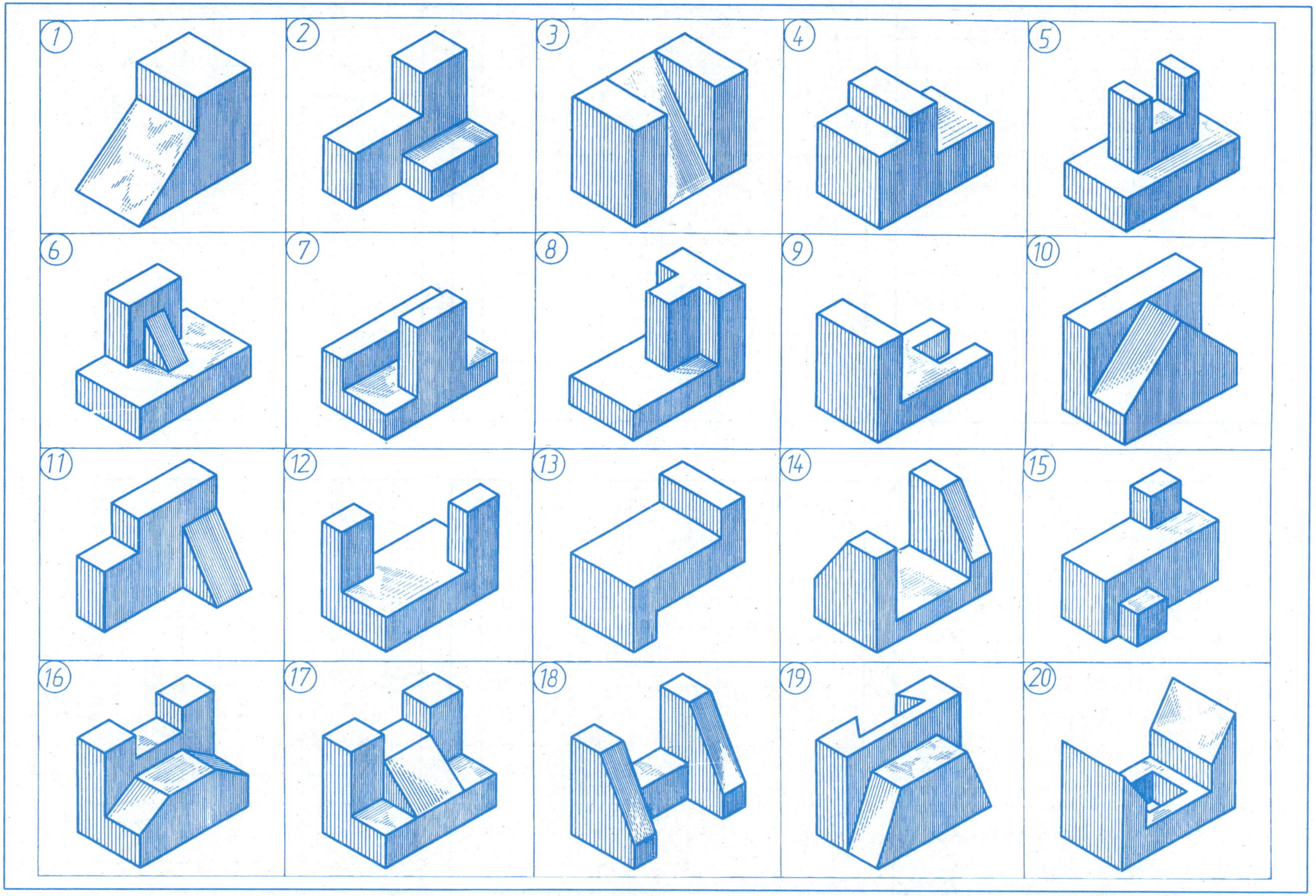

班级　　　　　　　　姓名　　　　　　　　学号

2-11　依据 2-10 题，徒手绘制三视图(将所画题的序号填在网格右下角的空圈内)。

班级　　　　姓名　　　　学号

（续）

班级 姓名 学号

2-12　看视图想出物体形状，补画视图中所缺的图线。

1.

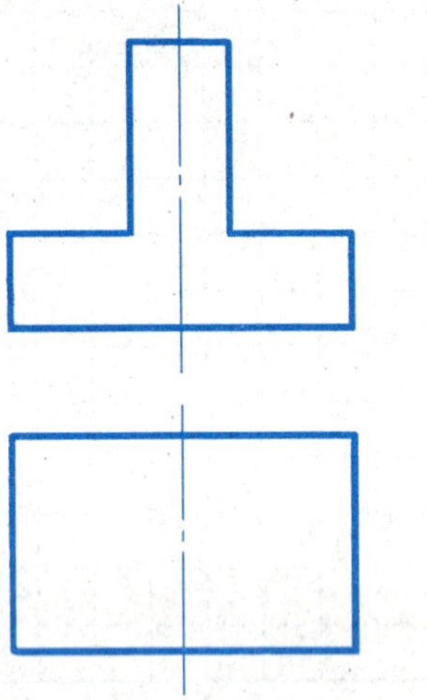

2.

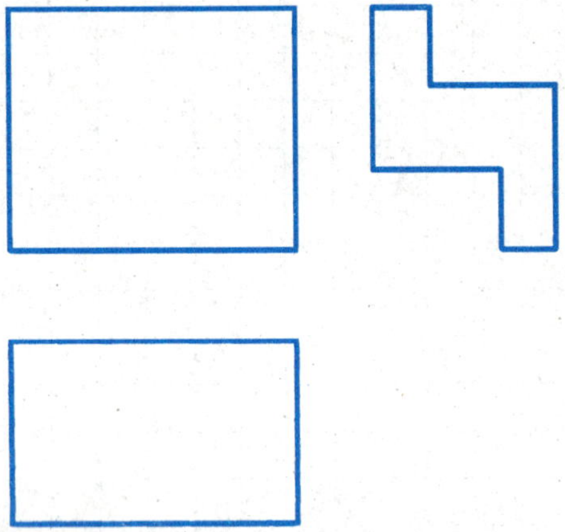

3.

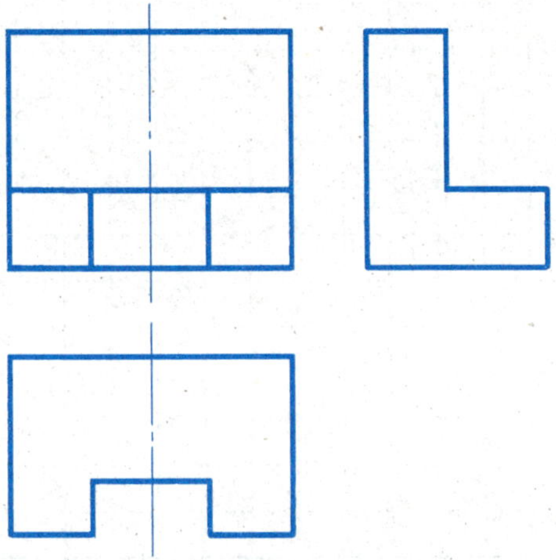

4.

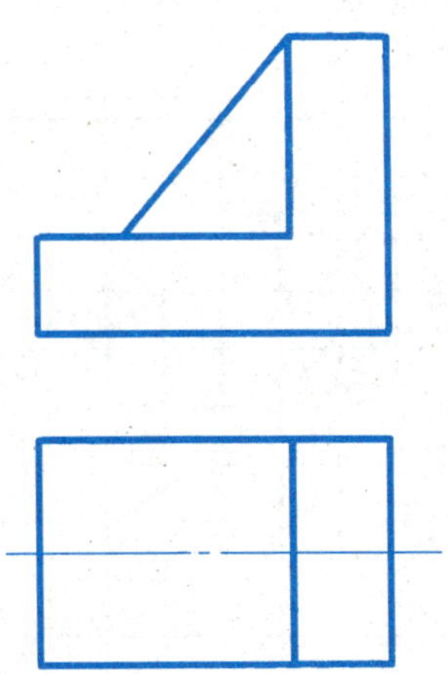

5.

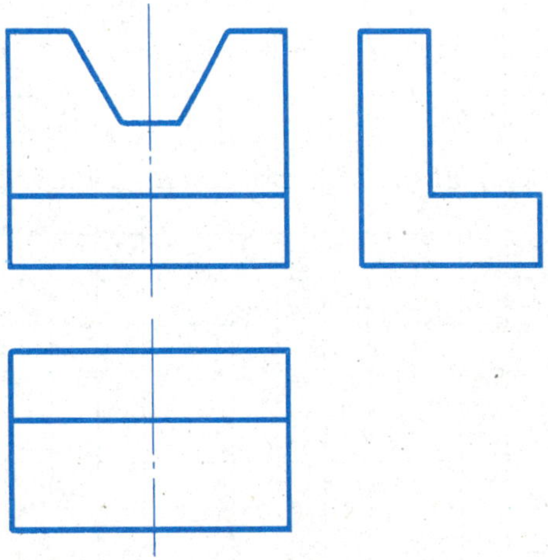

6.

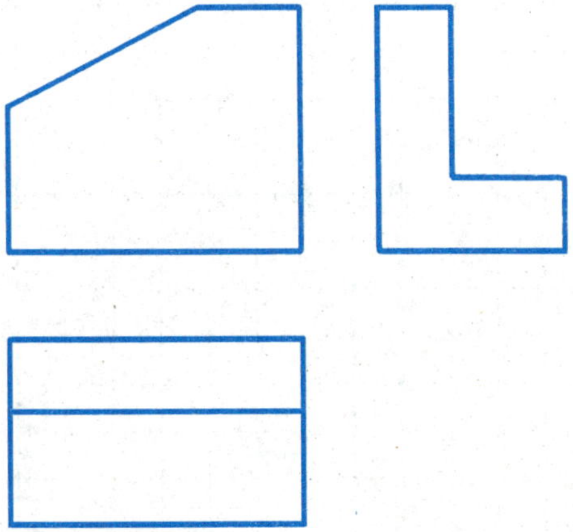

班级　　　　姓名　　　　学号

2-13　点的投影。

1. 完成点 A 的轴测图(图 1)；根据图 1 求作点 A 的三面投影图(图 2)；再根据图 2 求作点 A 的轴测图(图 3；X、Y 值均增大一倍，Z 值不变)，然后分析图 3 中各条线的意义(可在其等长线上画一相同记号配合分析)，并写出点 A 的坐标——A(　　，　　，　　)。

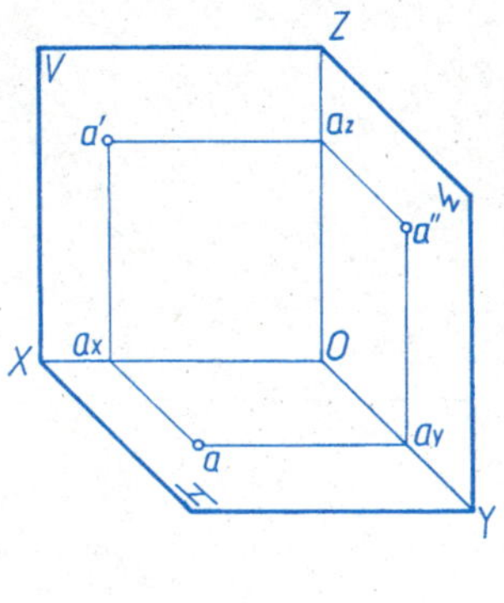

图　1

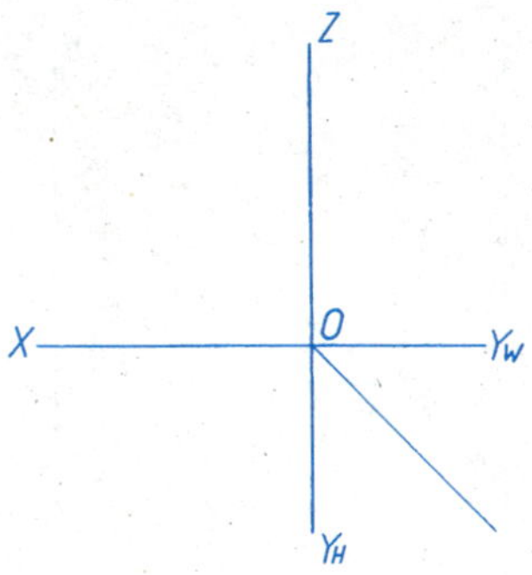

图　2

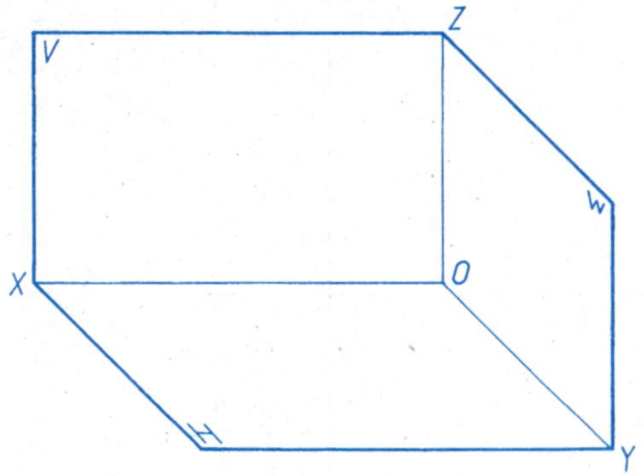

图　3

2. 分别画出各四棱锥锥顶的投影连线，补全投影的标号，再比较锥顶点 Ⅰ、Ⅱ 的相对位置。

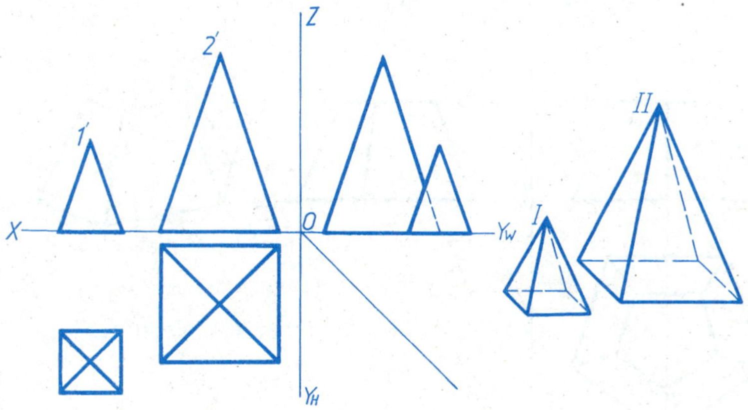

点 Ⅰ 在点 Ⅱ 的____、____、____方。

3. 已知点 A 和点 B 的一面投影，又知点 A 距 H 面 20mm，点 B 在 V 面上，求作点 A、点 B 的另两面投影。

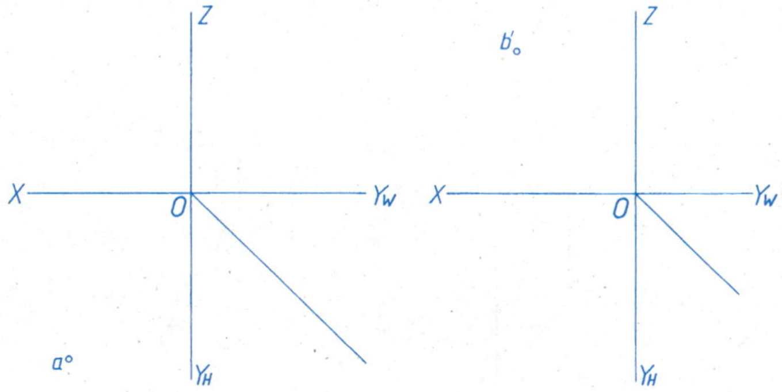

班级　　　　　　　　姓名　　　　　　　　学号

1. 已知点 *B* 距 *H* 面 25mm、距 *V* 面 15mm、距 *W* 面 30mm，试作出点 *B* 的三面投影图。

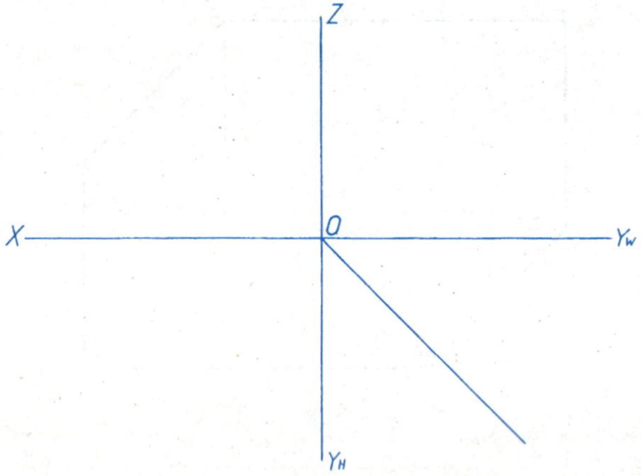

2. 已知点 *A* 在点 *B* 的左方 20mm、下方 20mm、前方 10mm，求点 *A* 的三面投影，并说明两点的相对位置。

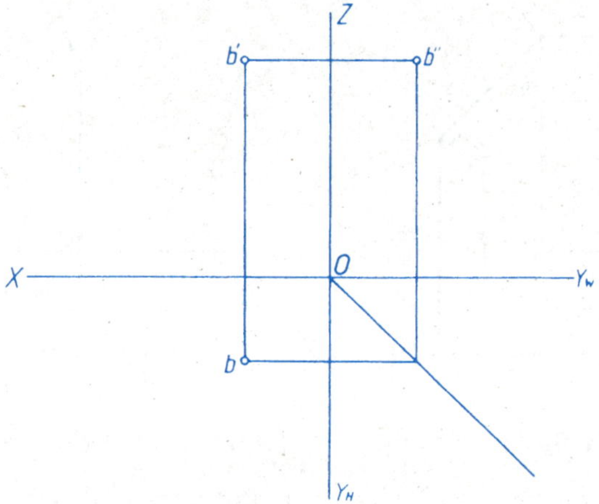

点 *B* 在点 *A* 的____、____、____方。

3. 已知点 *E* 在 *W* 面上，点 *F* 在 *H* 面上，在轴测图上标出 *e*、*e'*、*e''*及 *f*、*f'*、*f''*。根据给出的两面投影，求 *e* 及 *f''*，并写出两点的坐标。

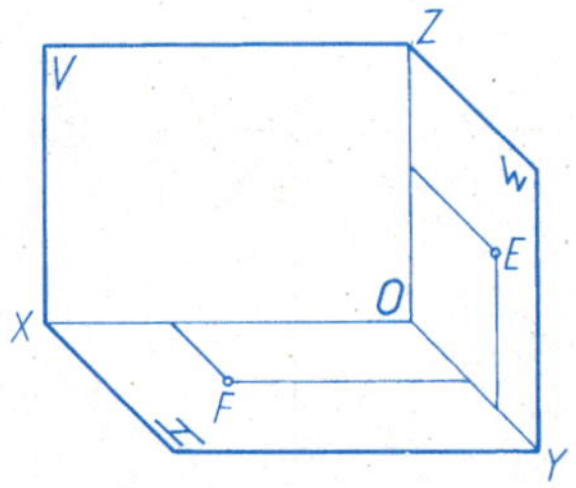

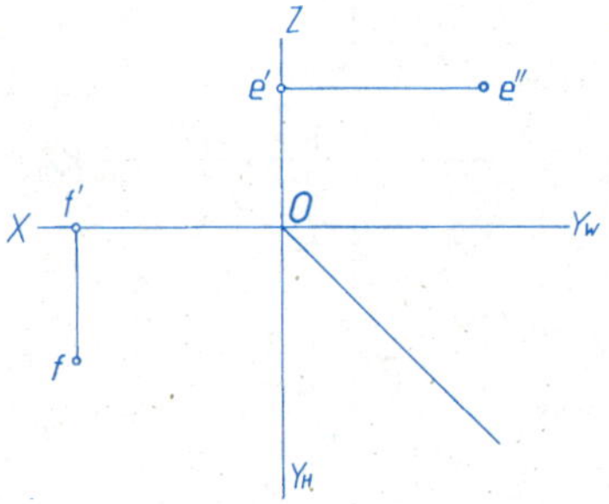

E（　　　　　　）　　　　*F*（　　　　　　）

4. 在正五棱台的主视图、左视图和轴测图上注出俯视图中指出的相应字母，并比较两点的相对位置。

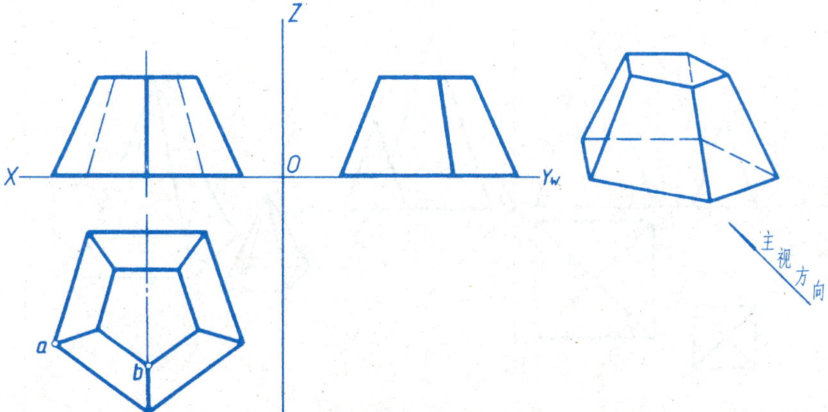

点 *B* 在点 *A* 的____、____、____方。

班级　　　　　　　　　　姓名　　　　　　　　　　学号

1. 在三视图中，标出 *A*、*B*、*C* 三点的三面投影。

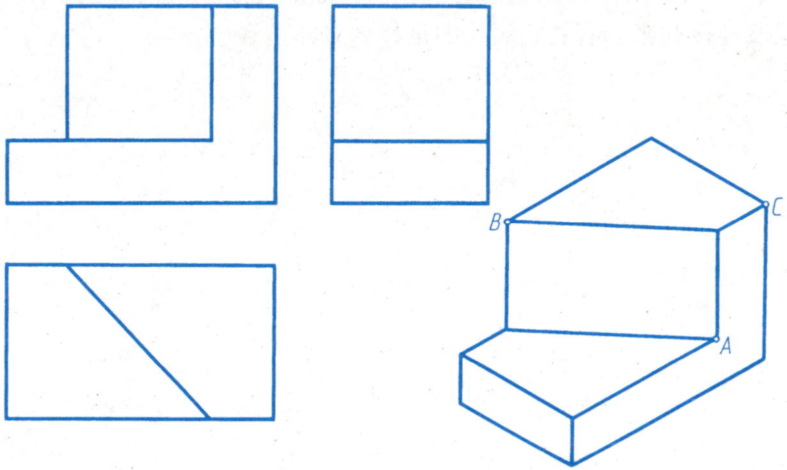

2. 已知正三棱锥的俯视图，又知锥顶 *S* 距 *H* 面 25mm，锥底位于 *H* 面上，试补画主、左视图。

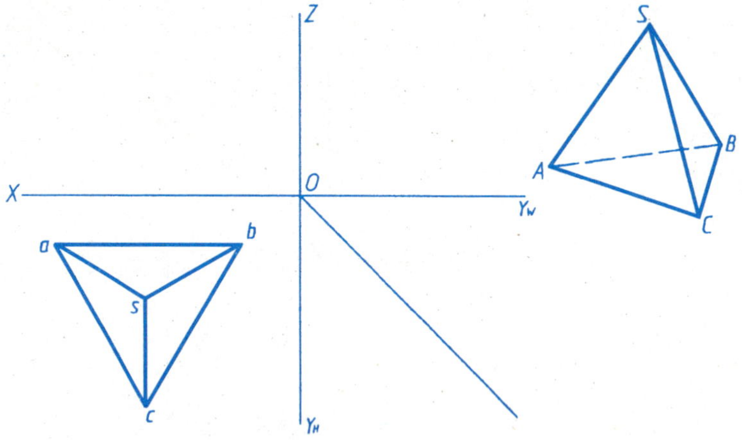

3. 填空。

（1）若点 *A* 的 *X*、*Y*、*Z* 坐标均小于点 *B* 的 *X*、*Y*、*Z* 坐标，则点 *B* 在点 *A* 的____、____、____方。

（2）已知点 *A*(30,10,20)，则点 *A* 距 *V* 面为____，距 *H* 面为____，距 *W* 面为____。

（3）当点有一个坐标为 0 时，则该点一定在某一____上。若点 *A* 的____坐标为 0，则点 *A* 一定在____投影面上。

（4）当点有两个坐标为 0 时，则该点一定在某一____上。若点 *A* 的 *X*、*Z* 坐标为 0，则点 *A* 一定在____轴上。

4. 已知 *A*、*B* 两点对 *W* 面重影，试完成 *A* 点的轴测图和投影图，并回答问题。

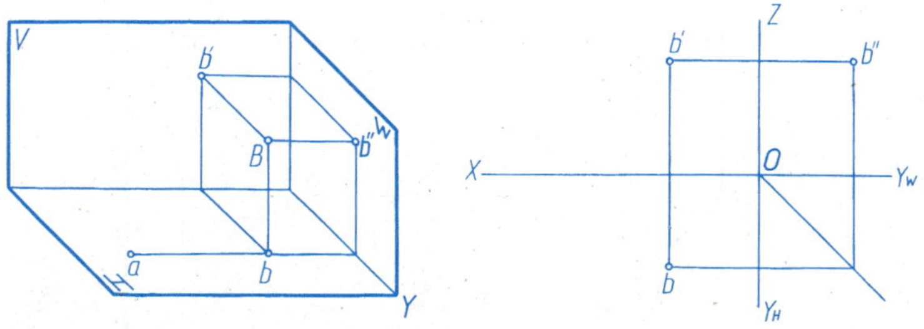

对 *W* 面的一对重影点，其____、____坐标相同，____坐标不同；

对 *V* 面的一对重影点，其____、____坐标相同，____坐标不同；

对 *H* 面的一对重影点，其____、____坐标相同，____坐标不同。

班级　　　　　　　　姓名　　　　　　　　学号

2-16　点的投影。

1. 已知点 A 的投影图和轴测图，以及点 B 的坐标(35,14,6)，试完成直线 AB 的投影图和轴测图。

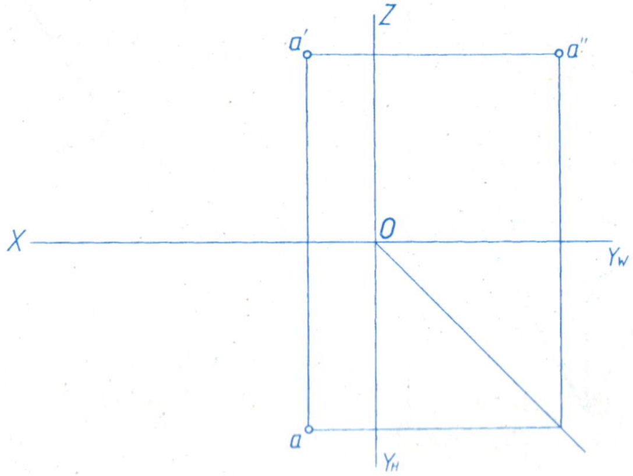

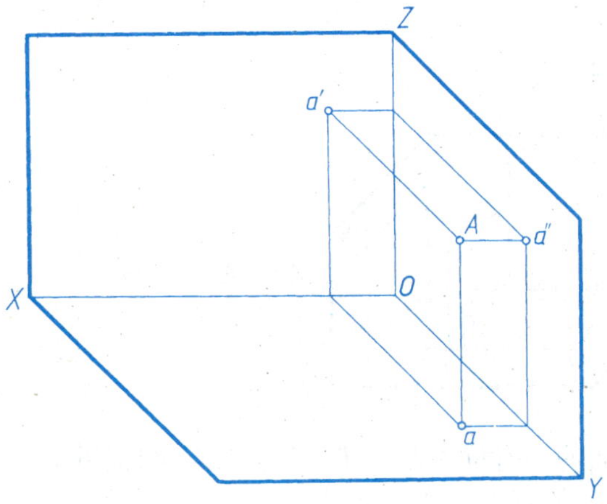

2. 已知四个点的坐标：S(25,15,30)，A(45,10,0)，B(30,30,0)，C(5,0,0)，画出它们的投影图；然后将它们的同面投影用直线段连接起来，看看它表示的是什么立体？

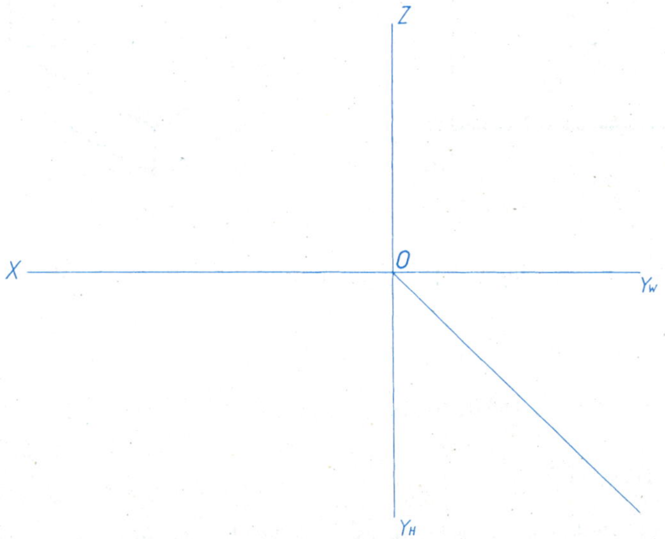

班级　　　　　　　　姓名　　　　　　　　学号

2-17 直线的投影。

1. 在轴测图中，画出物体上各可见点与其投影的连线，并将该体上的一条正平线及其三面投影用色笔加深。

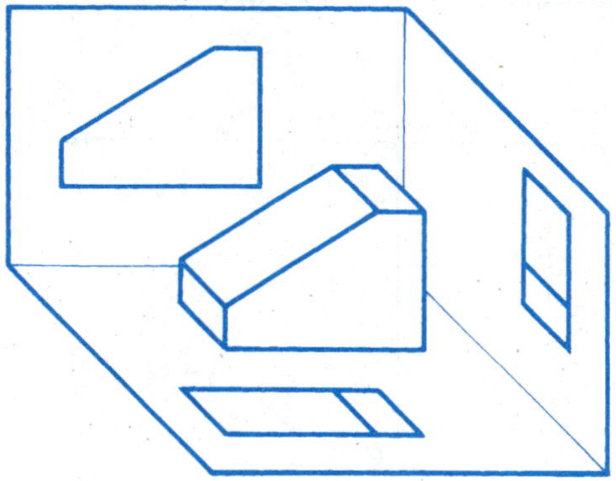

数数物体上共有

____条正垂线；

____条铅垂线；

____条正平线；

____条侧垂线。

2. 在轴测图上，用粗实线画出铅垂线 *AB* 的三面投影，并完成该物体的三视图。

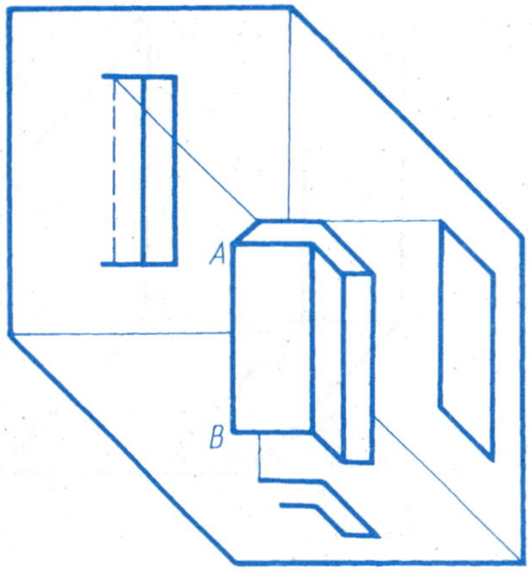

查查物体上共有

6 条________线；

4 条________线；

6 条________线；

2 条________线。

3. 补画正五棱锥主视图中所缺的图线。想想：哪条线反映该体侧棱的实长(在其线上画○)？

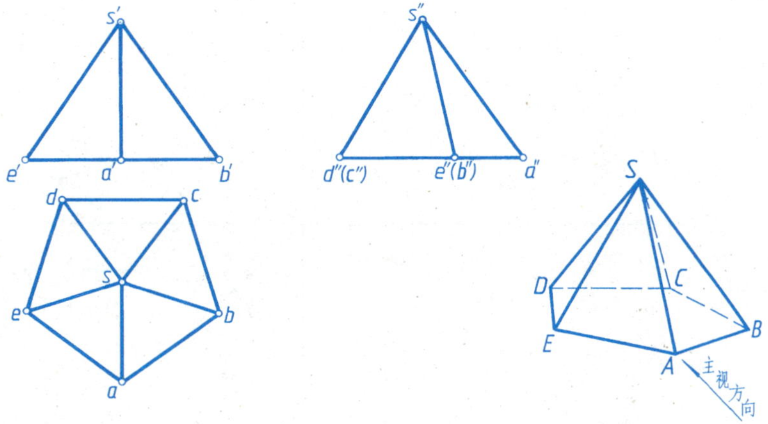

4. 在正六棱柱的俯视图中，补画棱线 *AB*、*CD* 的投影，并将其三面投影涂色。

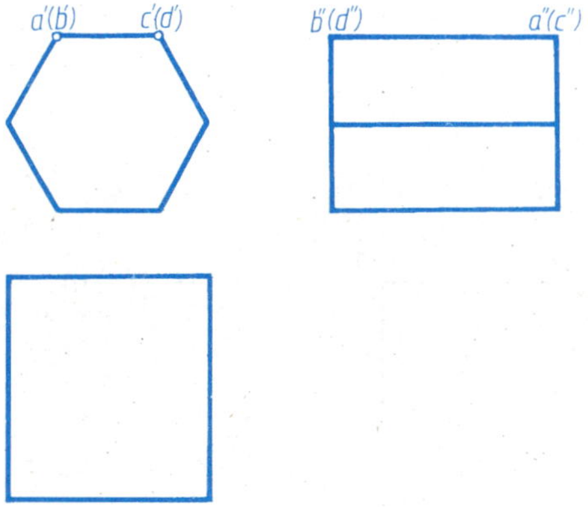

想一想：

(1) *AB*、*CD* 是什么线？(　　　　　)

(2) 该线有什么投影特性？即

V 面投影成________，*H*、*W* 面投影反映____。

班级　　　　姓名　　　　学号

2-18 直线的投影。

1. 求直线 *AB* 的 *W* 面投影，并想象其直线的空间位置(完成其轴测图)。

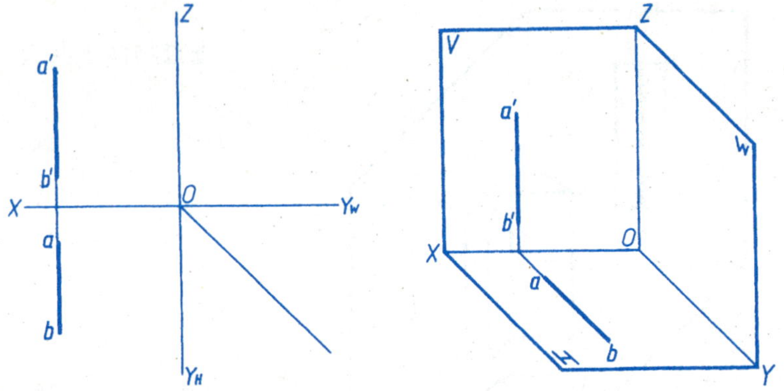

2. 求 *ab*，并判断 *AB* 的空间位置。

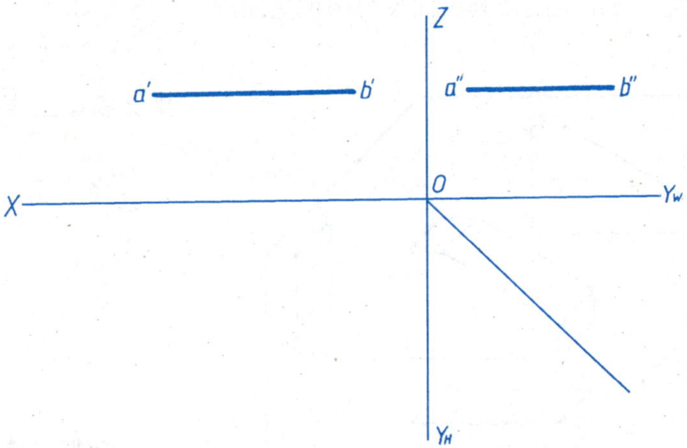

直线 *AB* 是__________线。

3. 求作正平线 *CD* 的三面投影，已知 *CD* 长 25mm，与 *H* 面倾角为 30°。

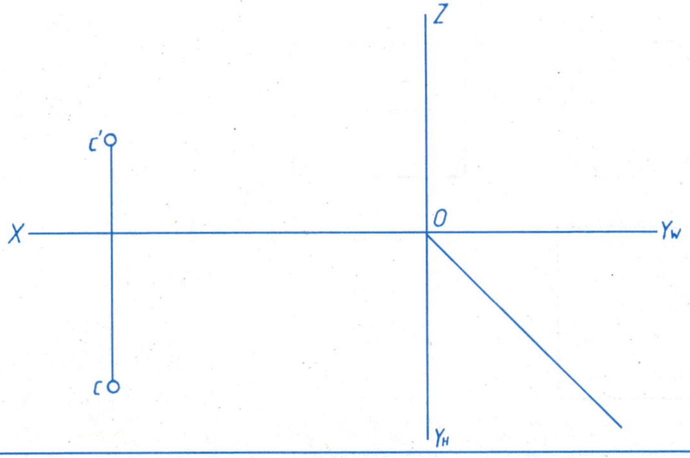

4. 求侧垂线 *EF* 的三面投影，已知 *EF* 长 30mm，距 *V* 面 18mm，距 *H* 面 23mm，端点 *E* 距 *W* 面为 40mm。

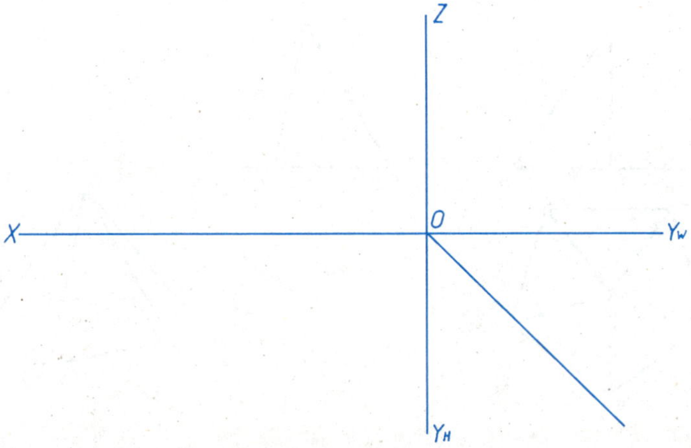

班级　　　　姓名　　　　学号

2-19　直线的投影。

1. 分析下图中箭头所指各组粗实线是物体上什么位置直线的投影(填在括号内)。

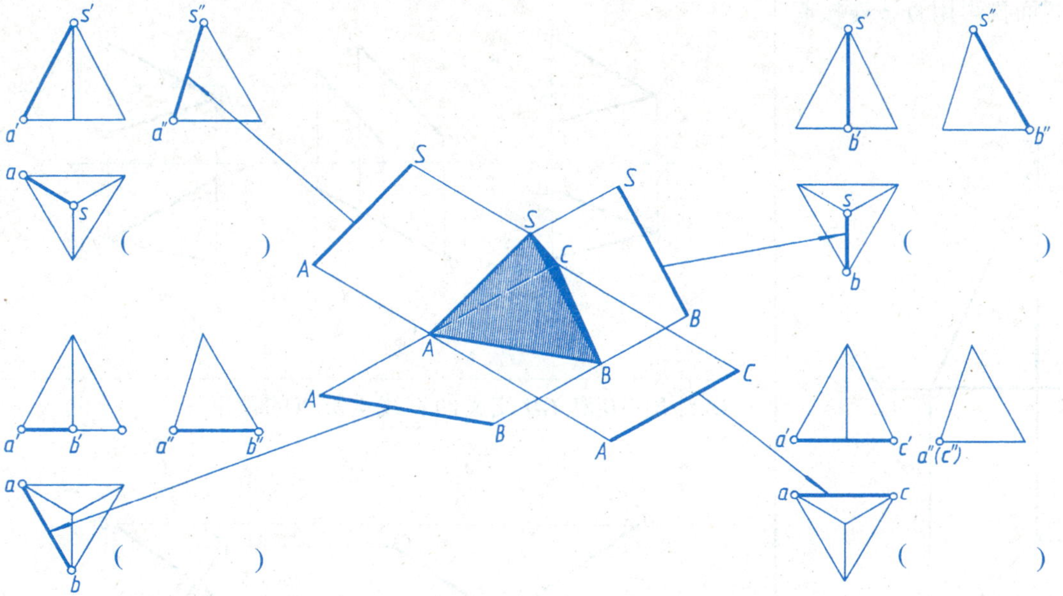

2. 根据下述投影特性想象直线的空间位置，并填空。

(1) 若直线的 W 面投影是一个点，V、H 面投影均反映实长，且分别垂直于 OZ、OY_H 轴，这是______线的投影特性。左图中____线(填大写字母,下同)的投影与此相符。

(2) 若直线的 W 面投影是倾斜的，V、H 面投影分别平行于 OZ、OY_H 轴，这是____线的投影特性。左图中______线的投影与此相符。

(3) 若直线的 H 面投影是倾斜的，V、W 面投影分别平行于 OX 轴和 OY_W 轴，这是______线的投影特性。左图中______线的投影与此相符。

3. 徒手画出 1 题中尚未包含的三种位置直线的三面投影图(线段长度和位置自定,加注投影符号,并填空写出直线名称)。

(1) ______线。	(2) ______线。	(3) ______线。

班级　　　　　　　　姓名　　　　　　　　学号

1. 已知 I、II、III三点分别在三棱锥的 SA、SB、SC 棱线上，求此三点的水平投影及侧面投影，然后将它们的同面投影用直线连接起来，并判别 IA、IIB、IIIC 直线的空间位置。

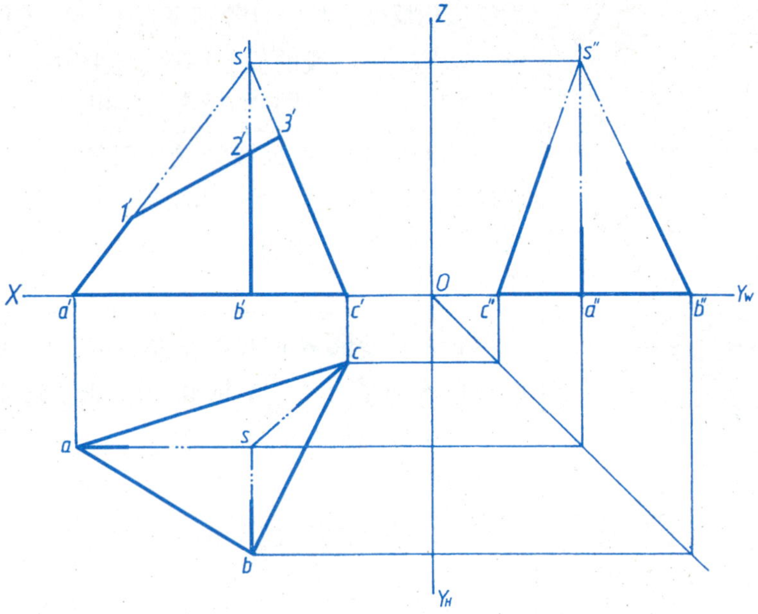

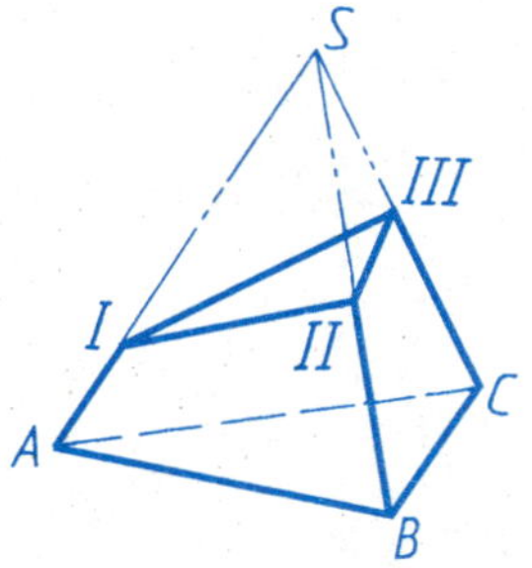

IA 是________线；

IIB 是________线；

IIIC 是________线。

2. 判断 AB、CD 两直线的相对位置(平行、相交、交叉)。

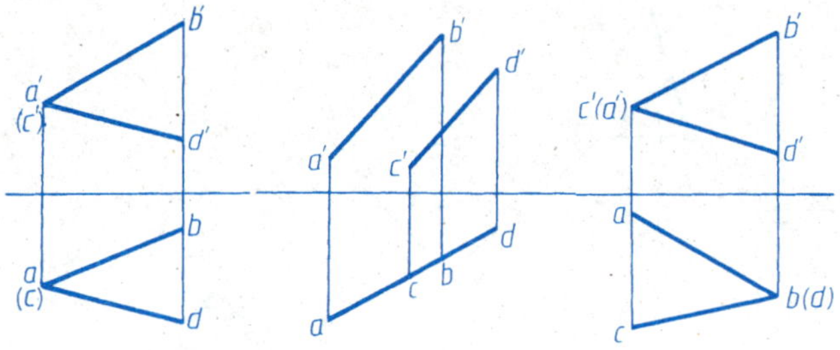

(   )   (   )   (   )

3. 注出 AB 和 CD 交叉两直线重影点的投影。

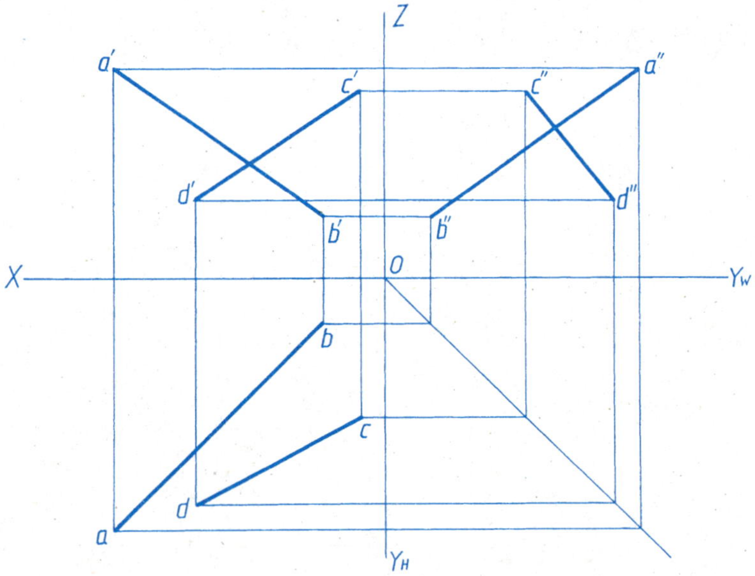

2-21　平面的投影。

1. 将图 1、图 3 所示平面的轴测图画在图 2 中，然后将两平面的上、下对应点用粗实线连接起来，并擦去被遮挡的图线；最后将图 2 所示形体的三视图，画在图 3 中，并回答问题。

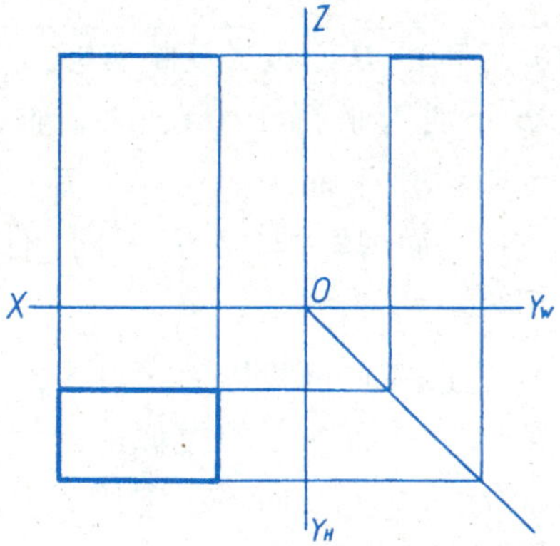

图　1

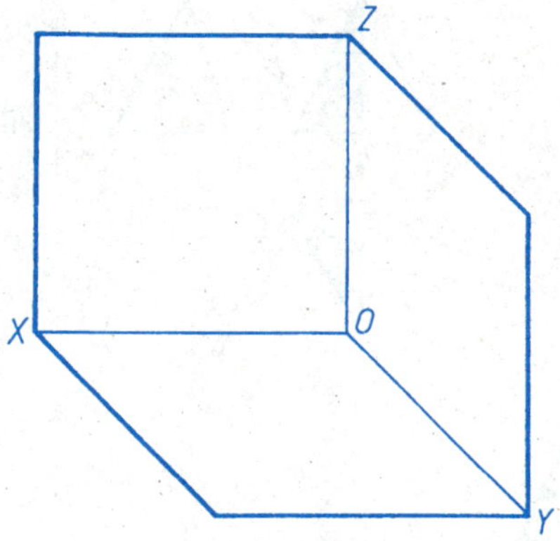

图　2

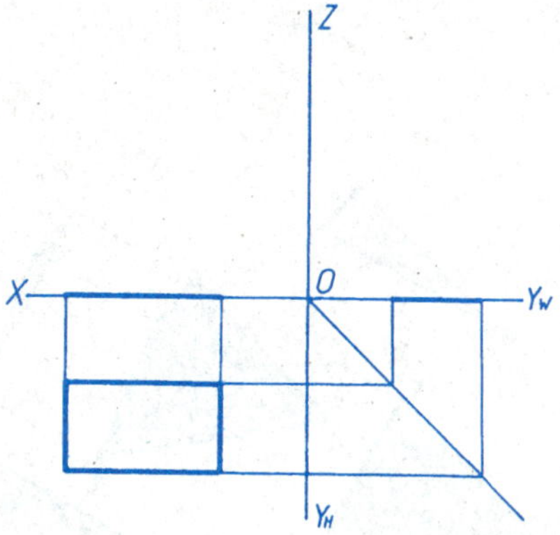

图　3

该体上共有

______个______面；

______个______面；

______个______面。

2. 先完成物体投影的直观图，再完成三视图。

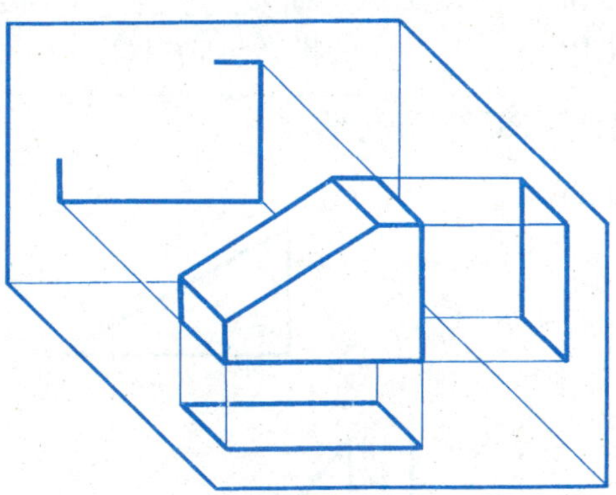

物体上共有

______个正平面；

______个水平面；

______个侧平面；

______个正垂面。

3. 将想象出的平面形状徒手画在左格内，再作图加以验证。

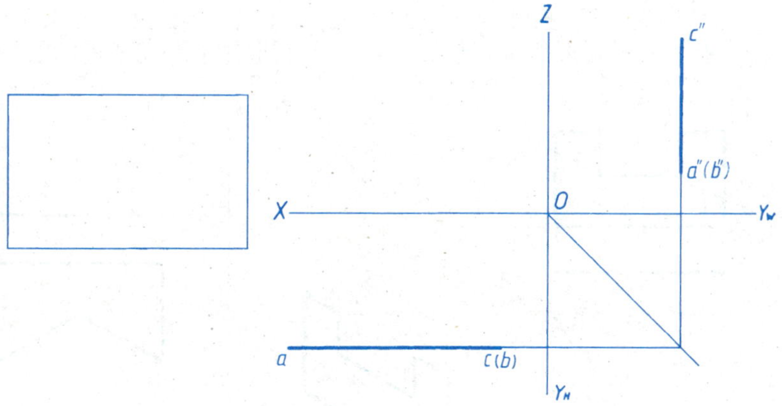

该平面图形是______面。

班级　　　　姓名　　　　学号

2-22 平面的投影。

1. 分析下图中箭头所指平面的三面投影，它是属于所示物体上的什么面(填在括号内)。

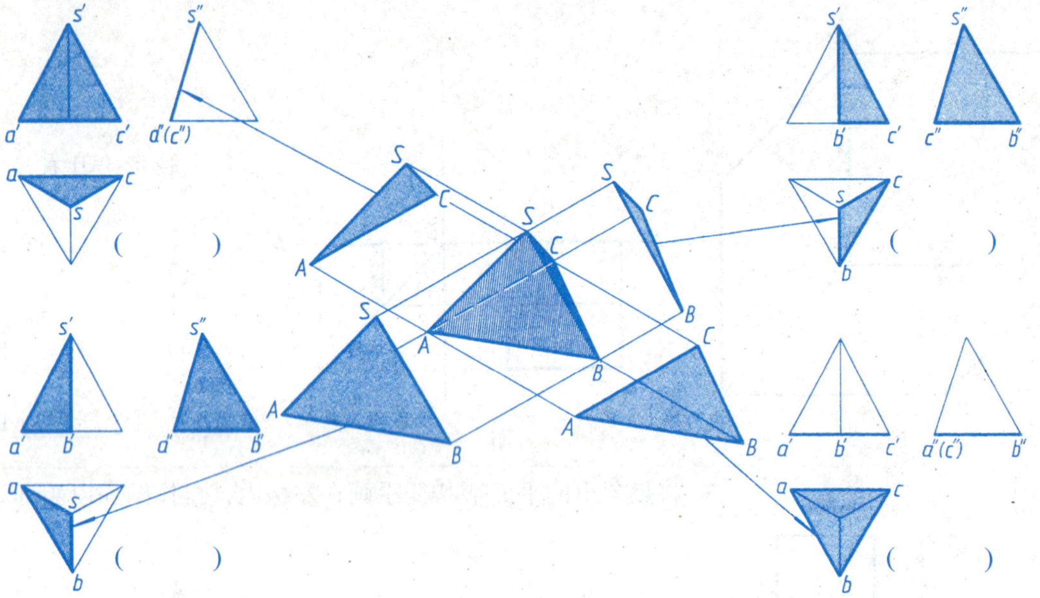

2. 根据下述投影特性想象平面的空间位置，并填空。

(1) 平面的 H 面投影反映实形，V、W 面投影分别为平行于 OX、OY_W 轴的直线，可判定该平面为________面。左图中________面(填大写字母，下同)的投影与此相符。

(2) 平面的 W 面投影为一直线，V、H 面投影均为平面图形的类似形，可判定该平面为________面。左图中________面的投影与此相符。

(3) 平面的三面投影均为平面图形的类似形，可判定该平面为________平面。左图中________面的投影与此相符。

3. 求下列平面形的第三投影。再以平面形作为一完整视图，按厚度为 12mm，完成该物体的另两视图及其正等测。

(1)

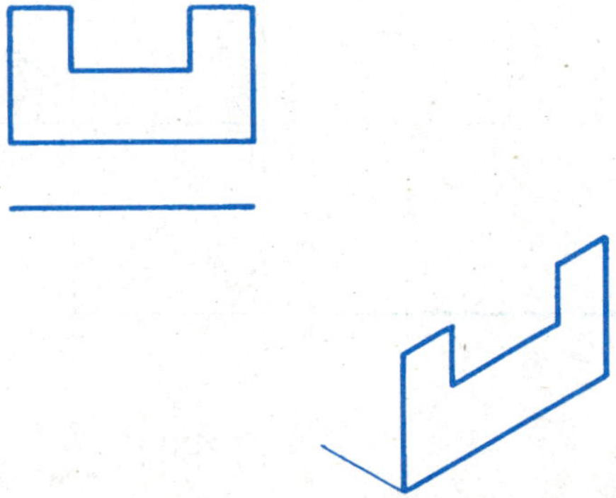

(2)

(3)

班级　　　　姓名　　　　学号

2-23　平面的投影。

1. 从视图中的斜线 *I* 出发，在另两视图中找出对应投影(将其三面投影和轴测图中的相应表面涂色)，并说明其空间位置。

(1)

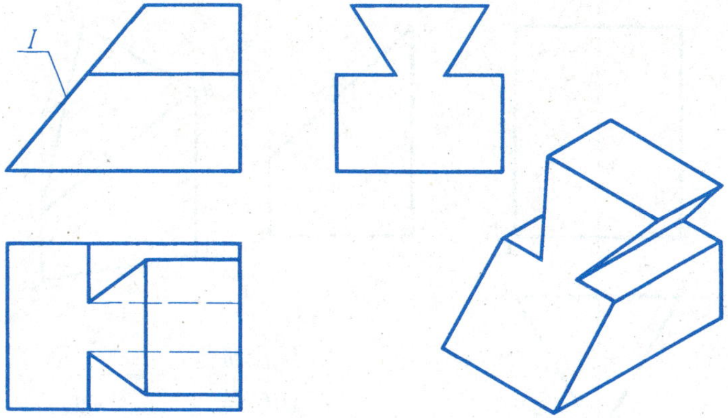

该平面是________面。

(2)

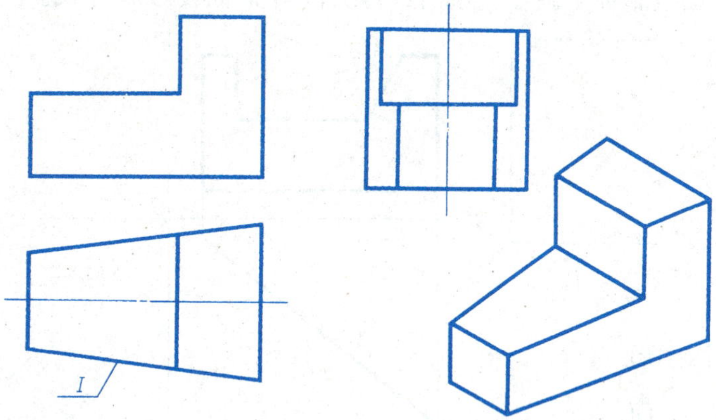

该平面是________面。

2. 被切正六棱柱的上端面为一正垂面，试完成该棱柱的 *W* 面投影。

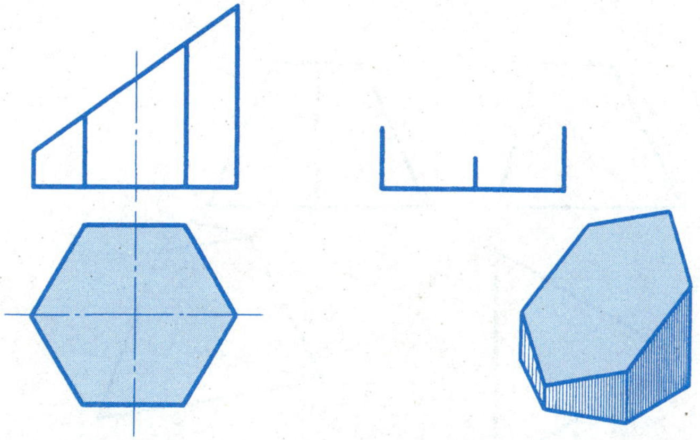

3. 开槽四棱柱的前端面为一侧垂面，试完成该棱柱的 *H* 面投影。

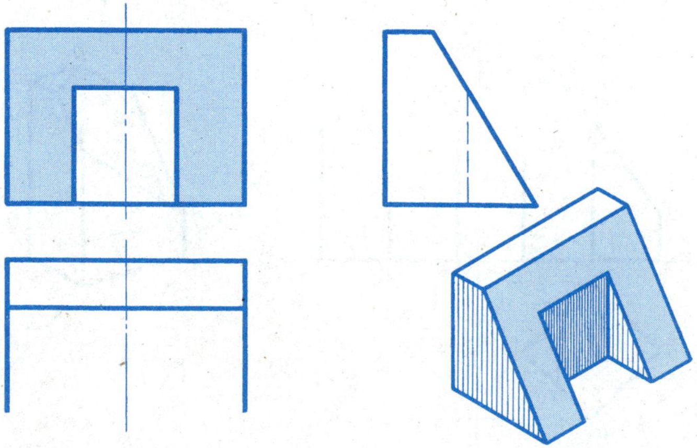

由上述作图可知，视图中的斜线一般是物体上斜面(投影面垂直面)的投影，与斜线对应的另两面投影一定是与原形边数相等的多边形(类似形)或原形的类似形。掌握该投影特性对读图有益，对读切割体的视图尤其重要。

班级　　　　姓名　　　　学号

2-24 平面的投影。

1. 根据两面投影想象出平面形状，并判别其空间位置；将想象出的 *W* 面投影徒手画在左格内；再求作其 *W* 面投影加以验证。

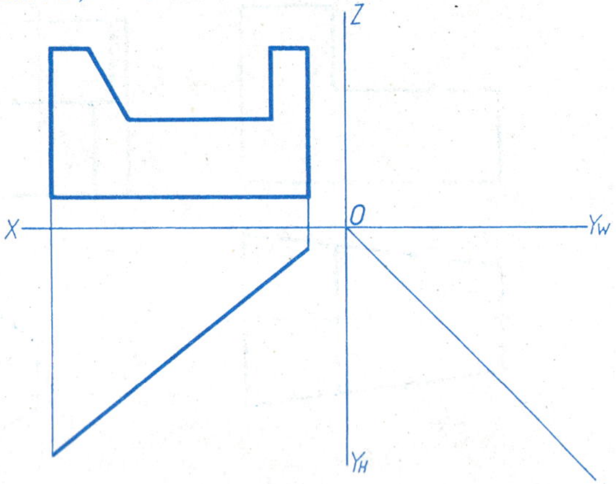

该平面图形

是______面。

2. 根据俯视图、左视图，参照立体图完成主视图，并回答问题。

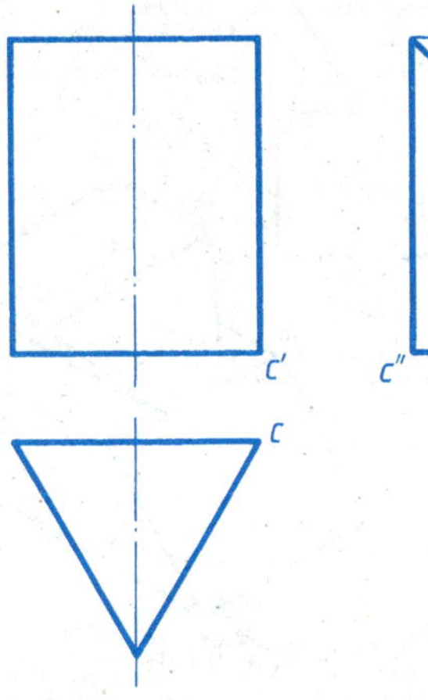

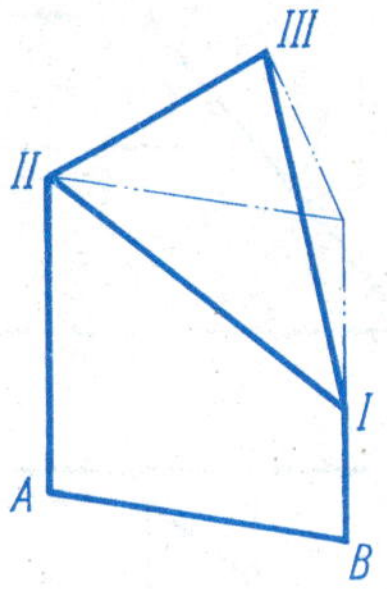

△ I II III是________面。

△*ABC* 是________面。

四边形 *AB* I II是________面。

3. 根据主视图、俯视图，参照立体图完成左视图，并回答问题。

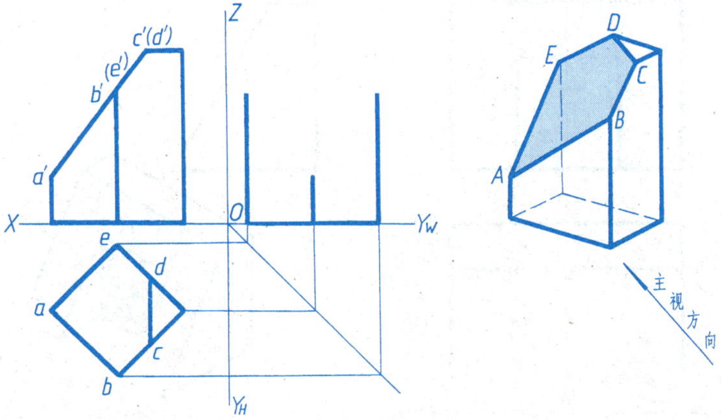

平面形 *ABCDE* 是________面。

4. 根据主视图、左视图完成俯视图；又知该体前表面上点 *N* 的一面投影 *n'*，求另两面投影 *n*、*n''*。

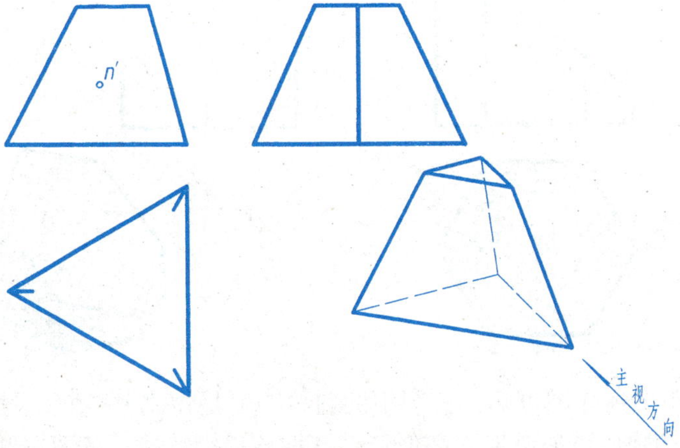

班级 姓名 学号

2-25　物体对称中心面的投影、回转体轴线及圆的中心线，在视图中必须画出，因它有利于画图、看图和标注尺寸——读读，练练。

1.

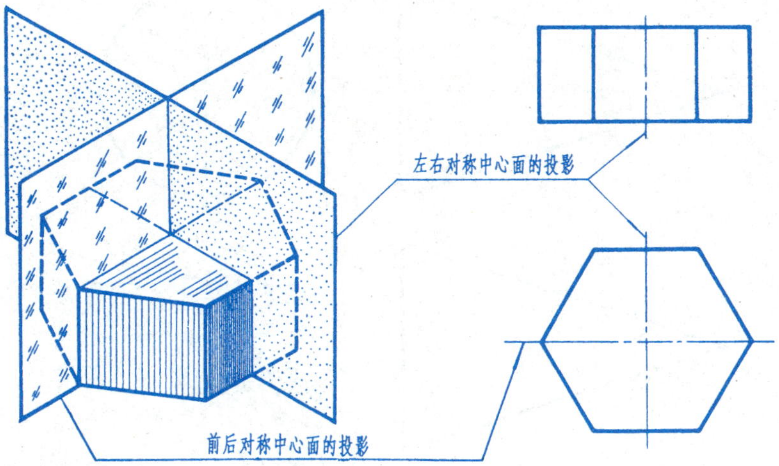

2.

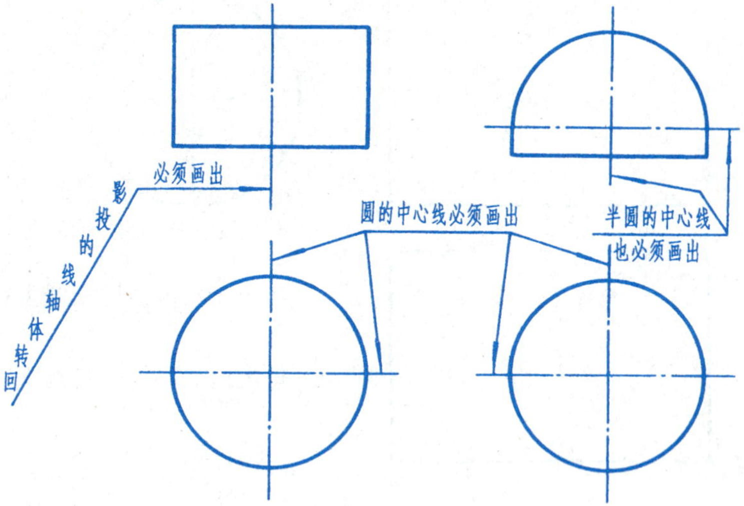

3. 补画视图中所缺的图线。

(1)

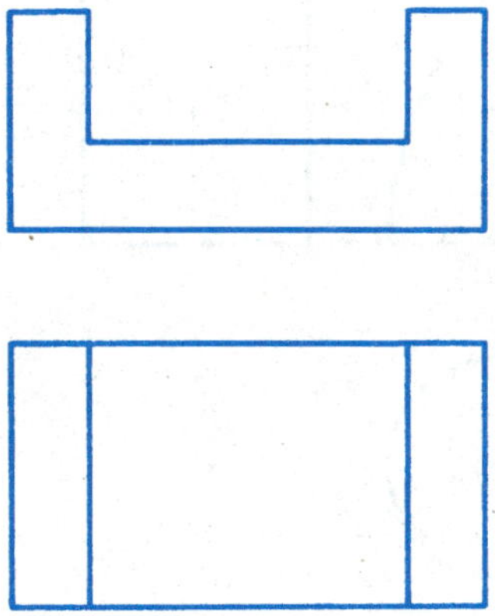

(2)

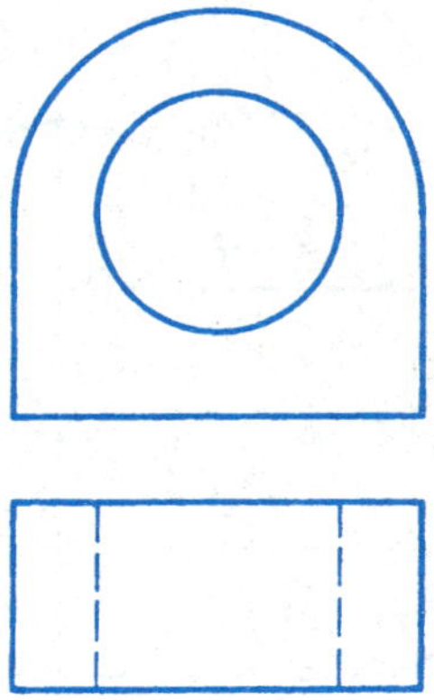

(3)

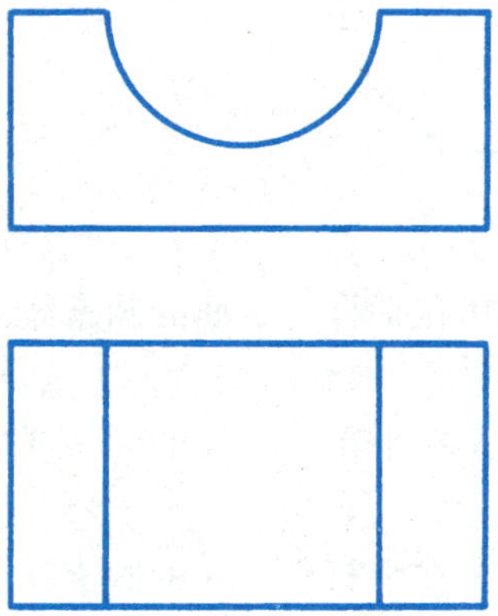

(4)

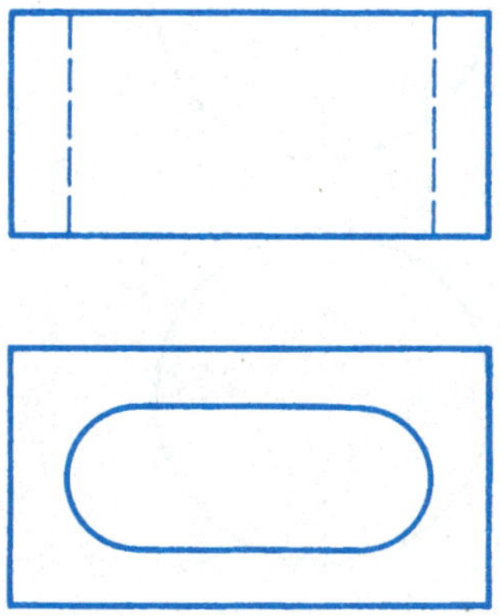

班级　　　　　　姓名　　　　　　学号

2-26 分析回转体的轮廓线，求作已知点的另两面投影，并说明它们(1、2、3 题)的空间位置。

1.

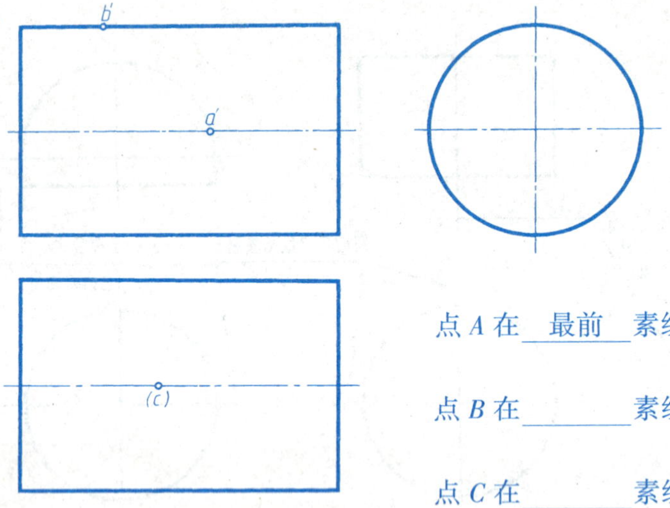

点 *A* 在<u> 最前 </u>素线上；

点 *B* 在________素线上；

点 *C* 在________素线上。

2.

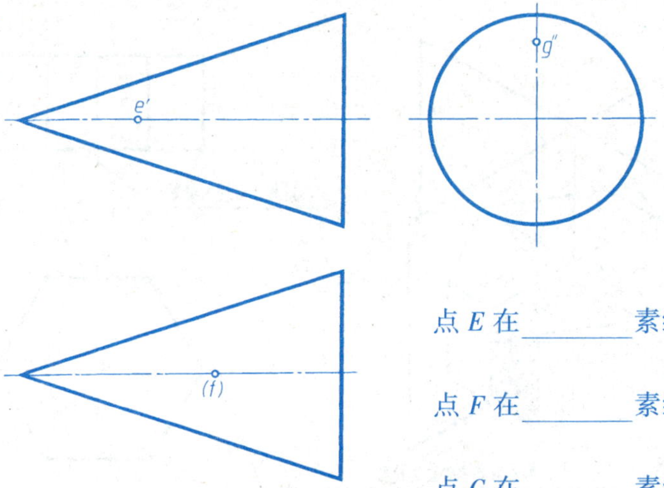

点 *E* 在________素线上；

点 *F* 在________素线上；

点 *G* 在________素线上。

3.

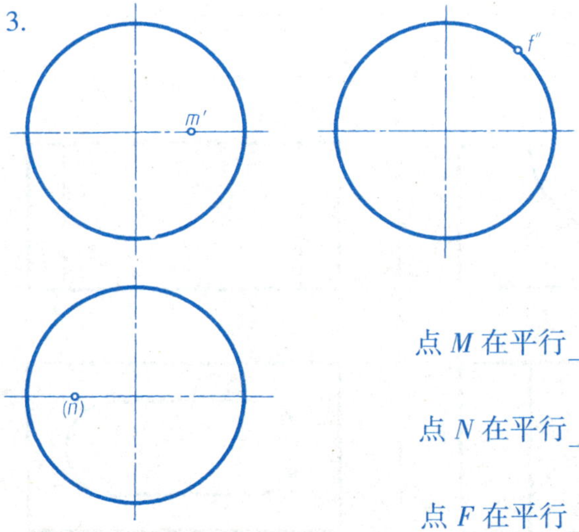

点 *M* 在平行____面的圆素线上；

点 *N* 在平行____面的圆素线上；

点 *F* 在平行____面的圆素线上。

4.

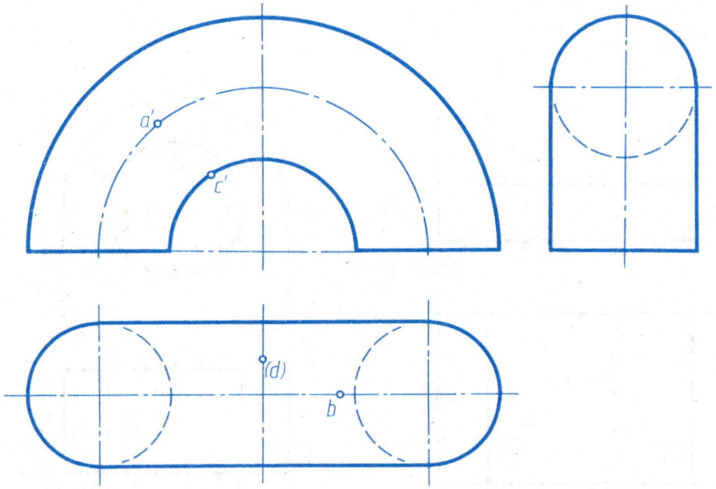

班级　　　　姓名　　　　学号

2-27　已知回转体表面上点、线的一面投影，求作另两面投影。

1.

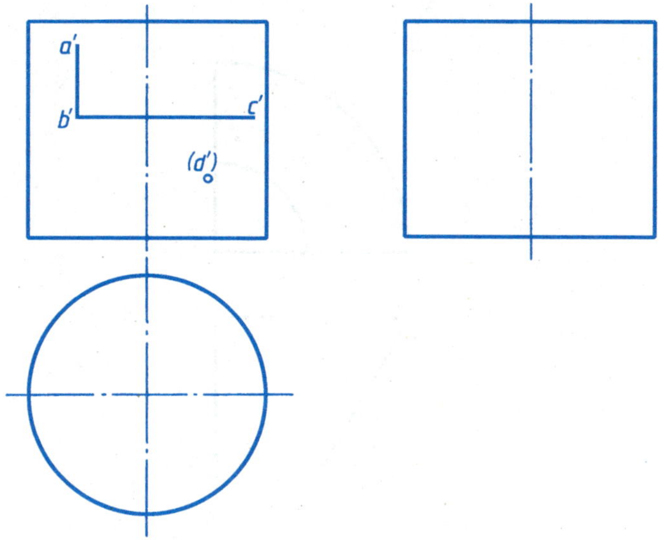

2.

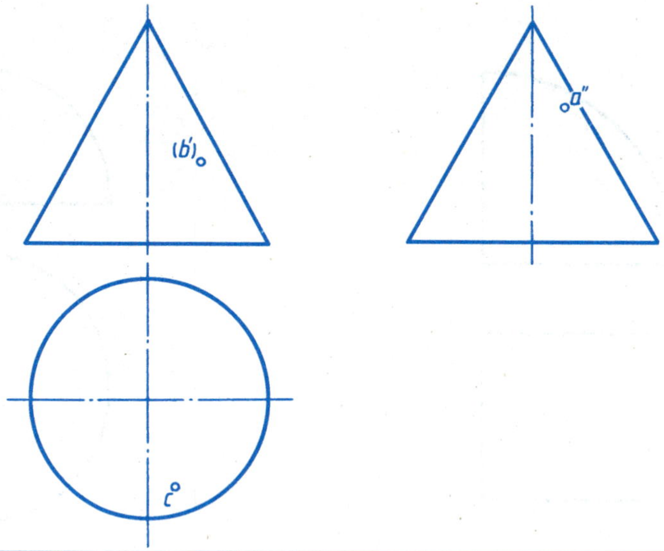

3.

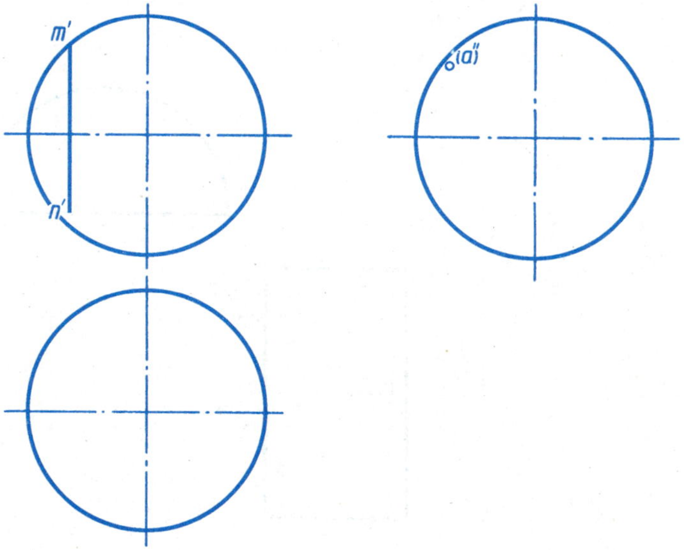

4.

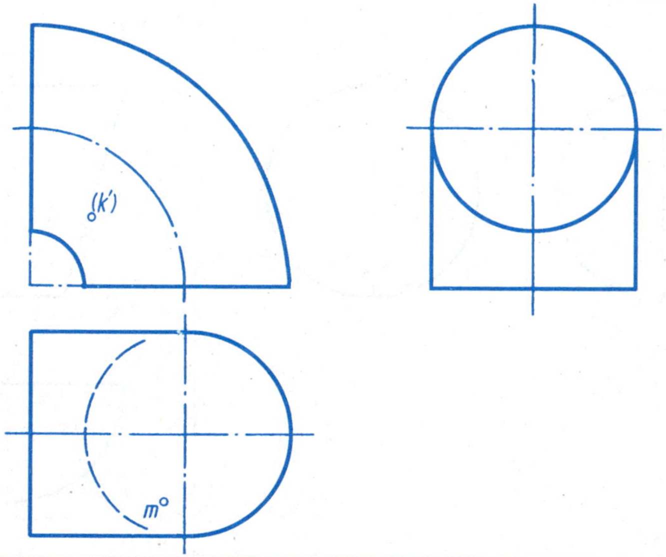

班级　　　　　　　　　　姓名　　　　　　　　　　学号

2-28 已知回转体(一部分)的两个视图，求作第三视图。

1.

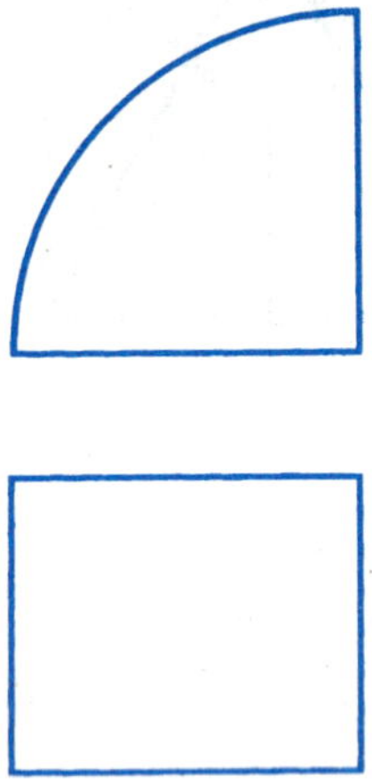

2.

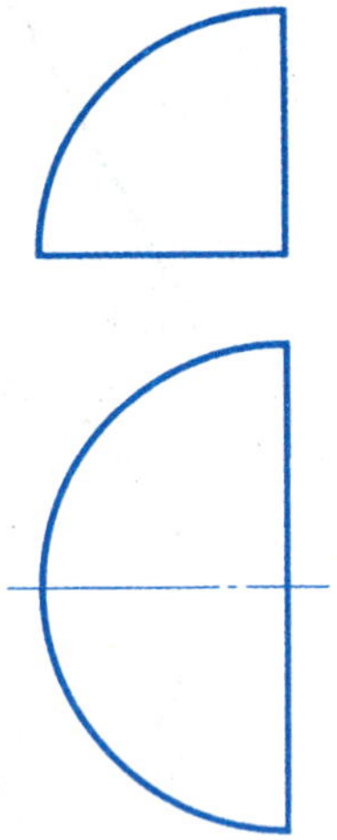

3.

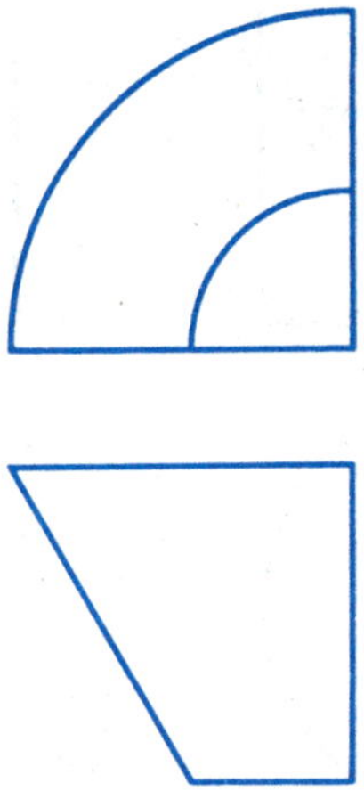

4.

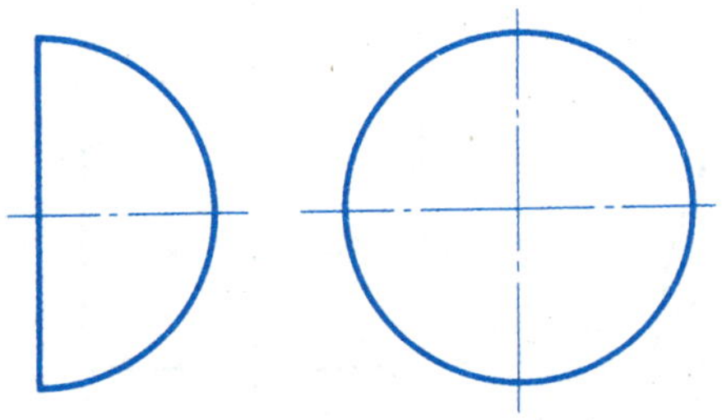

5.

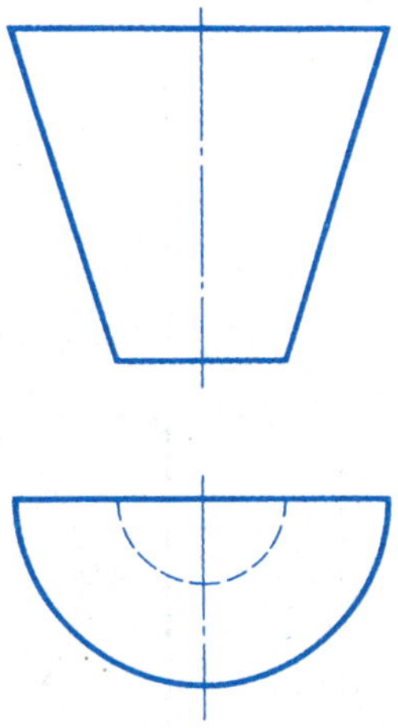

6.

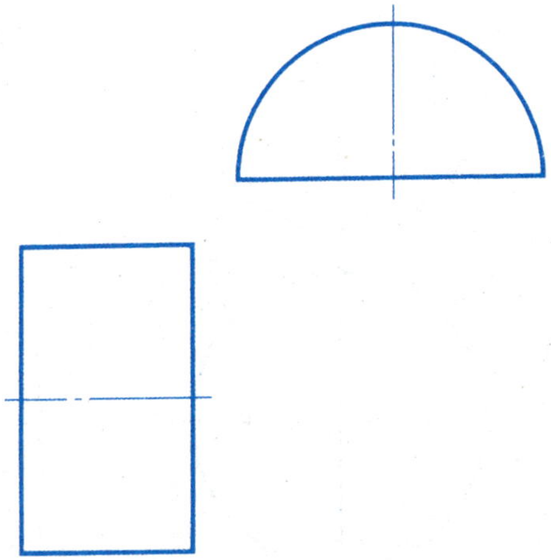

班级 姓名 学号

2-29 识读一面视图(根据一面视图,按要求徒手补画其他视图,两几何体间必须以平面相接)。

1. 根据俯视图，补画形状不同的主视图(看谁补得多)。

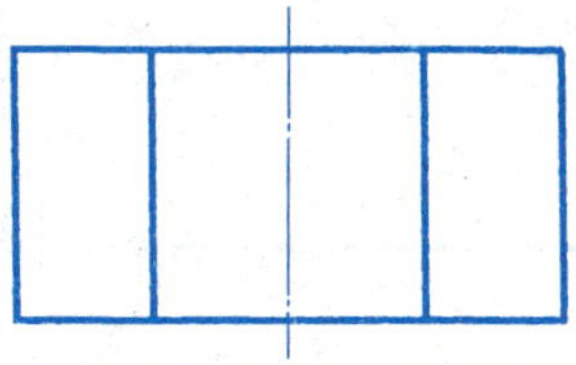

2. 根据主视图，补画俯、左视图(该体由两个几何体组成)。

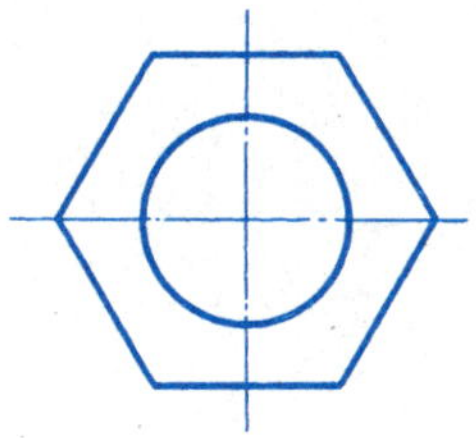

3. 根据俯视图，补画主、左视图(该体由三个几何体组成)。

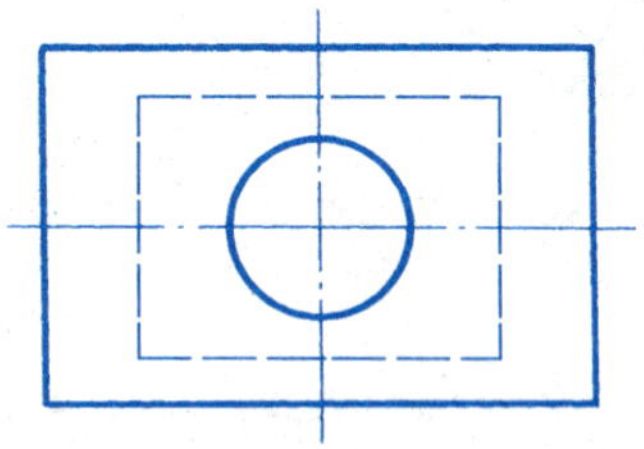

4. 根据左视图，补画主视图(该体由四个几何体组成)。

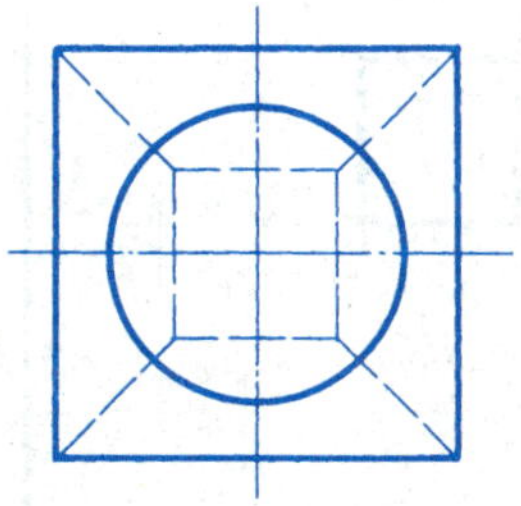

5. 根据左视图，补画主视图(该体由五个几何体组成)。

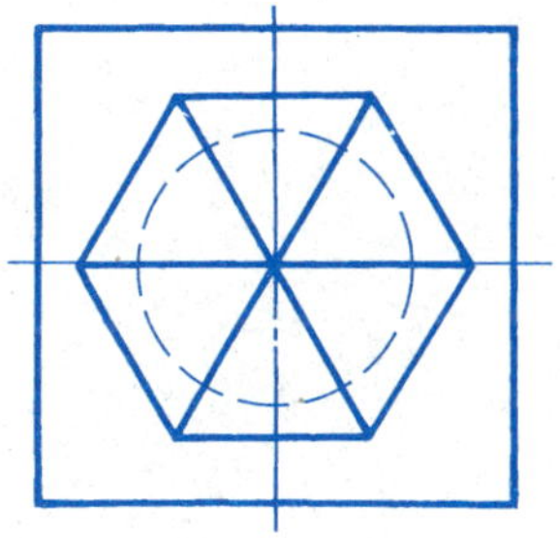

班级　　姓名　　学号

2-30 识读一面视图。

1. 根据主视图，补画左视图(该体由三个几何体组成)。

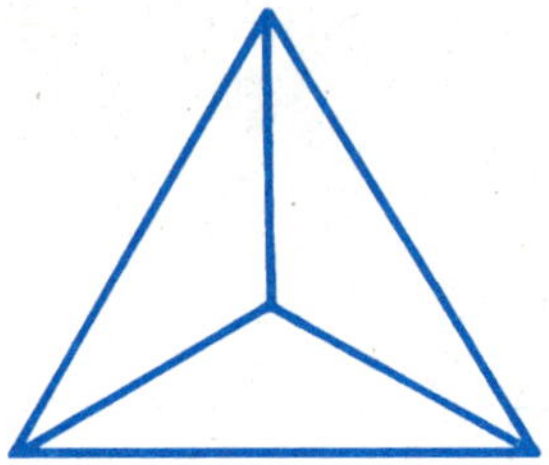

2. 根据左视图，补画主、俯视图。

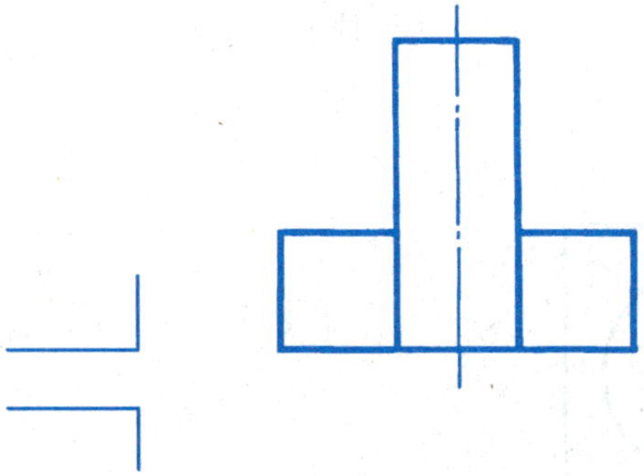

3. 根据俯视图，补画主视图(要求:形体间以面接触,造型优美)。

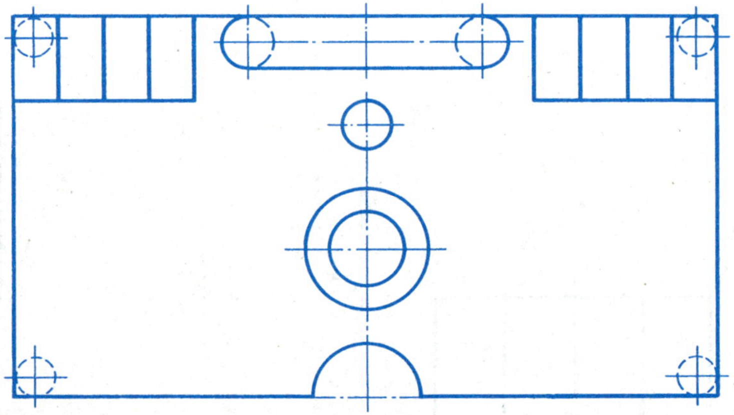

班级　　　　姓名　　　　学号

2-31 根据同一主视图构思不同的物体形状(其组成部分可从右侧所示形体中任意选择,尺寸直接从图中量取)，补画两组俯、左视图。

1.

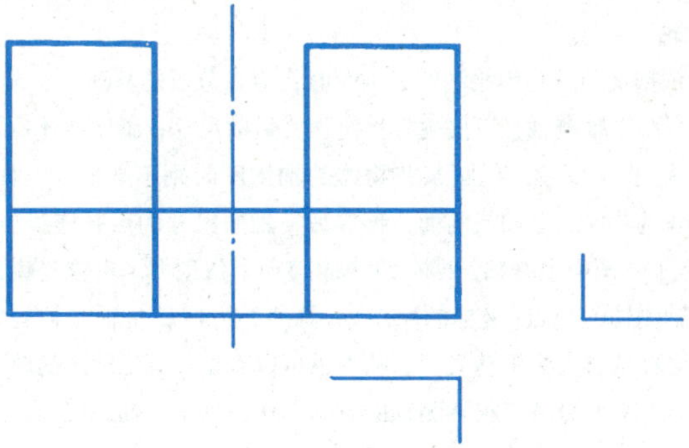

2.

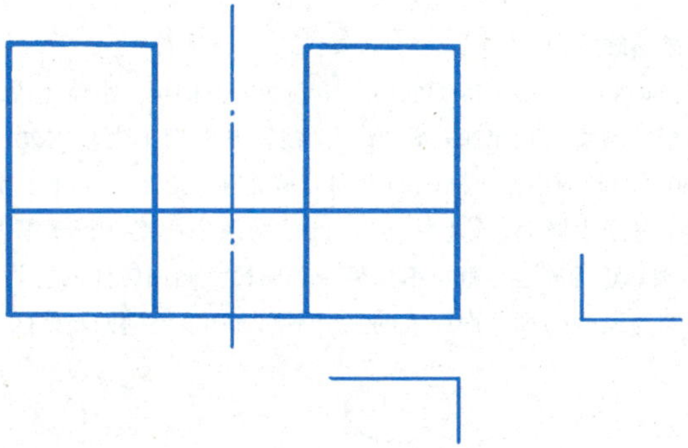

3.

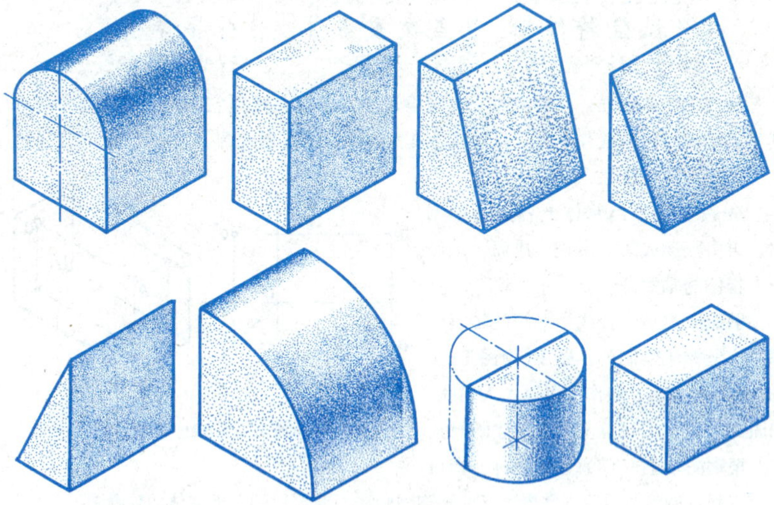

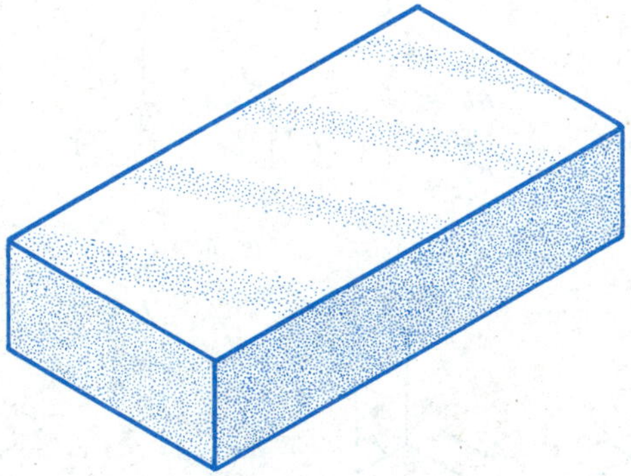

说明：1. 底板的形状及宽度尺寸可以改变。

2. 两体共面(平齐)时，其“缝”（实物无缝)不能画线。

班级　　　　姓名　　　　学号

抓住特性 **点拨重点** **引导学法**

轴测图立体感强，一看就懂，人们很是欣赏。但又觉得它难画，可望而不可即。其实，轴测图的画法并不难，只要熟悉其基本画法，多做练习，是完全可以掌握的。

一、掌握坐标法

先按坐标画出物体上各点的轴测图，再由点连成线，由线连成面，进而画出物体的轴测图。

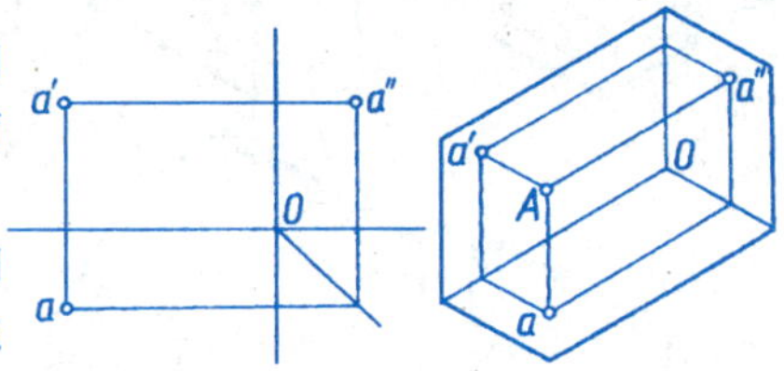

a) b)

图 1 点的正等测

前面所述点、直线、平面的轴测图都是按坐标法绘制的，图 1b 为图 1a 点 *A* 的正等测画法。但作图可以大大简化，如图 2 所示：从 *O* 点开始，次序随意地在三根轴测轴上取点的三个坐标，即可确定空间点的唯一位置。掌握了点的轴测图画法，就可以画平面立体的轴测图了。

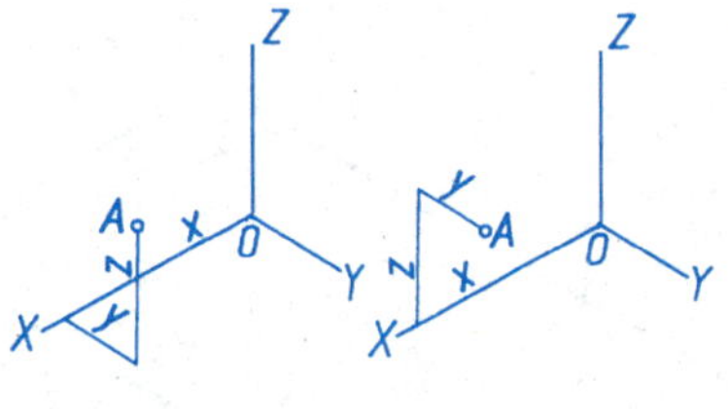

a) 取 *X*、*Y*、*Z* b) 取 *X*、*Z*、*Y*

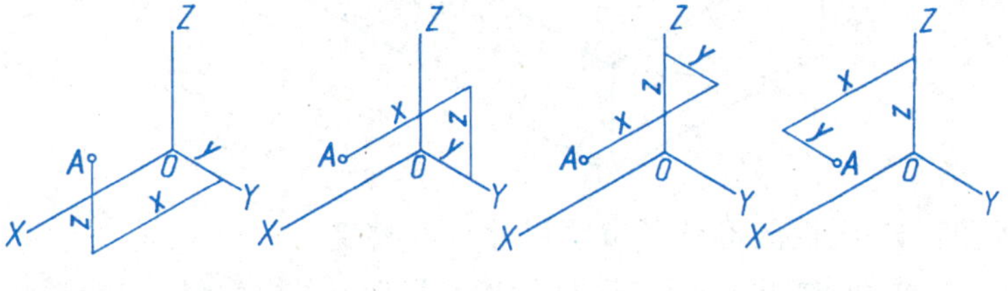

c) 取 *Y*、*X*、*Z* d) 取 *Y*、*Z*、*X* e) 取 *Z*、*Y*、*X* f) 取 *Z*、*X*、*Y*

图 2 按点的坐标画轴测图

二、选好坐标轴

轴测图通常是依据视图或物体绘制的。画图时，应在分析的基础上，先在视图或物体上选定坐标轴，再画出轴测轴，以便更好地定位、量取尺寸，画回转体或对称物体时尤其是这样，如图 3、图 4 所示。但画某些物体的轴测图时则不必如此，如图 5、图 6 所示，若先画出物体的左面、上面或前面，再取另一轴向尺寸的点并连线（图 6 再切掉一个角）即可。实际上，图中也有轴，即在四棱柱的八个角顶上。也就是说，画此类图的起点，通常就是轴测轴的交点（坐标的原点），画线的方向就是轴测轴的方向。这说明，画此类图就不必在选轴上多下功夫了。从中也可以看出，画轴测图的路可谓四通八达，哪条道都走得通，只要分清三根轴测轴的方向，作图即可顺畅地展开。

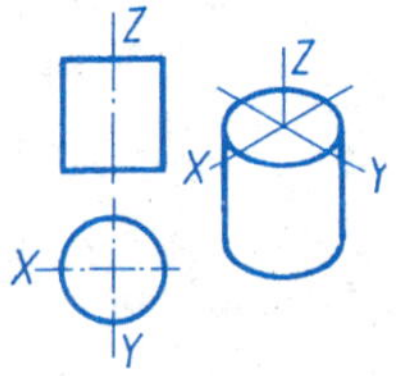

图 3

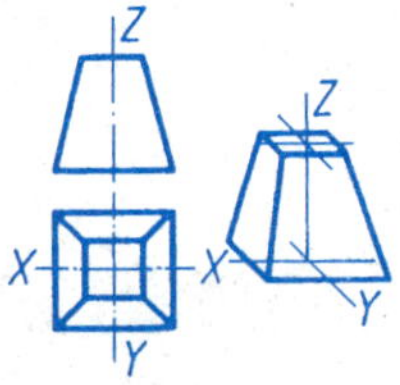

图 4

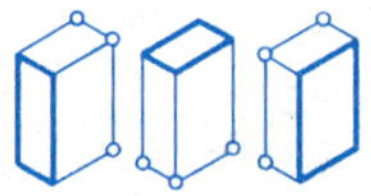
图 5

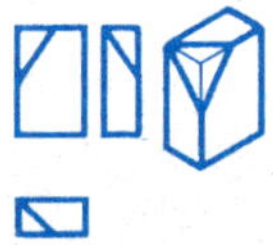
图 6

三、把准圆的轴测轴方向

画圆的正等测（椭圆），只要把准圆的两条中心线方向即可。也就是说，可把圆的两条中心线当作两根轴测轴先画出来（图 7），再在劈开的两个大角（120°）内画两大弧，在两个小角（60°）内画两小弧，椭圆的方向就确定了（图 8）。当然，其前提条件是必须弄清圆平行于哪个投影面（或坐标面），圆的两条中心线平行于哪两根投影轴（或坐标轴）。画出圆的正等测后，就可根据另一轴向尺寸画回转体的正等测了。图 9 就是以图 8 中的椭圆为顶（底）面，而完成的三个不同方向、不同回转体的正等测。

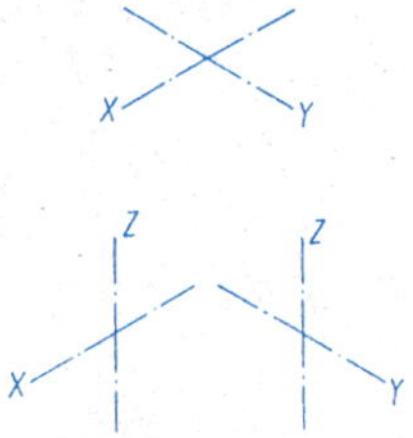

图 7 圆的中心线的正等测

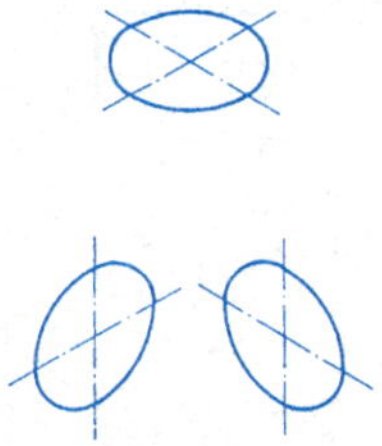
图 8 三个不同方向的椭圆

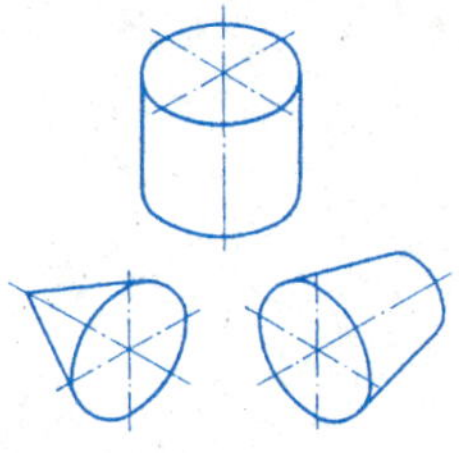
图 9 三个回转体的正等测

班级 姓名 学号

1. 根据两视图，画正等测。

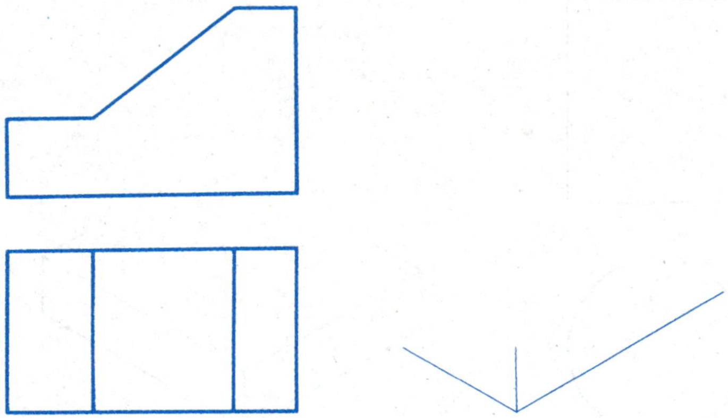

2. 根据四棱柱的轴测图（右下角），按 2 : 1 先完成其轴测图；再根据两视图，将“正六棱柱”按原方位立在“四棱柱”的正中。

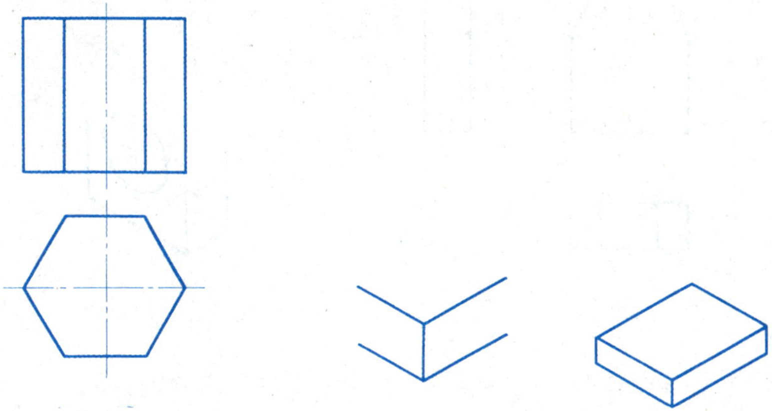

3. 根据正五棱柱的两视图，画正等测。

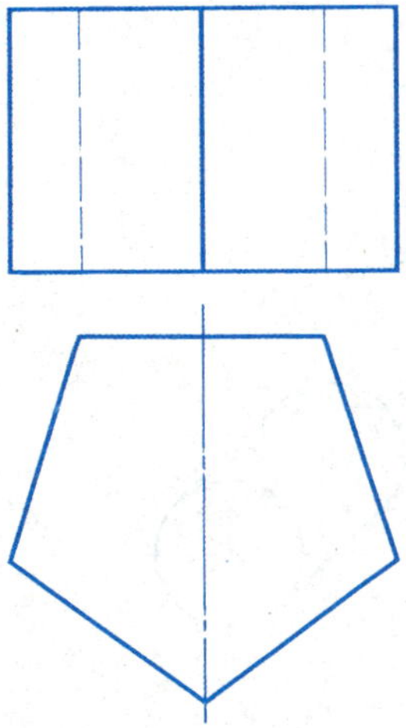

4. 根据正四棱台的两视图，画斜二测，使其按原方位正立在四棱柱（右下图）的顶面上。

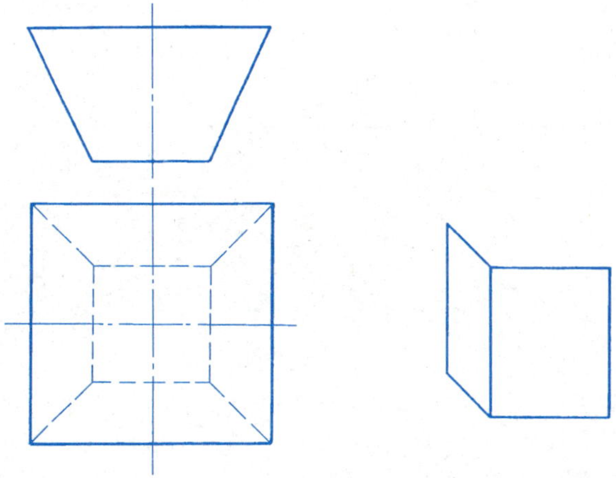

班级　　　　姓名　　　　学号

3-3 几何体的轴测图。

1. 根据三视图画全轴测图，再根据轴测图补全三视图，然后根据三视图以 3：1 画出其轴测图。

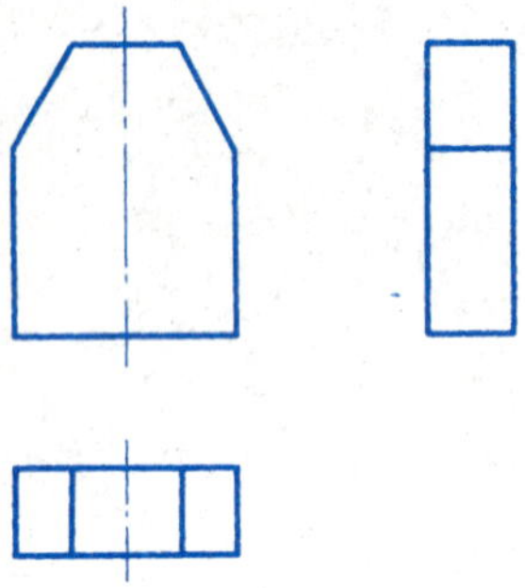

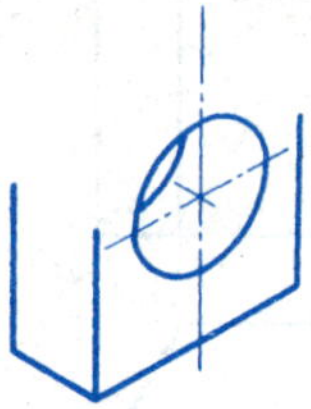

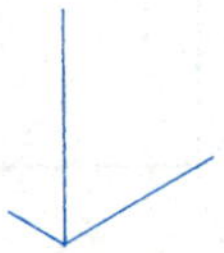

2. 根据圆柱的两视图，画正等测(立在“四棱柱”的正中)。

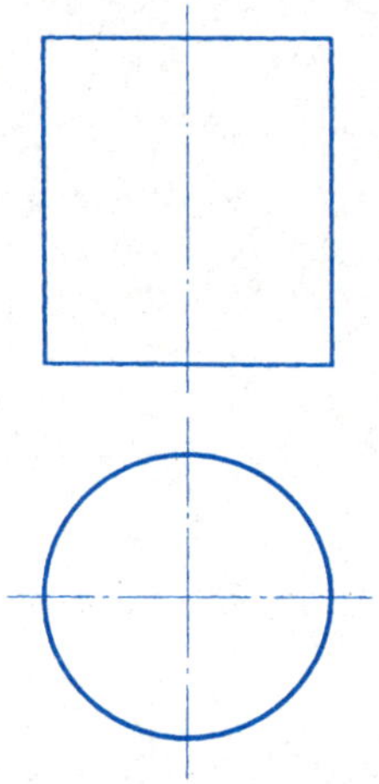

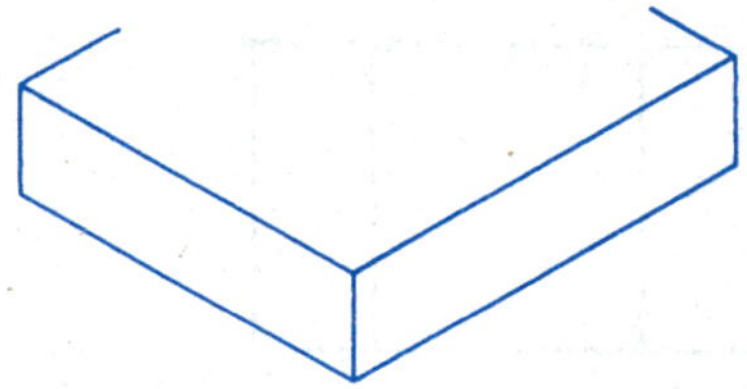

3. 根据圆柱的两视图，画斜二测(位于小圆柱之后,并与其同轴相接)。

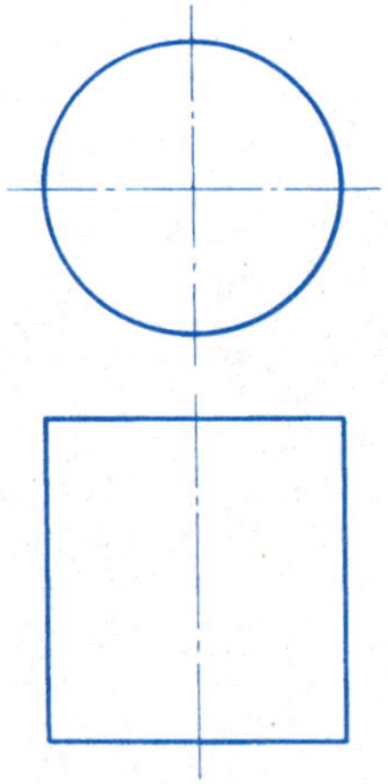

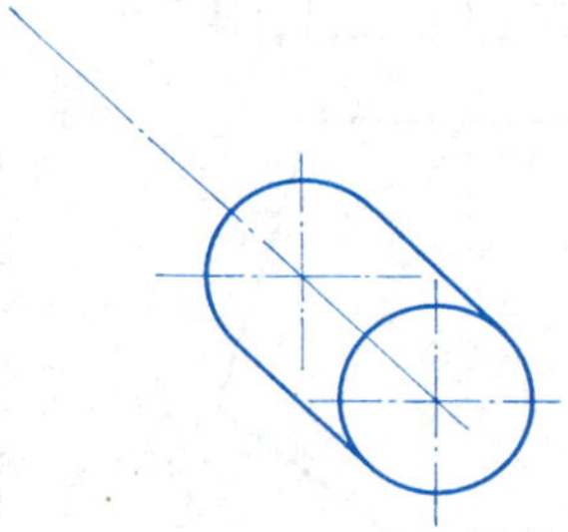

班级　　　　姓名　　　　学号

3-4　根据物体某一表面(上面、前面或左面)的轴测投影，徒手完成该物体的轴测图(另一轴向尺寸图中已通过不同形式给定)。

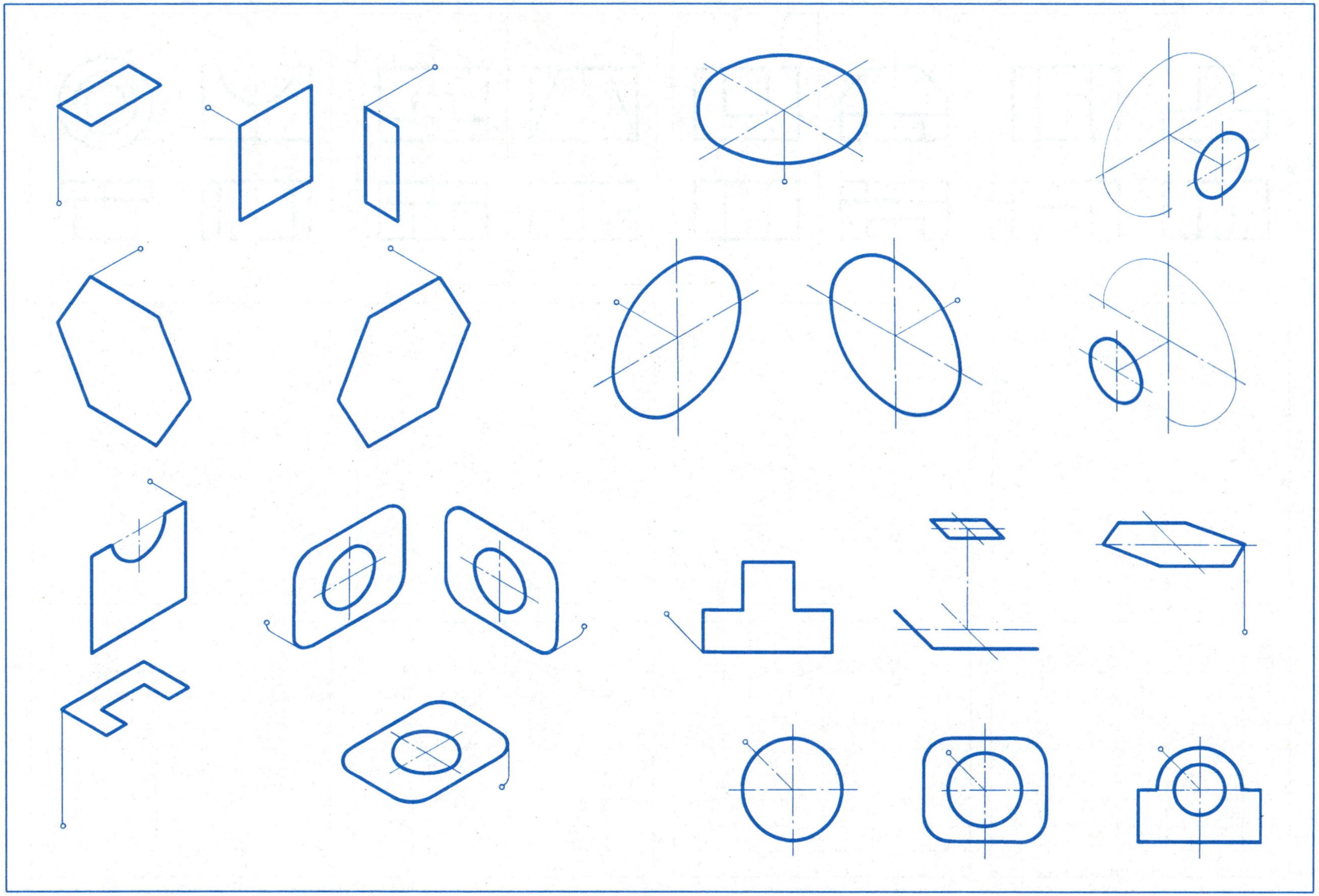

班级　　　　　　　　　　姓名　　　　　　　　　　学号

3-5　根据两视图徒手画轴测图(斜格上方的四组图:每组左侧的两视图画正等测,右侧的两视图画斜二测)。

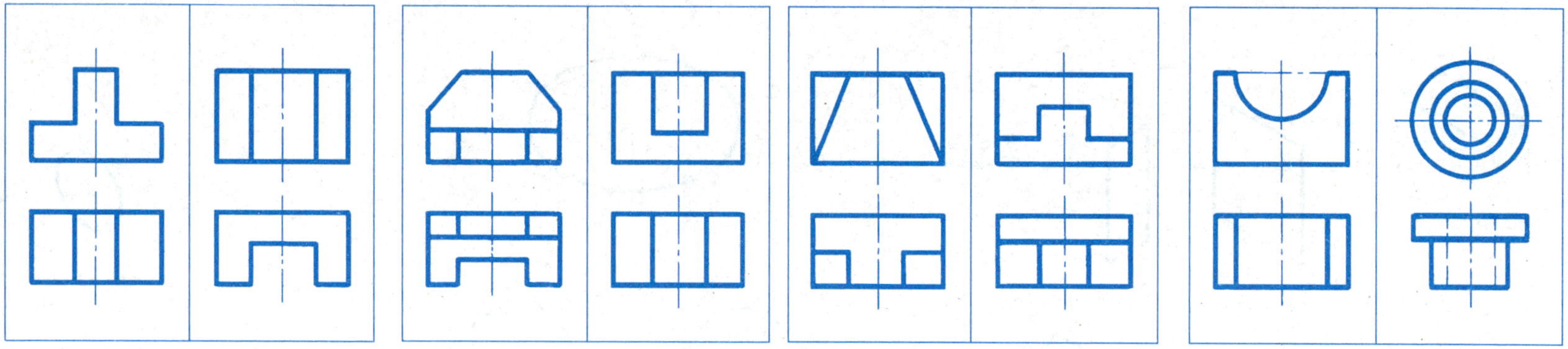

班级　　　　　　　　　　　　姓名　　　　　　　　　　　　学号

3-6 组合体的轴测图：根据三视图，画正等测(尺寸从图中量取)。

1. 比例为 1∶1。

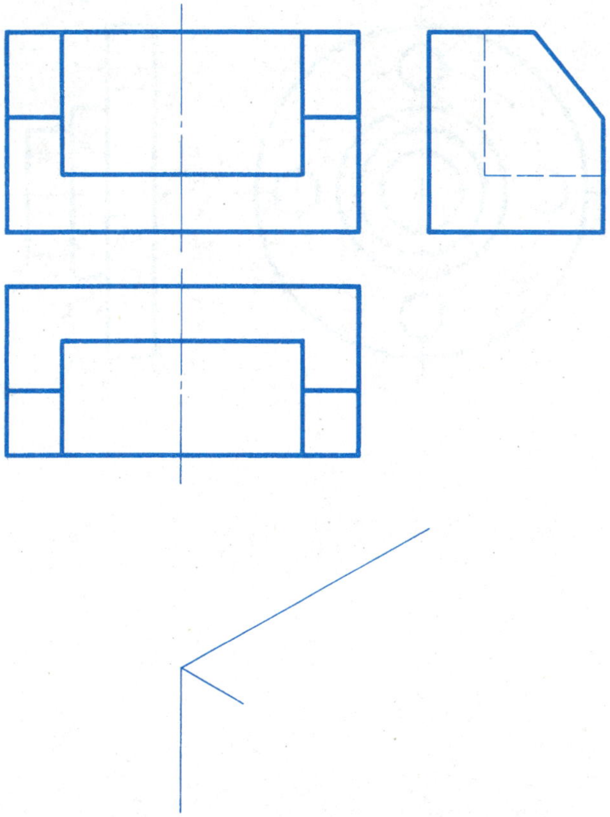

2. 比例为 2∶1。

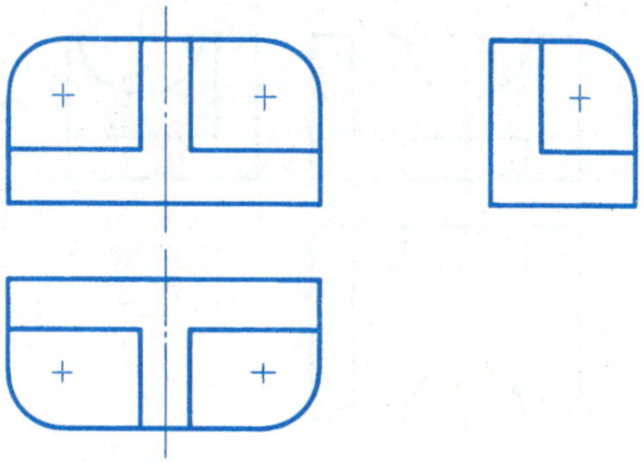

班级　　　　　　　　姓名　　　　　　　　学号

3-7　根据给定视图，画轴测图。

1. 画正等测(2∶1)。

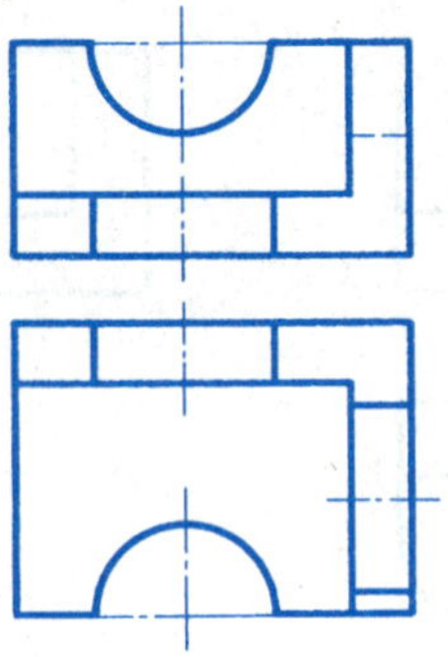

2. 画斜二测(1∶1)。

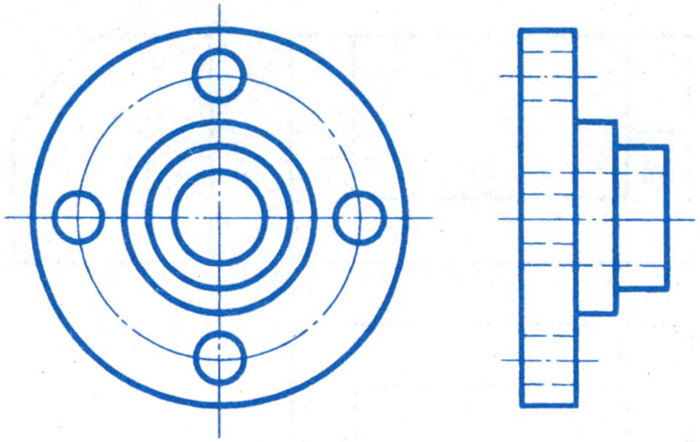

班级　　　　　　姓名　　　　　　学号

3-8　根据三视图，徒手画正等测(比例约 2：1)。

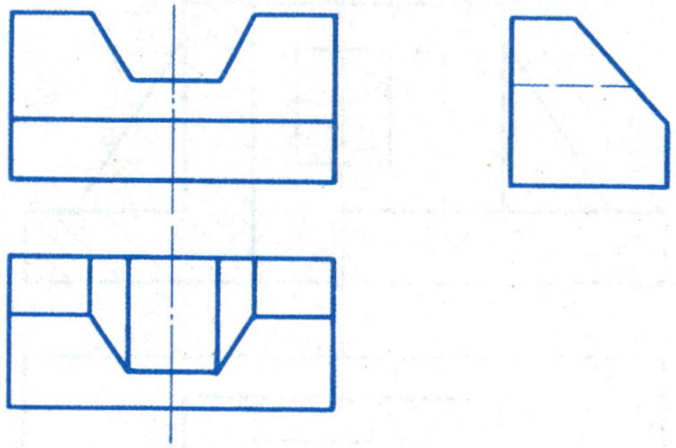

作业 4　组合体轴测图

(一) 作业内容

根据给出的视图画正等测。

(二) 作业目的

1) 掌握轴测图的画法。

2) 提高看图能力和绘图技巧。

(三) 作业要求

1) 用 A4 图纸，横放，比例自定。

2) 图形布置要匀称。

(四) 作业题(下图)

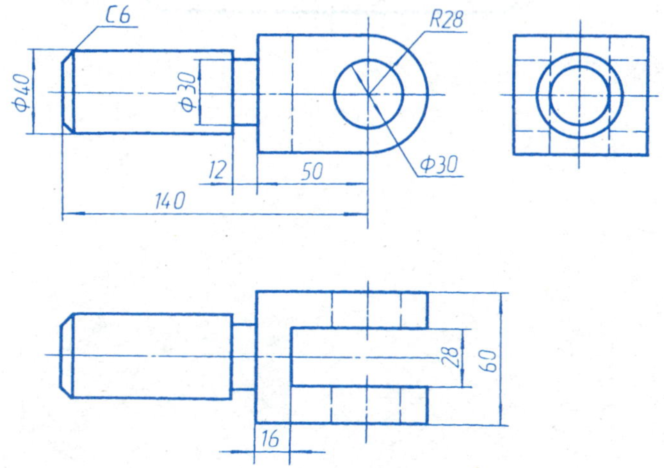

轴　测　图			比　例	材　料	图号
			1：2		
制图					
审核					

班级　　　　　　　　姓名　　　　　　　　学号

3-9　轴测剖视图：根据两视图，徒手画正等轴测图，并取剖视。

1.

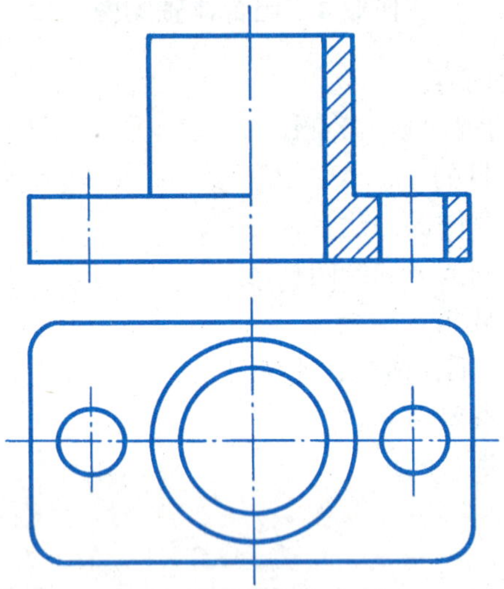

2.

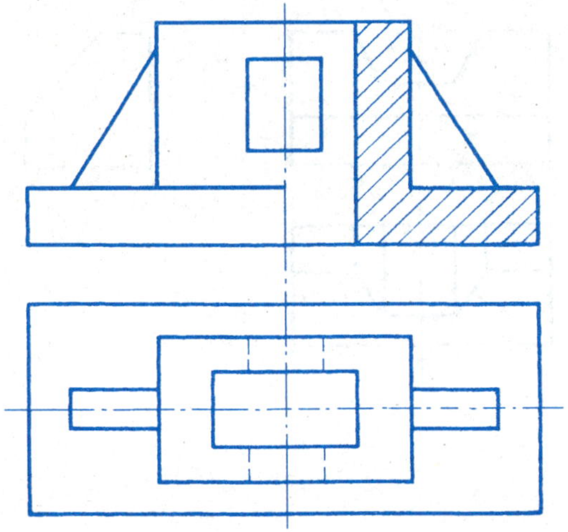

班级　　　　姓名　　　　学号

整合知识　点拨重点　指破迷津

立体的表面交线，一是指平面截切立体所产生的交线——截交线；二是指两立体相交所形成的交线——相贯线。工程实际中，机件表面上的交线随处可见，因此必须掌握它们的作图原理和作图方法。

（一）截交线

截交线是截平面与立体表面的共有线。对于平面体，其截交线为平面折线；对于回转体，其截交线一般为平面曲线。因为被截的部分都有一定的大小，而任何立体又都有一定的范围，所以截交线一定是一个平面图形。

平面图形的形状与被切立体的形状及截平面与立体的相对位置有关。对于平面体，其形状是直线段围成的平面多边形；对于回转体，其形状由曲线围成（如圆、椭圆），或者由曲线和直线围成（如双曲线、抛物线，以直线封闭），或者由直线段围成（如平行两直线加两直线封闭成矩形，相交两直线加一直线封闭成三角形）。显然，后两者的平面图形并非全由回转面上的截交线所围成，而是以圆柱、圆锥的顶、底面上被切得的截交线——直线加以封闭而形成的。

当立体被几个平面同时截切时，则必然形成几个毗连的平面图形。求这种组合截交线的投影，实际上就是求这些平面图形的投影。当然，作图的实质最终还是归结为求体表面上的点的投影。

求截交线的投影，应注意以下两点：

1）注意求特殊点。画图时先求特殊点，可确定交线的投影形状、范围、伸缩趋势及与回转面投影转向轮廓线上的连接点等。截交线（或相贯线）上的特殊点，多为回转面投影的转向轮廓线上的点、对称轴线上的点，以及最高、最低、最前、最后、最左、最右点等。

2）当用几个组合平面截切立体时，要注意找出截交线间的结合点。结合点间的连线，既是两截交线的相交线，也是被切出的两平面图形的分界线和转折线，切勿漏画。

（二）相贯线

两回转体相交，因相贯线的形状随相贯两体的形状、大小及相对位置的变化而变化，又因相贯线多为空间曲线，其“走势”（从左向右，或向前、向后，或向上、向下）有时不好揣摩，因此学习者普遍感到困难，作图后总感觉心里没底。

其实，能够熟练地掌握回转体表面上点的求法，截交线的投影便可迎刃而解，而截交线的投影真的弄通了，相贯线的求法也就不至于那么困难了。因为相贯线就是相贯两体两组截交线上诸多交点的结合。可见，两组截交线如何产生，就是问题的关键所在了。解决的办法是：特设一个辅助平面，令其同时截切两体。也就是说，有了辅助平面，才能满足前两者求其表面共有点的条件，这就是求相贯线投影所采用的“三面共点”的原理的由来。

辅助平面通常是为求相贯线上的一般点而设（某一回转体的外形轮廓线与另一回转体表面的交点虽为特殊点，但有时也需包含该外形轮廓线作辅助平面才能求出）。

求相贯线的步骤如下：

1）分析两相贯体表面的几何性质、相对位置和投影特性，判定相贯线的大致形状和伸展趋势。

2）求特殊点，以圈定相贯线的投影范围。

3）设辅助平面，求一般点。

4）判别可见性，整理外形轮廓线。

5）依次连线，完成全图。

相贯线通常为闭合的空间曲线。当相贯两体的表面性质、它们的相对位置及尺寸大小变化到某种特定情况时，相贯线可为平面曲线或直线。了解这些特殊类型的相贯线，当遇到类似的相贯情况时，就可直接判断相贯线的形状，并可简化作图。

相贯线为平面曲线有两种情况：一是相贯的两体共轴时，相贯线为圆；二是相贯的两体公切于一圆球时，相贯线为两个相交的椭圆。相贯线为直线也有两种情况：一是相贯的两圆柱体的轴线平行时，相贯线为平行的两直线；二是相贯的两圆锥体具有一个公共的顶点时，相贯线是交于顶点的两直线。

相贯线是教学中的一个难点，但还必须攻破。首先，实际机件上经常出现，不画其投影不便于看图；其次，在钣金工放样下料时，也要求准确地画出机件表面的交线，以保证焊接件在卷曲成形后焊缝能准确地吻合；再次，对进一步掌握回转体表面上点、线的投影规律，培养空间想象能力乃至后面的学习，都有好处。

但应指出，相贯线是两体相交自然形成的，图样中即使不画其投影，机件照样可以制造出来。因此，在不致引起误解时，图形中的相贯线可以采用简化画法或模糊画法。但我们决不能因此而忽视这部分内容的学习。因为不会求相贯线的投影，想用好简化画法和模糊画法也是不可能的。

班级　　姓名　　学号

4-2　根据给出的视图，补画缺线或补画视图，完成三视图。

1.

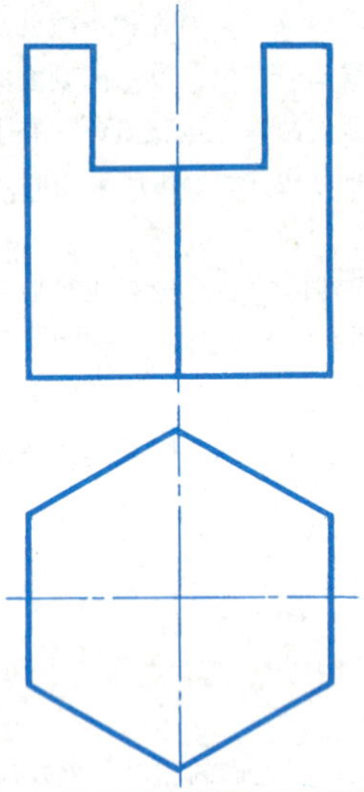

2.

3.

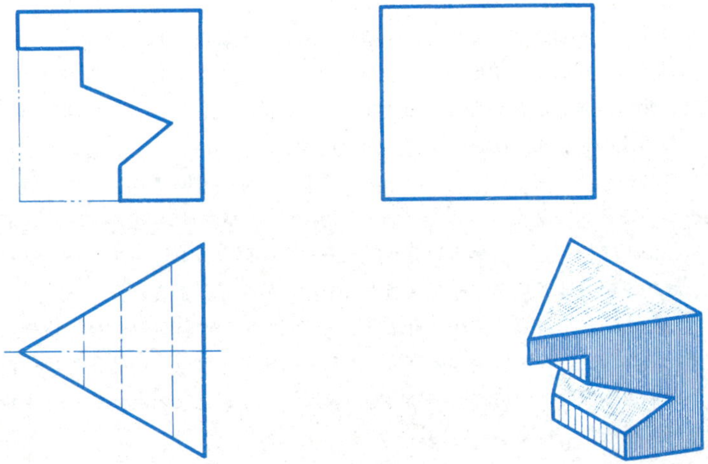

4.

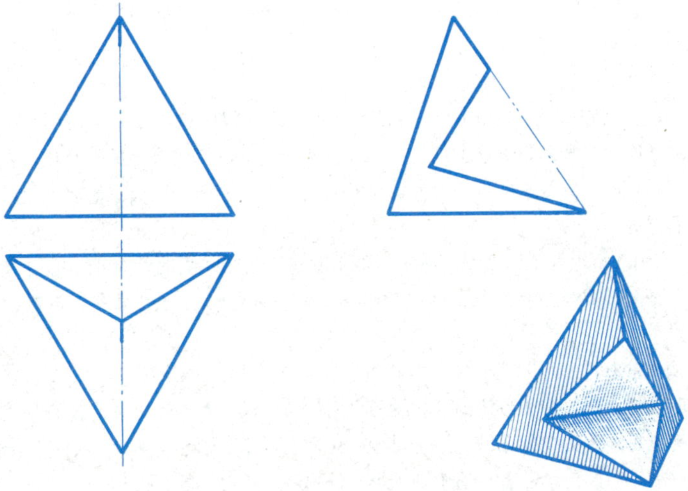

班级　　　　　　　　姓名　　　　　　　　学号

4-3　根据轴测图，在方格内徒手画出其三视图。

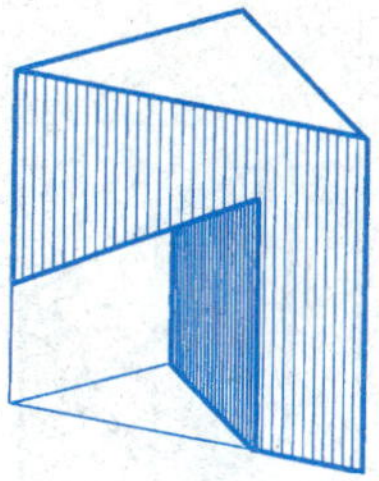

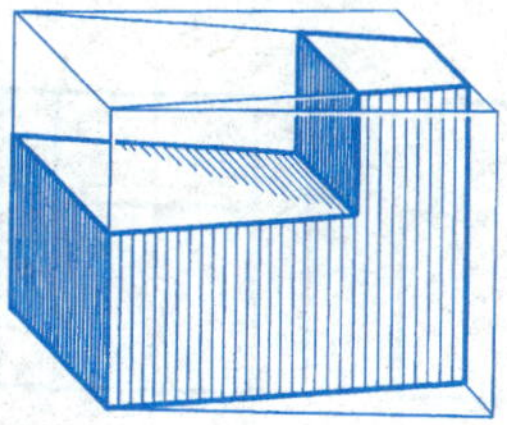

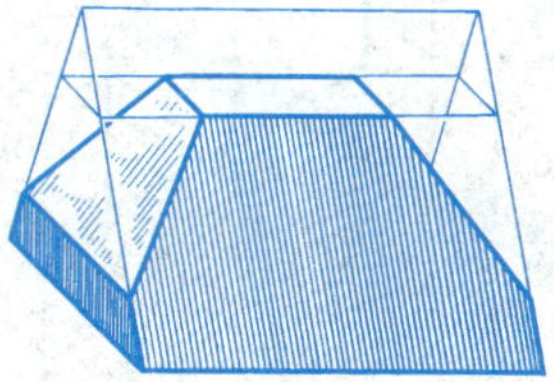

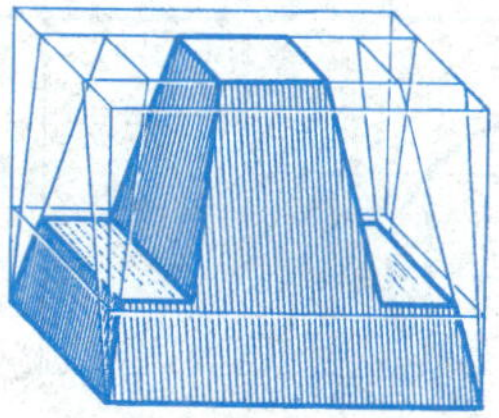

班级　　　　　　　　　　姓名　　　　　　　　　　学号

直观展示　抓住关键

右侧两图反映圆柱被切的两种基本形式，这种结构在机件上也很常见。然而初学者画图时却往往出错，因此把它“展示”出来，望仔细分析，彻底弄明白。

这类图有一特点，只要将切口、凹槽的特征形状显现出来并注上尺寸，一般只用一个视图即可，两个视图足够。这说明，切口、凹槽多由特殊位置平面切出，积聚性的投影反映其特征，另一面投影反映其实形。因此，只要掌握平面形的投影特性，问题即可迎刃而解。

画这类三视图的方法步骤如下：

1）先画出完整圆柱的三视图。

2）抓住被切平面的积聚性投影，先画反映槽、口特征形状的视图，再按投影规律完成其他视图。

3）分析圆柱表面外形轮廓线的变化情况(看是否被切掉)。

4）求出交线(切面与圆柱表面的交线，两切面之间的交线)两端点的投影。

5）判别交线投影的可见性。

当在圆筒上切口、开槽时，其投影又变得复杂些。切平面不仅与圆柱外表面相交，也与圆孔的内表面相交。因此，作图时应内、外兼顾，其作图步骤同上。

1. 圆柱切口的直观展示如下：注意“弓形面”的投影范围。

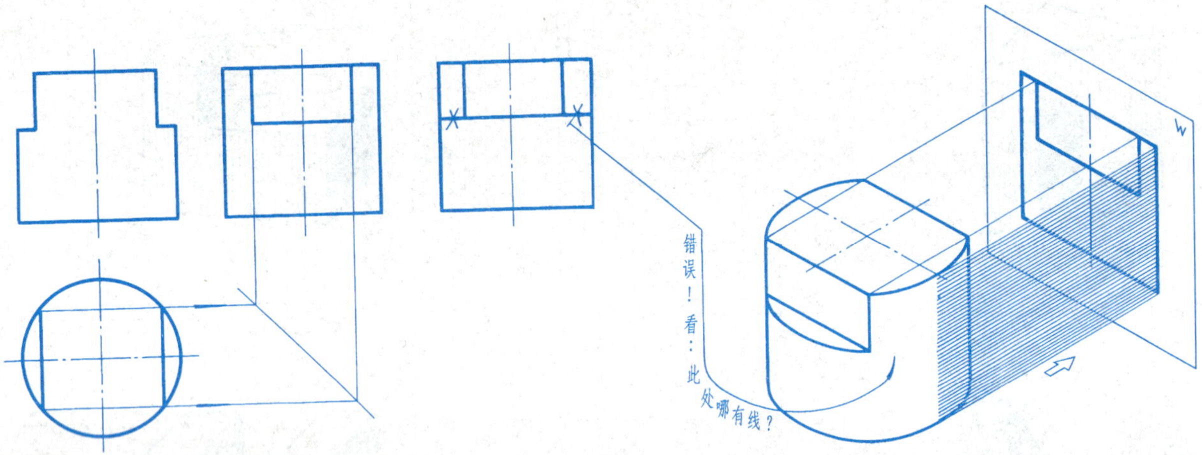

2. 圆柱开槽的直观展示如下：注意“弓形面”投影的可见性。

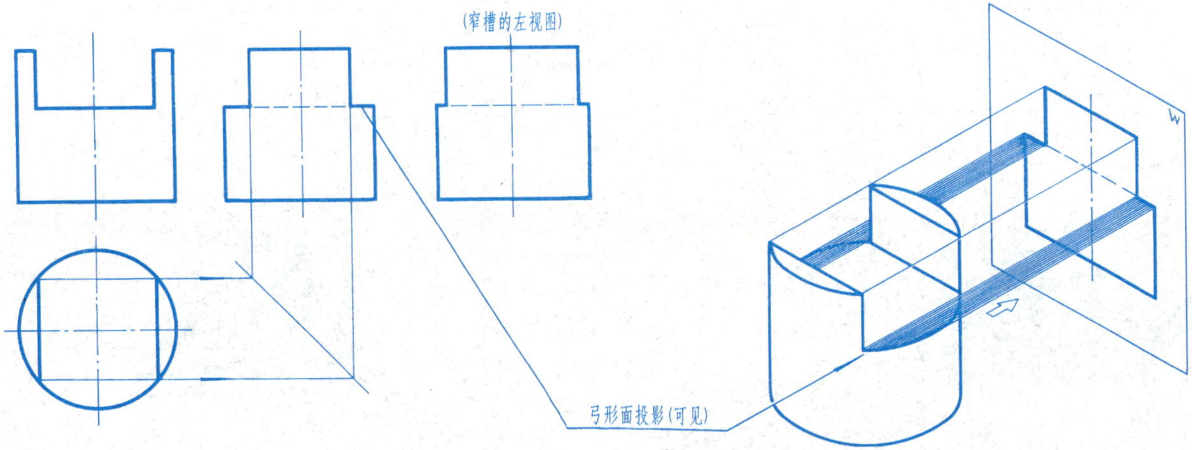

班级　　　　姓名　　　　学号

4-5 根据主、俯视图，选择正确的左视图(在其下面打“√”)。

1.

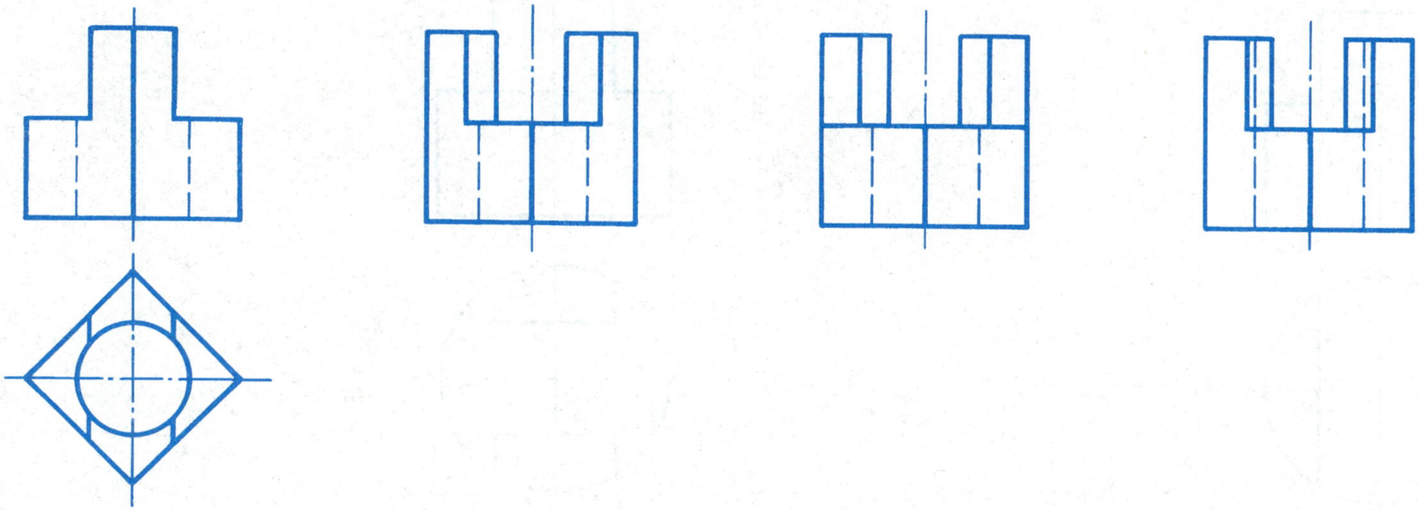

2.

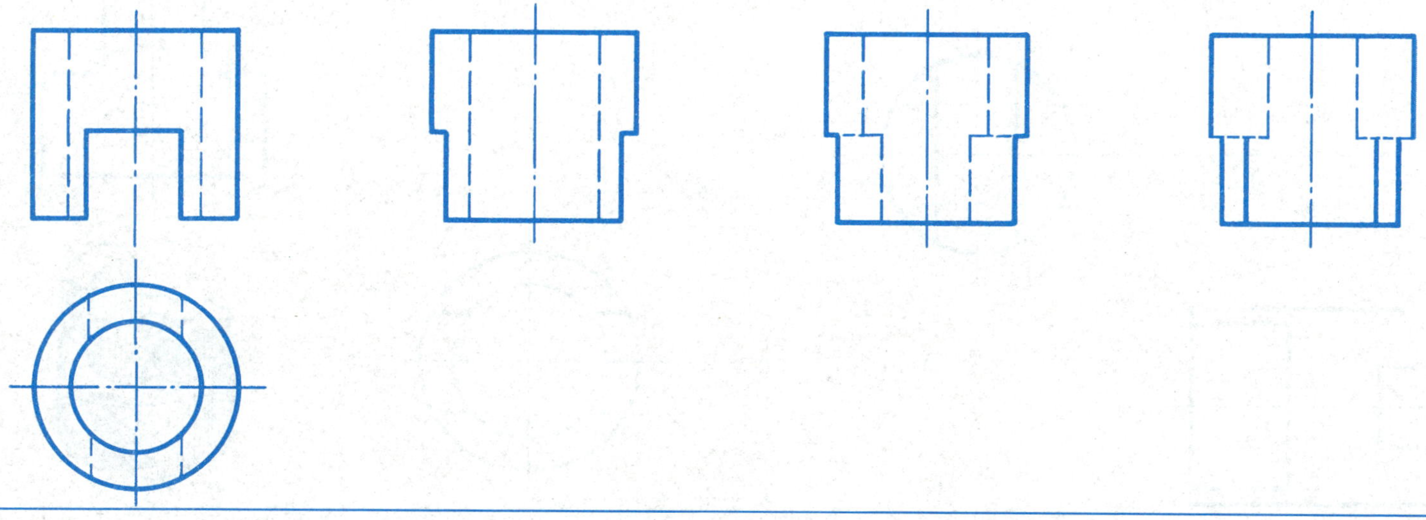

班级　　　　姓名　　　　学号

4-6　根据两视图，补画所缺的第三视图。

1.

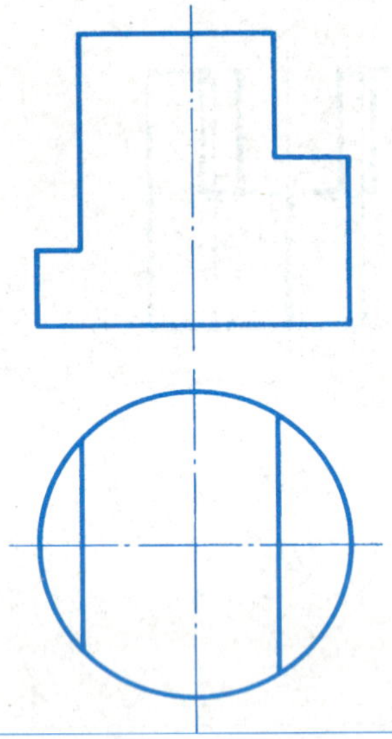

2.

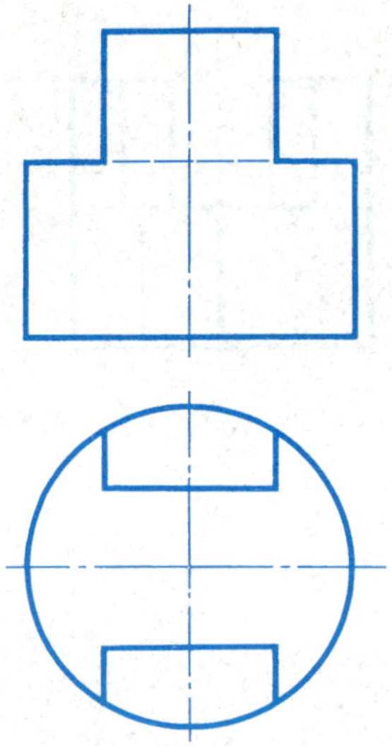

3.

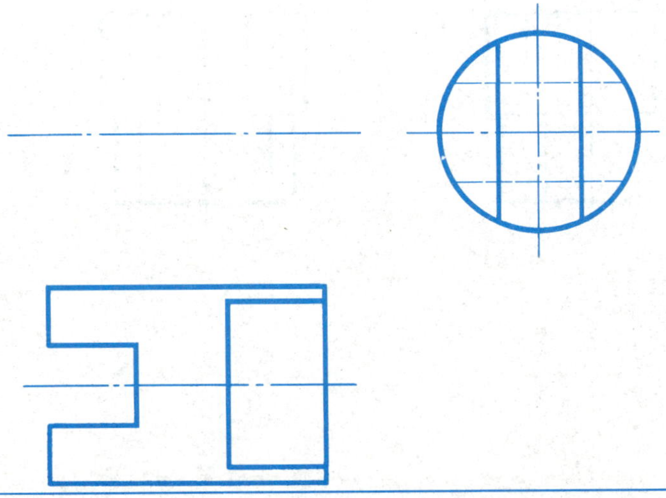

4.

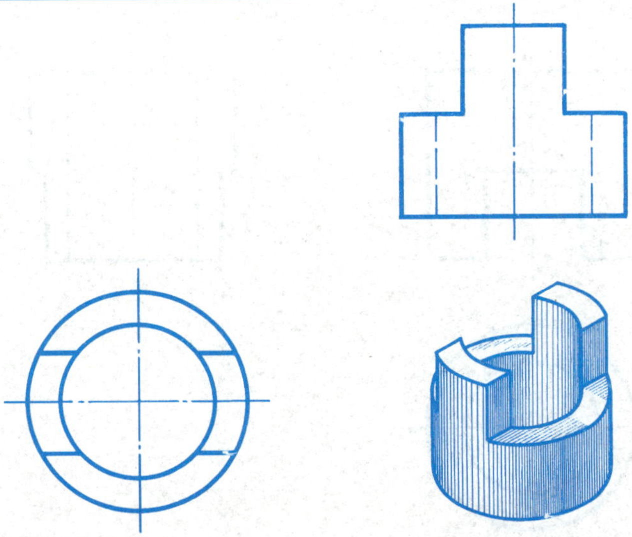

班级　　　　　　　　　　　　　　姓名　　　　　　　　　　　　　　学号

4-7　根据轴测图，在方格内徒手画出其三视图。

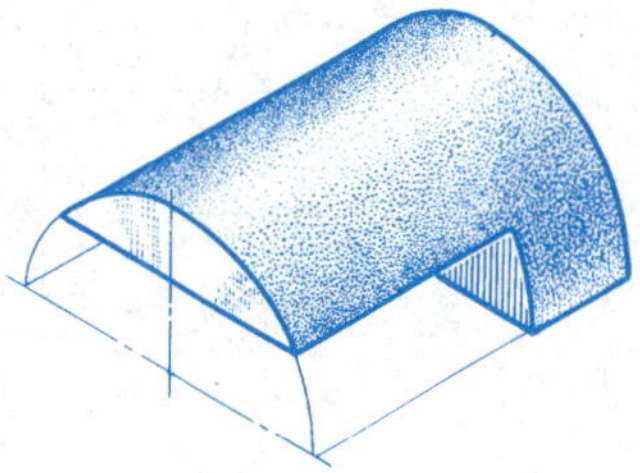

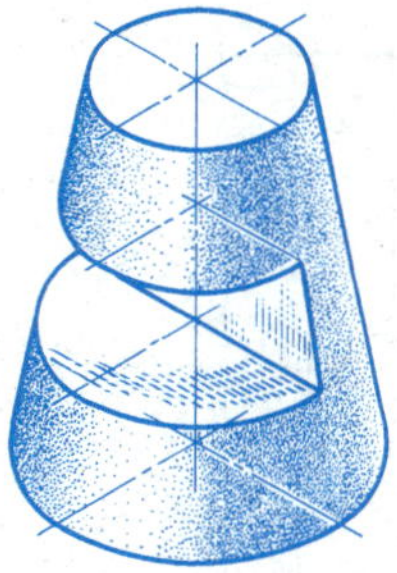

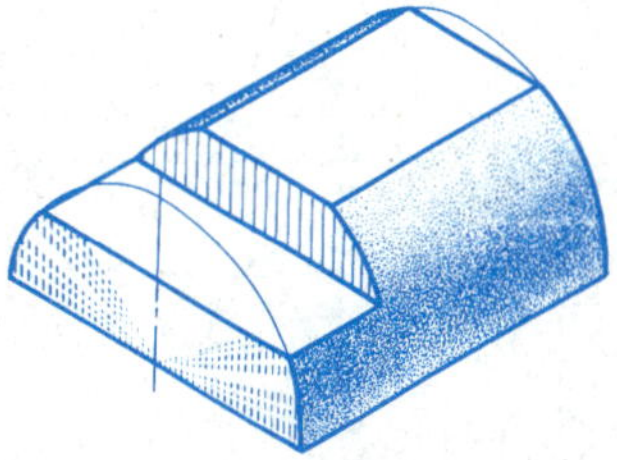

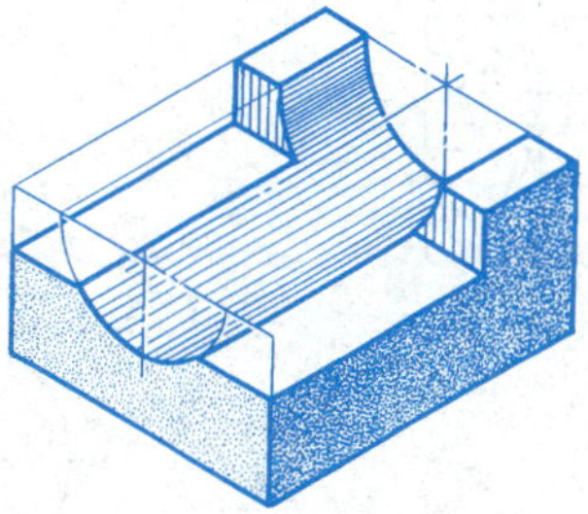

班级　　　　　　　　姓名　　　　　　　　学号

4-8 怎样求截交线上的点（做题前必读）。

指出关键

调理思路

求截交线投影的关键，就是求截平面与体表面上共有点的投影。截平面多为特殊位置平面，至少有一面投影具有积聚性，也即截交线的投影至少有一面是已知的，因此，求截交线上的点就要牢牢地抓住这具有积聚性的投影，特别是斜线（指投影面垂直面的投影，如图），可以说，它是“点的宝库”（截交线上所有点的投影均聚于此）。进而运用体表面求点法，即可求出。

右图分别示出了求柱、锥、球表面上特殊点、一般点及曲线的过程，希望读者认真读一读。

求特殊点的过程

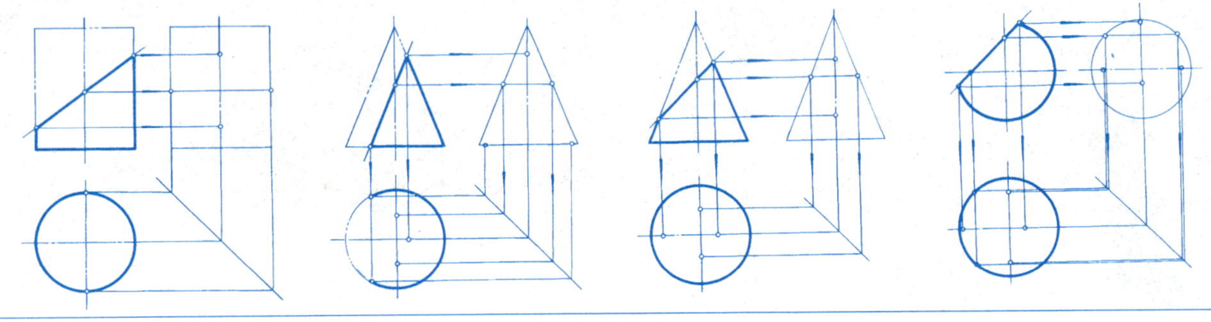

求一般点的过程

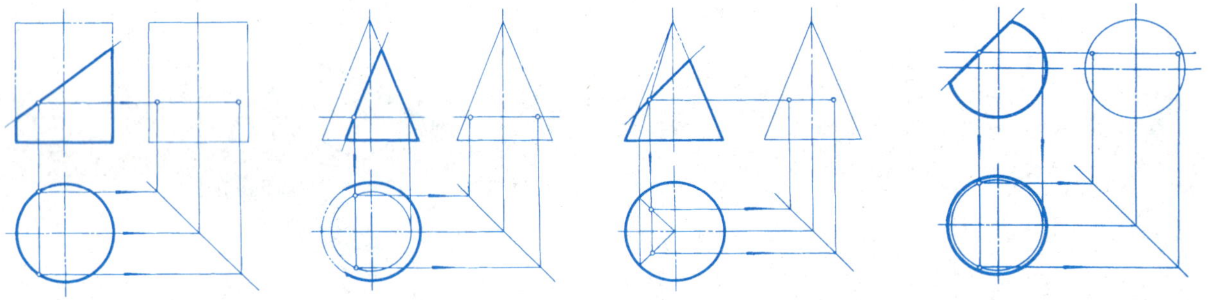

利用积聚性求点　　利用辅助圆法求点　　利用辅助素线法求点　　利用辅助圆法求点

求曲线的过程

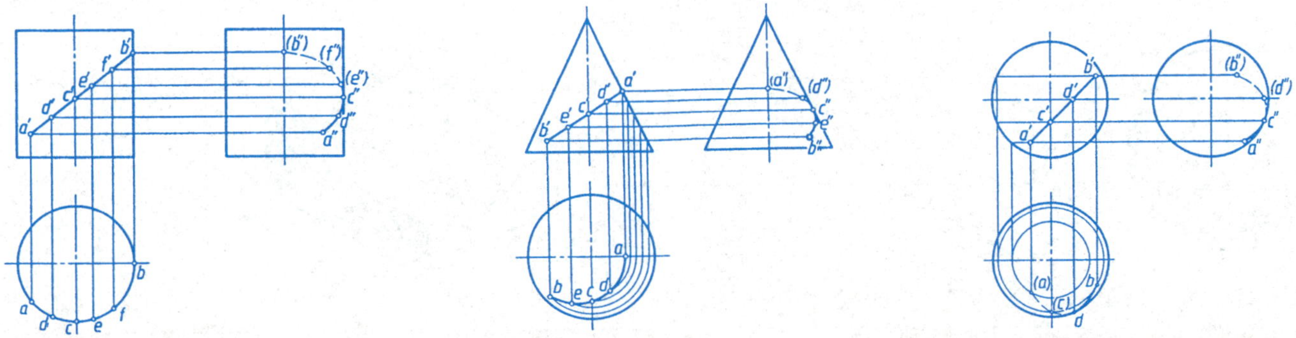

班级　　　　姓名　　　　学号

4-9 根据已知的视图，完成三视图。

1.

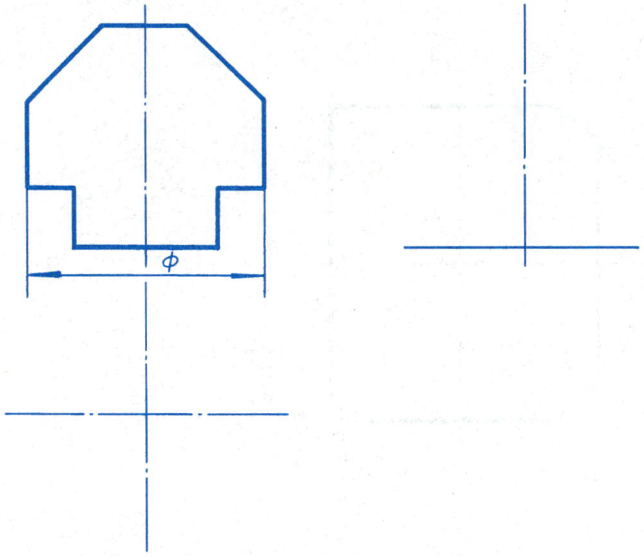

2.

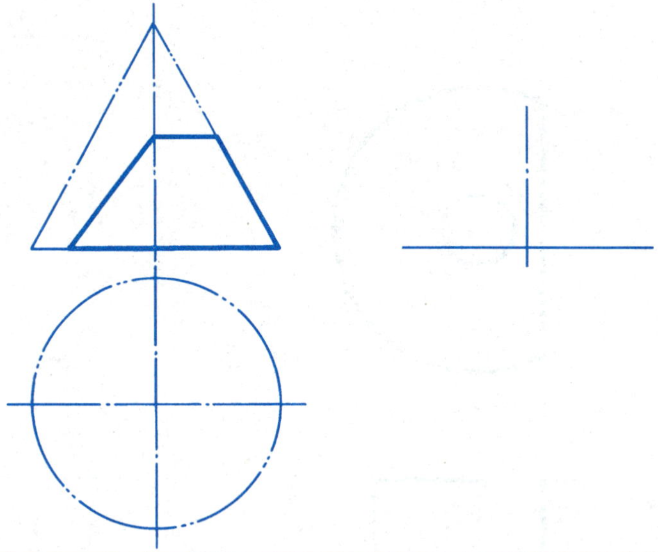

3.

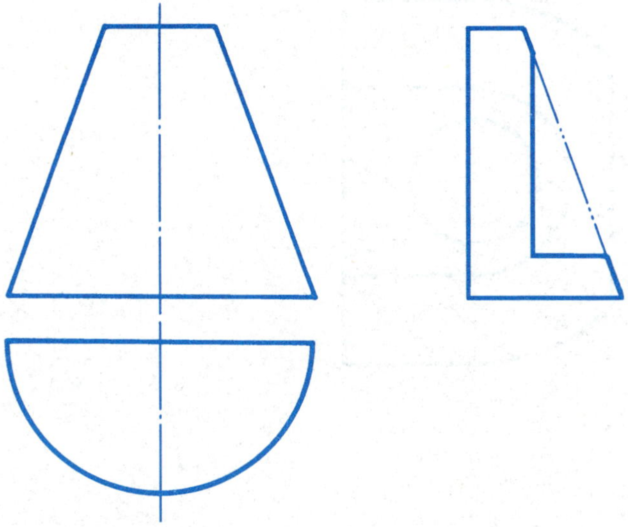

4.

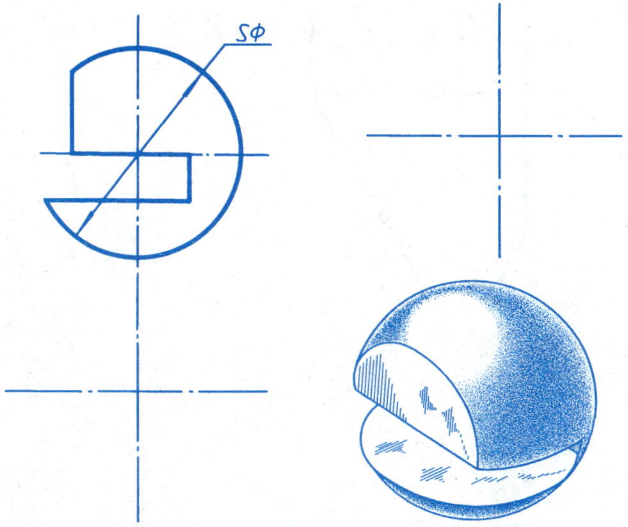

班级　　　　姓名　　　　学号

4-10 求截交线的投影，并补画俯视图。

1.

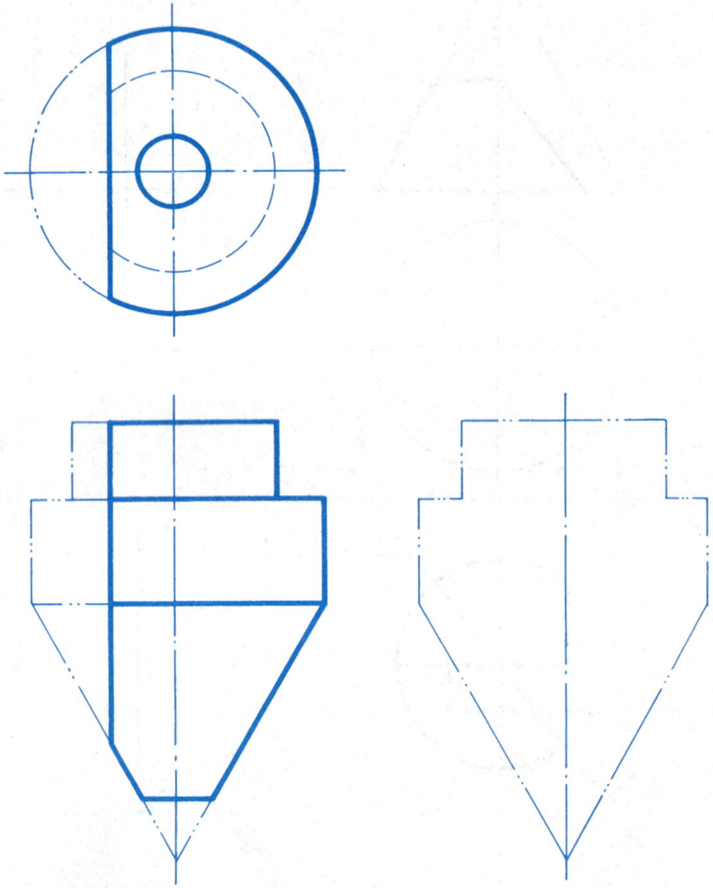

2.

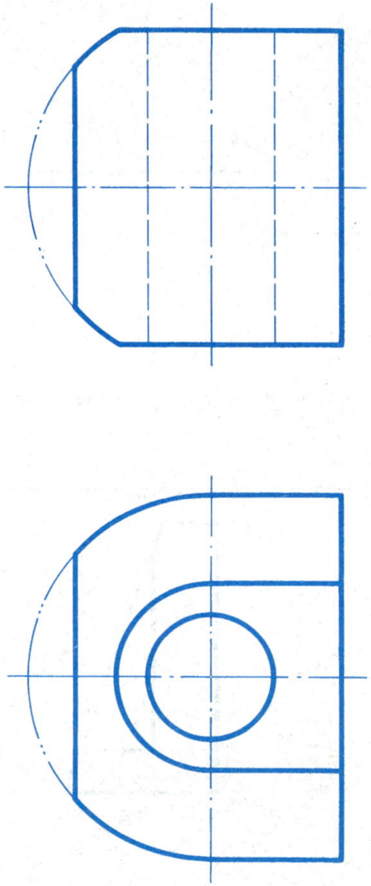

班级　　　　姓名　　　　学号

4-11　怎样设置辅助平面(做题前必读)。

1.

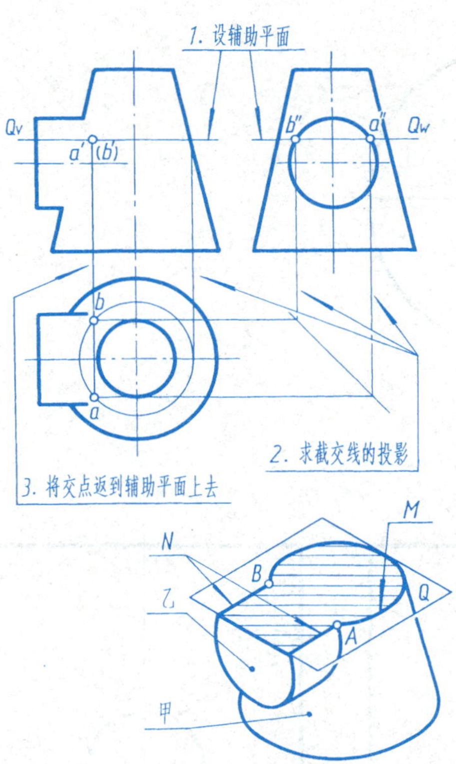

2.

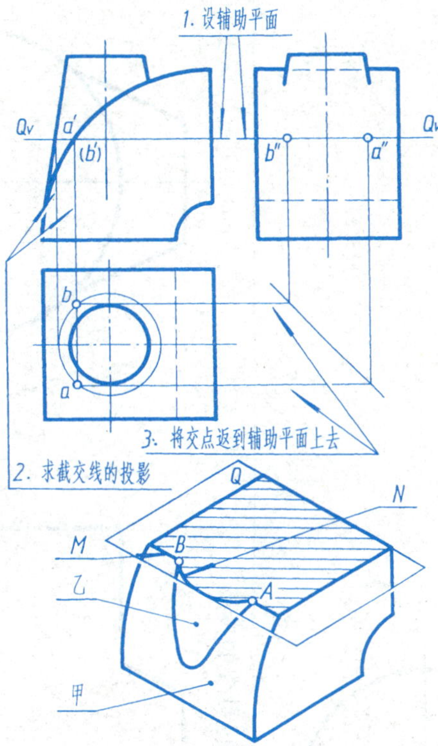

3.

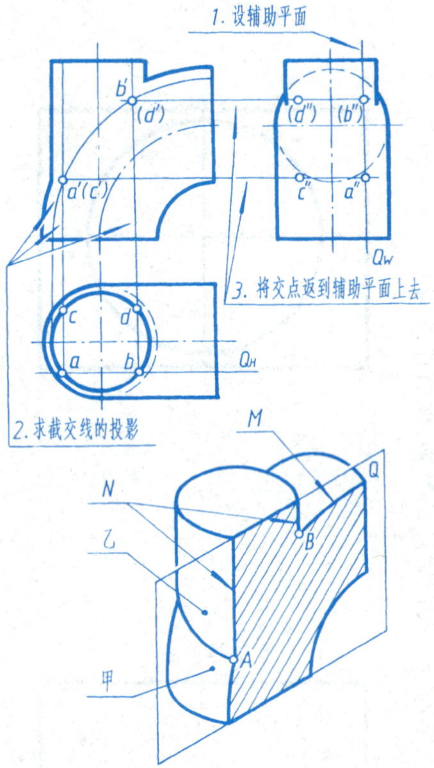

吃透原理　明确步骤

除两圆柱垂直正交、偏交可利用积聚性求相贯线外，一般需设置辅助平面才能满足求相贯线投影的条件——三面共点(即点为相交两体表面和辅助平面所共有)。作图时，应恰当地选择辅助平面(一般为投影面平行面)及其截切位置(它决定欲求点的位置)。

求相贯线的关键依然是求“点”，其作图步骤见上图：设辅助平面{与甲回转体表面相交，得截交线 *M*；与乙回转体表面相交，得截交线 *N*}，则 *M*、*N* 两组截交线的交点 *A*、*B* 即所求。

设置辅助平面的原则：使由该面切得的两组截交线为最简单、易画的直线或圆。

班级　　　　姓名　　　　学号

4-12　相贯线的投影。

1. 求相贯线的投影(求出四个一般位置点的投影,保留作图线)。

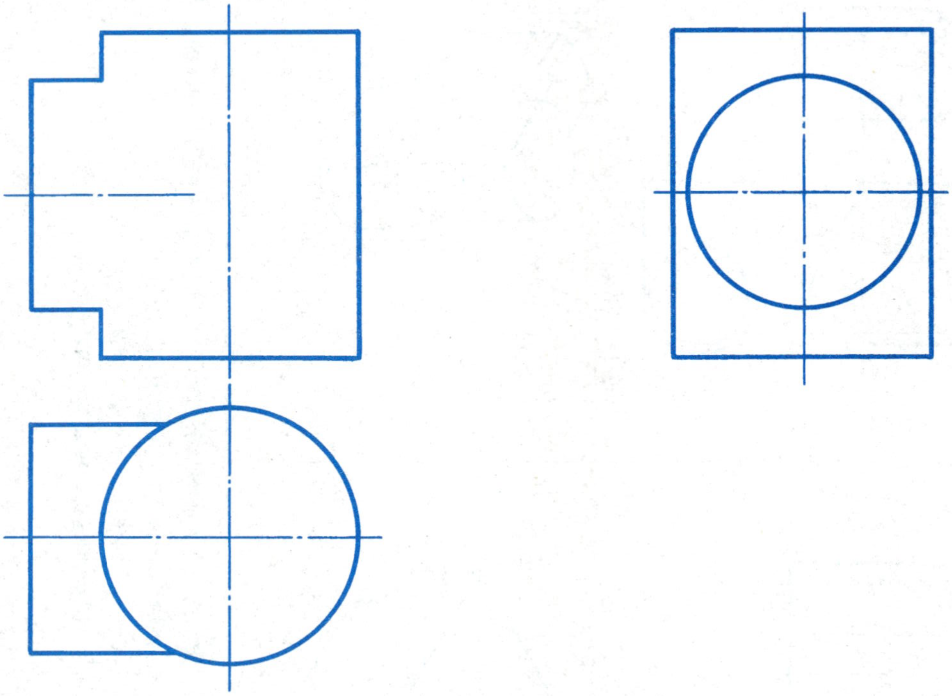

2. 用辅助平面法求出相贯线的投影。

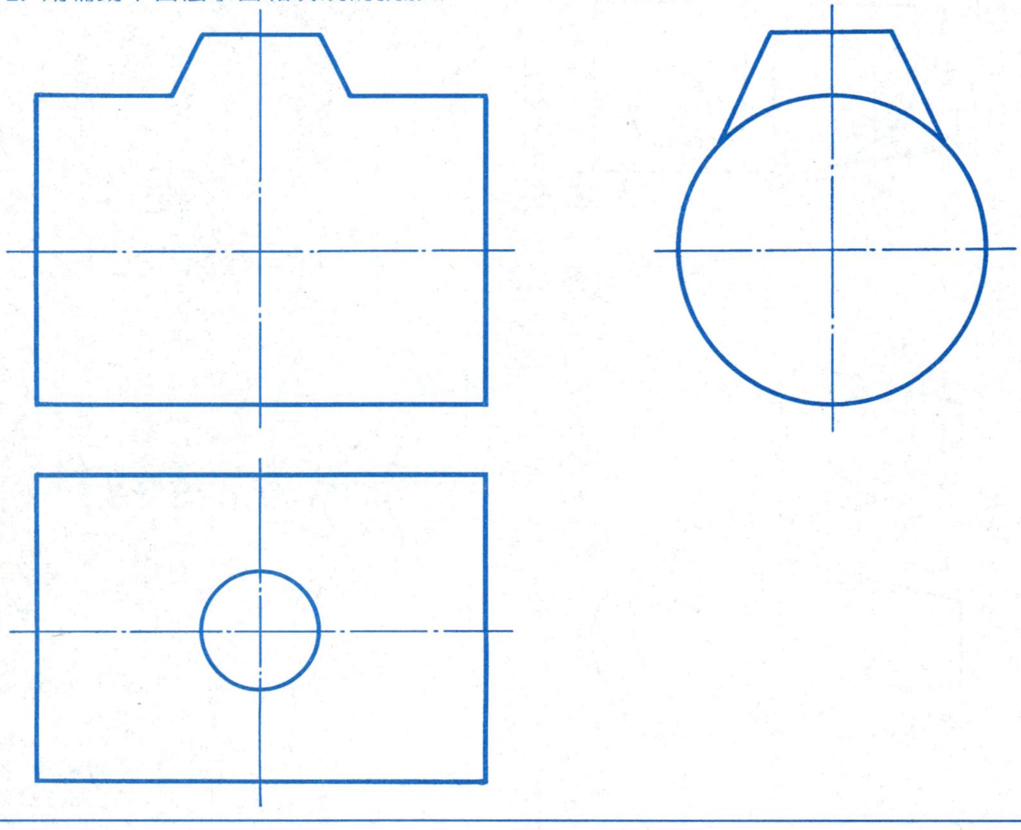

班级　　　　姓名　　　　学号

4-13　补画所缺视图或完成三视图。

1.

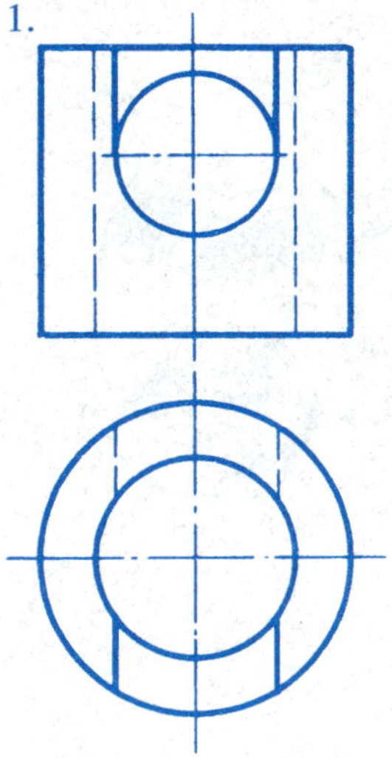

2.

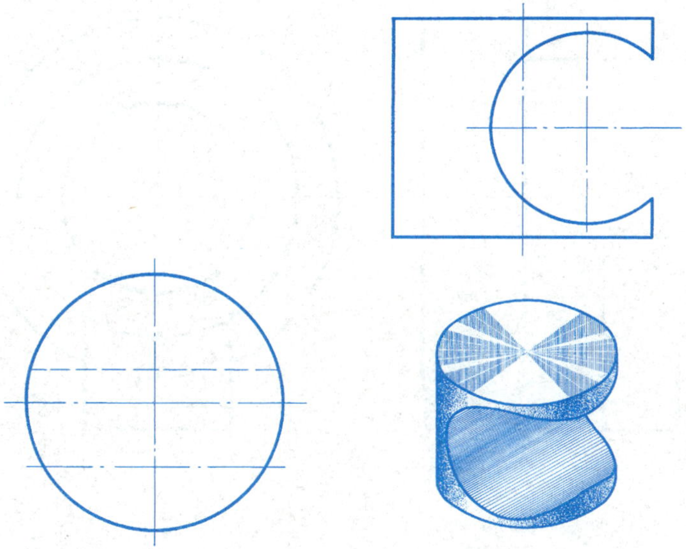

3.

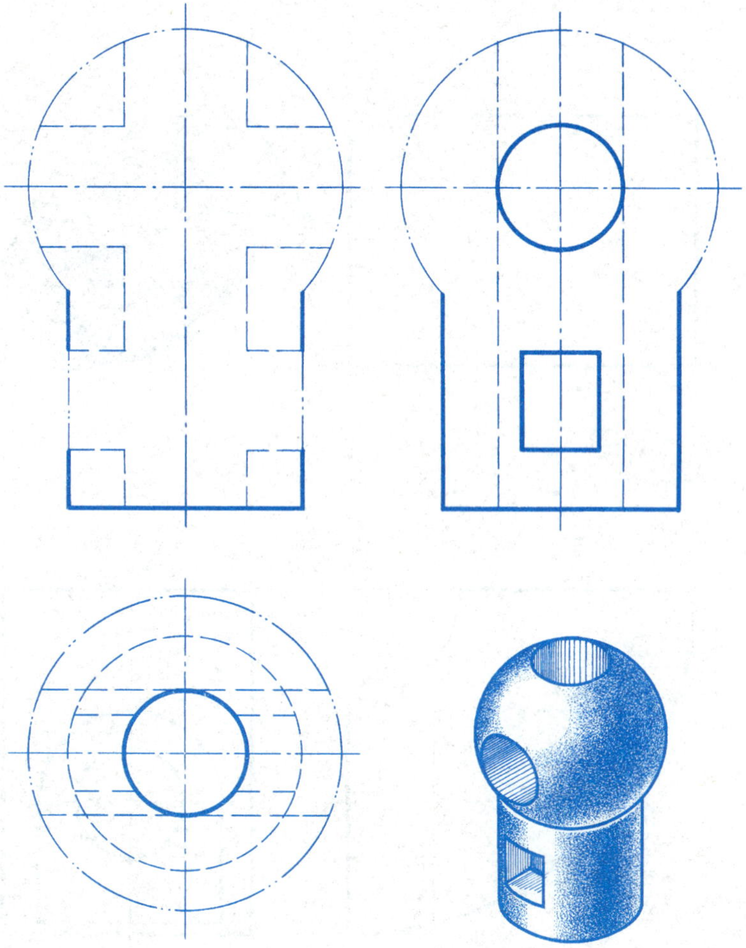

班级　　　　　　　　姓名　　　　　　　　学号

4-14 补画相贯线的投影，完成三视图。

1.

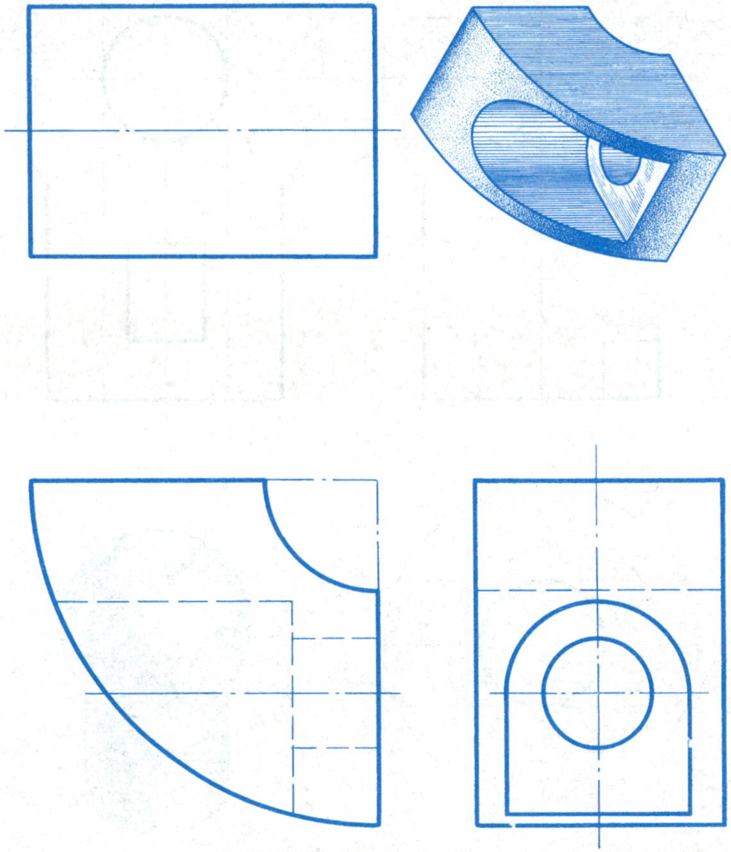

2.

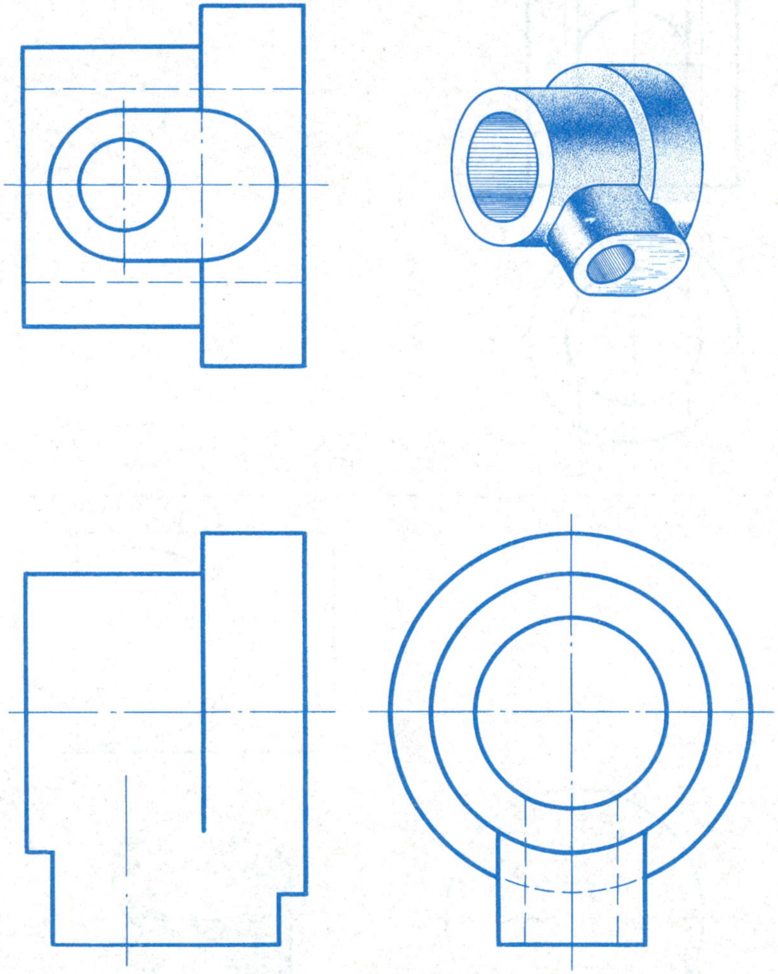

班级 姓名 学号

剖析知识地位　抓住三大经脉　掌握两种方法

组合体在整个制图教学中占有特殊重要的地位。可把组合体比作“转运站”，因为它能把前面所学的基础知识“吸收”进来，“转发”出去；组合体又好比是座“桥”，因为只有顺利地通过它，才能达到学习的理想境地。对此曾有人这样说：“学习制图，如果组合体没过关，将糊涂一辈子。”这话并非言过其实。可以说，组合体教学是整个制图教学过程中的一座“里程碑”。

组合体的学习内容极其丰富：画图、看图、标注尺寸——制图课的三大“经脉”，以及疏通“经脉”的两种方法——形体分析法和线面分析法均集于此。尤其，在学习零件图的绘制、识读、标注尺寸时，它们将对应地作为最基本、最重要的基础知识，毫无折扣地为之所用。

组合体既居如此要位，学习至此，就应“安营扎寨，稳扎稳打”。具体应注意以下几点：

（一）要掌握好形体分析法

形体分析法是画图、看图、标注尺寸最基本、最常用的方法，它是将一个复杂的问题分解成几个简单的问题处理后再加以综合的方法。

形体分析法的着眼点是“体”。这个“体”，是指组成物体的各个基本几何体（可简称基本体），如柱、锥、球、环等。看来，怎样将这些基本体从复杂的物体上分解出来，则是首要问题。

画图时，体的分解是在物体上进行的，即先假想把物体分解成若干个基本体，逐个画出它们的三视图，再将其按相对位置综合起来，即为整个物体的三视图。

看图时，体的分解是在图形（视图）上进行的，这种分解应以线框分析为基础。前面曾讲过，一个线框可以表示一个面，也可以表示一个体。而基本体的视图在大多数情况下是一个线框，如圆柱体的一个视图就是一个圆线框（另两个视图各为一个矩形线框），它既是圆柱体上的一个顶面（或底面）的投影，也是圆柱体上所有各个表面的投影。鉴于此，看图时就可按照一个线框表示的是一个基本体的概念，从具有形状特征的线框入手，把视图分成几个部分，并找出各部分在其他视图上的对应投影，这样，就可以利用我们熟悉的基本体视图想象出它们的形状，再将其按相对位置组合起来，即可想象出整个物体的形状。简单而形象地说，当按照“线框表示体”的概念看图时，只要将线框“加厚”看成是鼓起的，其立体形象立刻就会凸显出来。

应特别指出，当有些基本体的视图由多个线框组成时，就不能按线框表示体的概念去分析。如正四棱台的俯视图由六个线框组成，每个线框仅是四棱台上一个表面的投影，六个表面合起来才是四棱台的一个视图。遇到这样的图形，应进行点、线、面的投影分析，从而将图看懂（如照此分析，可知该体是由两个正方形的水平面、两个等腰梯形的正垂面、两个等腰梯形的侧垂面所围成的正四棱台）。

标注尺寸时，也是采用“先分后合”的方法，即在形体分析的基础上，逐个注出各组成部分的定形尺寸、定位尺寸和总体尺寸，将其综合在一起即为组合体的整体尺寸。这样，可以有步骤地将尺寸注得完整、齐全。同时，还应将尺寸注得清晰、醒目，便于查找。

需要指出的是，标注尺寸时，必须考虑尺寸基准的选择问题。尺寸基准，就是标注尺寸的起点，或者说，是确定尺寸位置的几何元素（点、直线、平面）。选好尺寸基准的重要性在于确保尺寸的精度。组合体在长、宽、高的每个方向上，至少都应有一个尺寸基准，它们常常是组合体的对称平面、底面、端面或回转体的轴线等。基准确定之后，主要尺寸就应从基准出发进行标注。

（二）要运用好线面分析法

当运用形体分析法看图或画图，对物体的形状仍不能看懂或不便于作图时，应对物体上的线、面进行投影分析，即分析表面的形状、面与面的相对位置、投影特性及面与面间交线的投影特性等，这种分析方法称为线面分析法。

线面分析法的着眼点是“面”。运用线面分析法看图时，应通过线框分析将物体的表面进行分解，通过识别这些表面的形状、投影特性及它们之间的相对位置并将其加以综合，以想象出物体的形状。

（三）要反反复复地练看图

画图和看图是学习本课的两大任务，两者相比，看图难于画图。因此，要理顺知识，掌握方法，反复演练，努力提高看图水平。

（1）理顺知识。我们已经知道，看图是画图的逆过程。其实，这个逆过程，从画点、线、面的投影图起，即以读点、线、面的投影图步步相随，并历经画、看几何体视图、线框分析、识读一面视图，直到画、看带有交线物体的视图，逐步过渡到画、看组合体视图的阶段。这些环环紧扣、脉络清晰的知识，为读组合体视图奠定了坚实的基础。

（2）掌握方法。形体分析法和线面分析法是在上述知识中抽取出来的方法。具体应用时，要注意针对性。首先，用形体分析法识大局，看物体组成部分明显的视图；其次，用线面分析法识局部，看组成部分不易区分的切割体视图；再次，用加注字母的方法进行点的投影分析，并将其连成线、面，看那些形体怪异、图线很少的视图。

（3）反复演练。应通过看三视图和“一补二、二补三、补缺线”及伴随勾画轴测草图、做“泥型”等各种形式，不厌其烦地演练。练要讲实效，不能只讲速度。草率地看十张图，不如认真、仔细地彻底看懂一张图。

总之，若学会看图，一靠上述知识的积累，二靠看图方法的运用，三靠扎扎实实地演练。只有这样，才能具备过硬的看图本领。

班级　　　　姓名　　　　学号

5-2　在轴测图上量取尺寸，在中部所示“四棱柱”的基础上，按要求完成叠加型组合体的三视图。

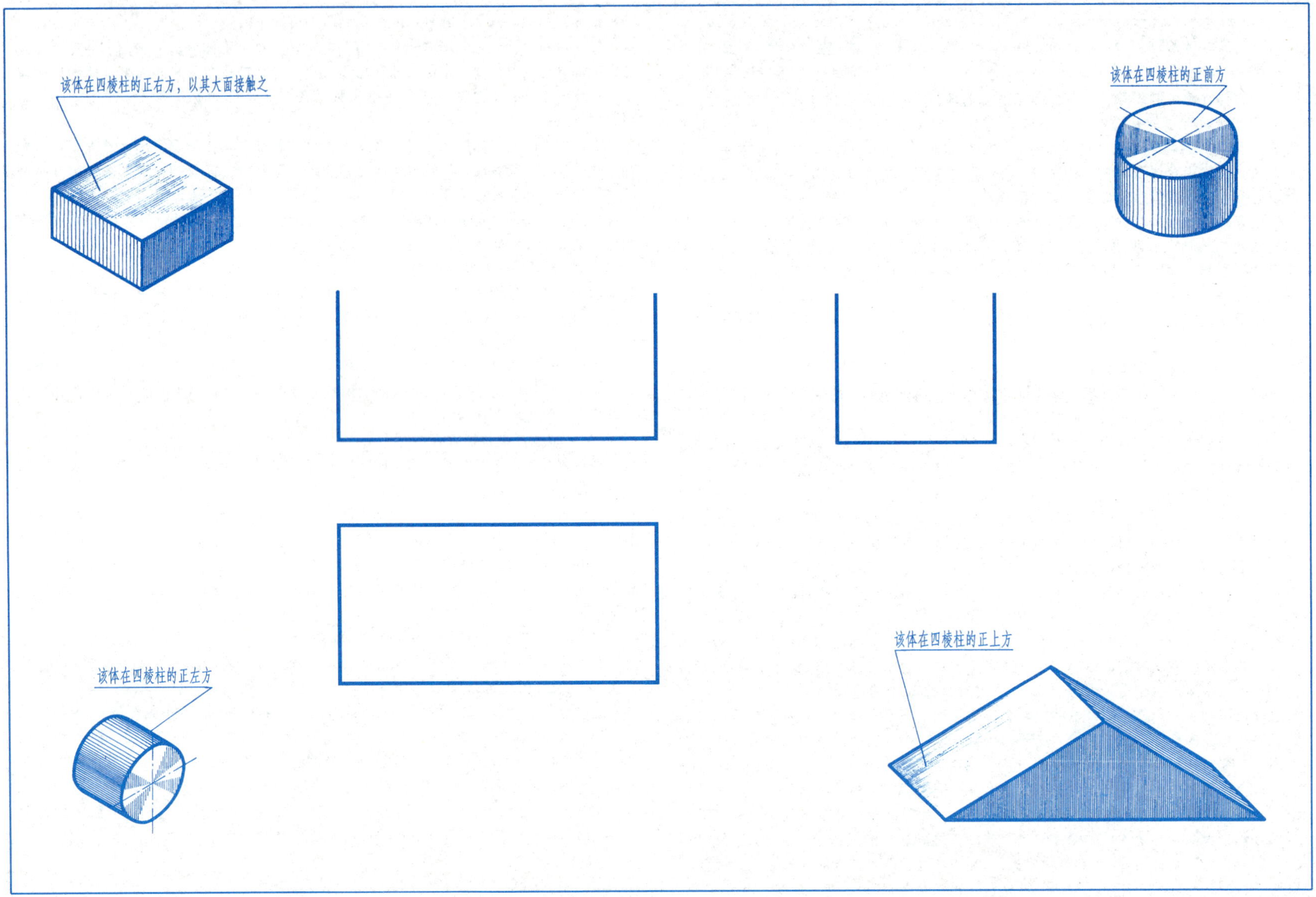

班级　　　　　　姓名　　　　　　学号

5-3　根据轴测图，徒手补全视图中所缺的图线。

1.

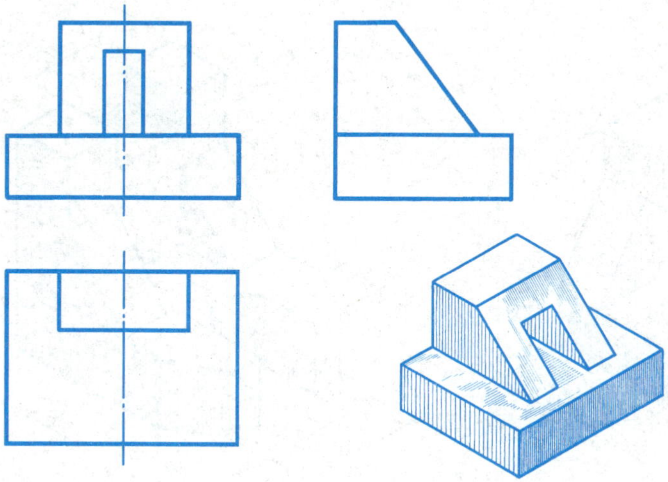

2.

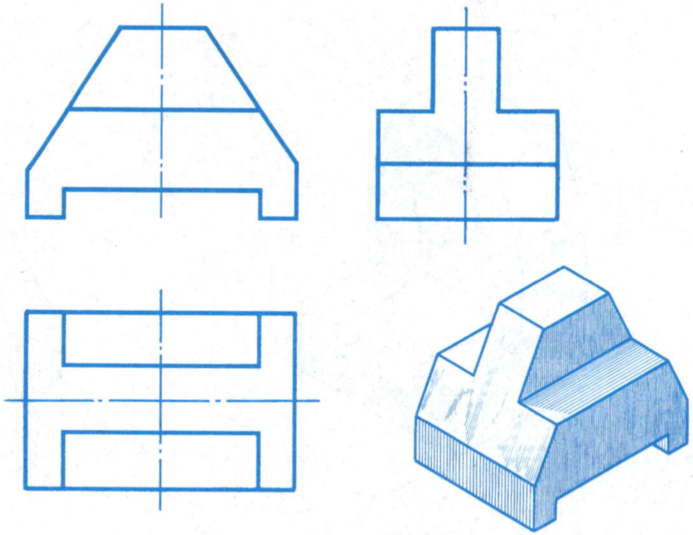

3.

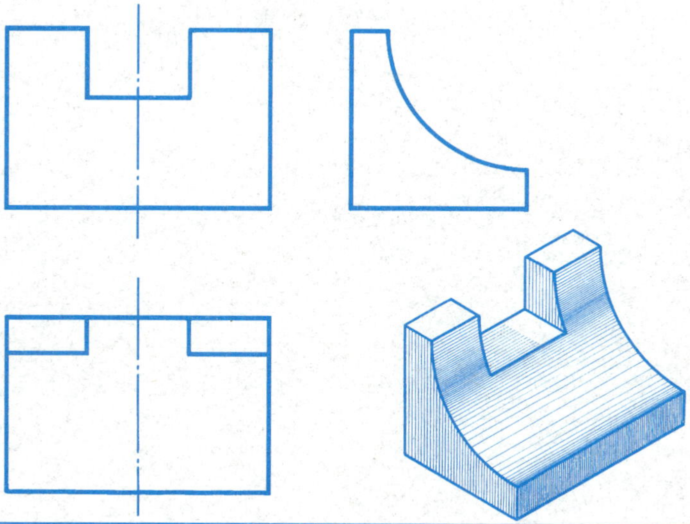

4.

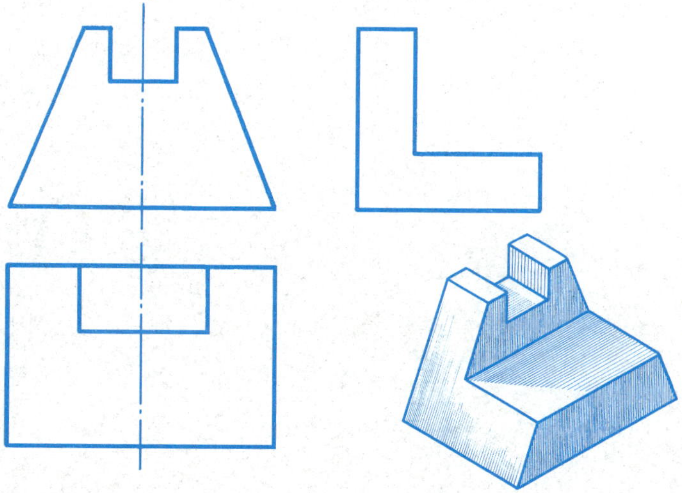

班级　　　　　　　　　　姓名　　　　　　　　　　学号

5-4　根据轴测图上标注的尺寸，按 1 : 1 的比例画出三视图(由教师选定两题)。

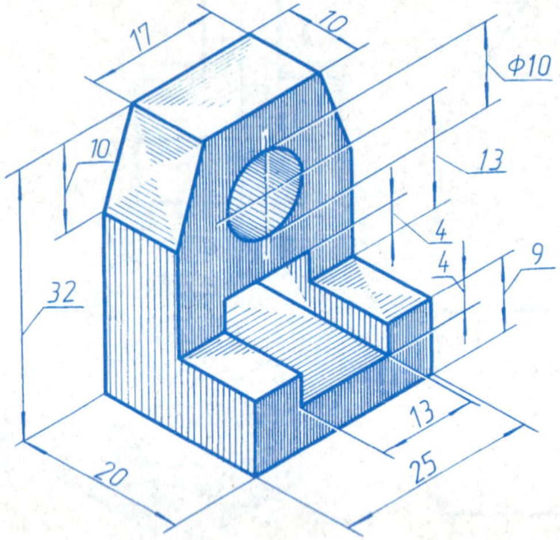

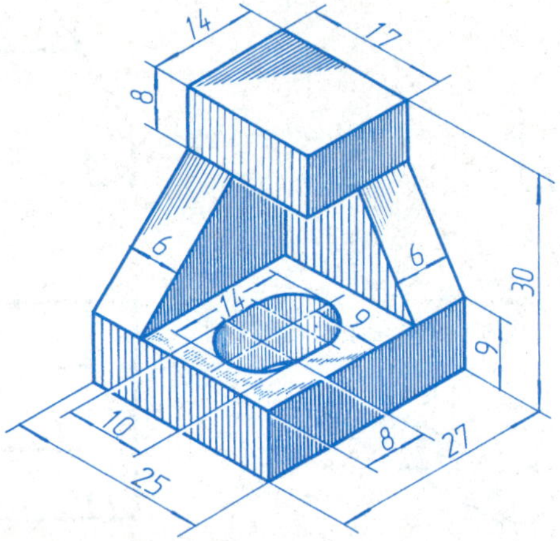

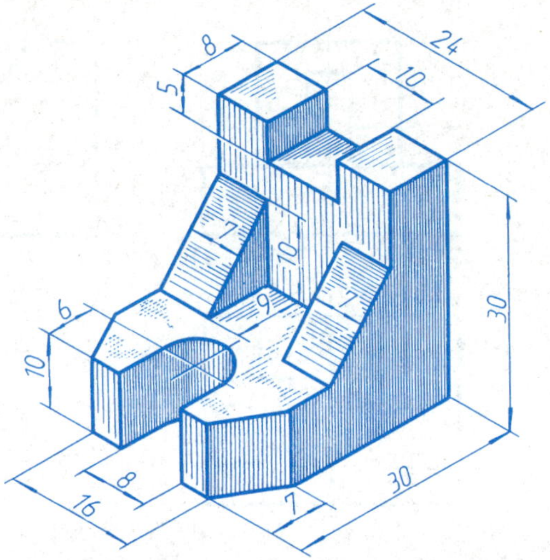

班级　　　　　　　　姓名　　　　　　　　学号

5-5 根据轴测图，徒手画出其三视图。

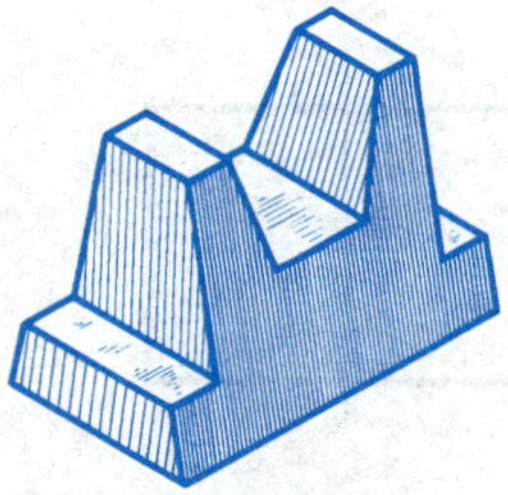

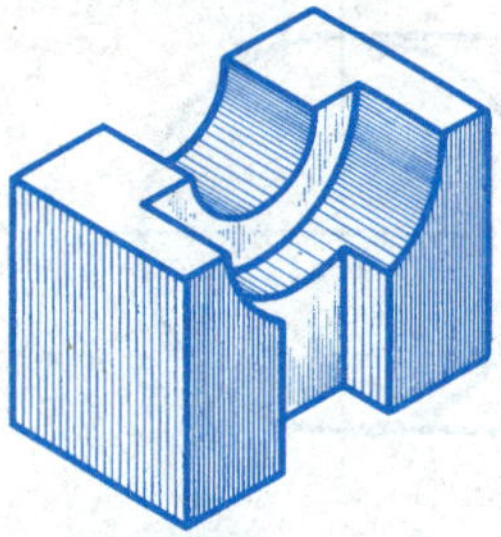

班级　　　　姓名　　　　学号

5-6　补画视图中所缺的图线。

1.

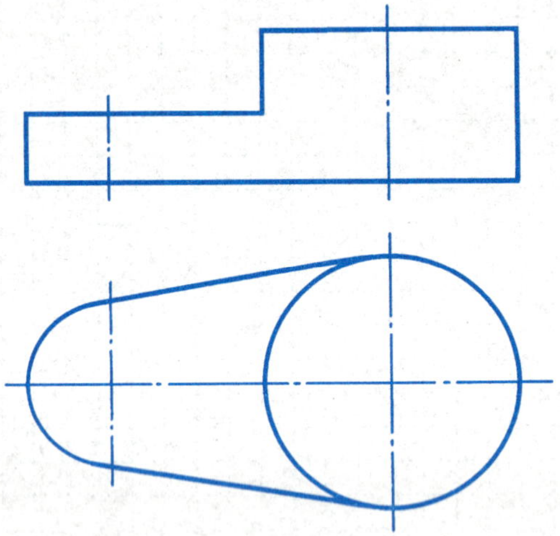

2.

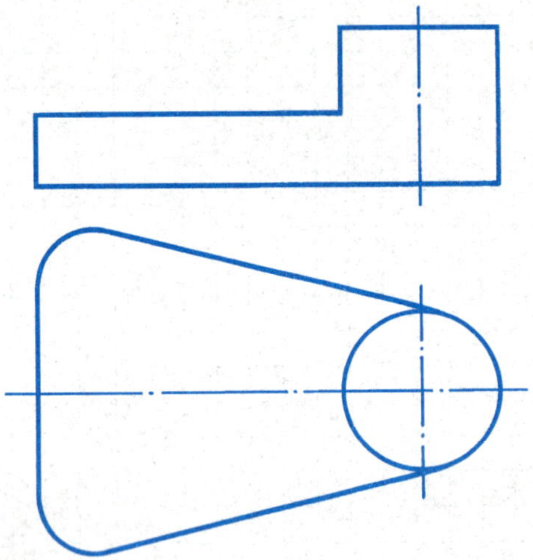

3.

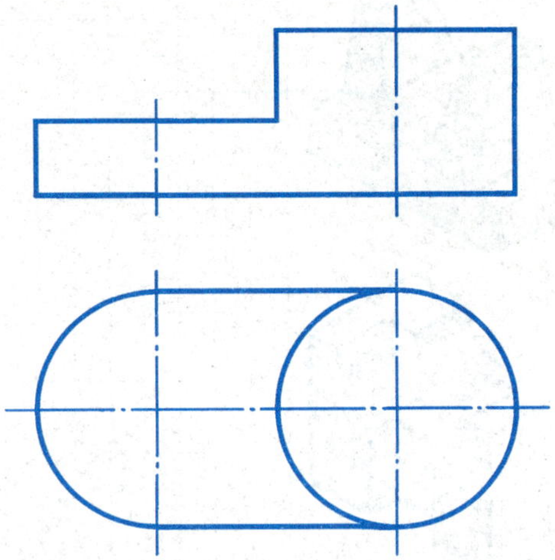

4.

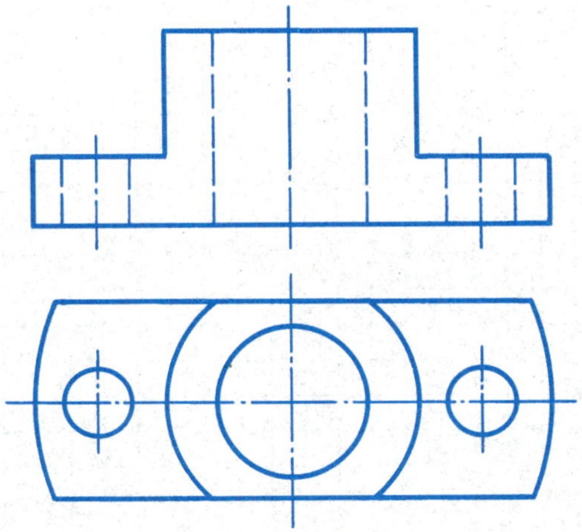

5.

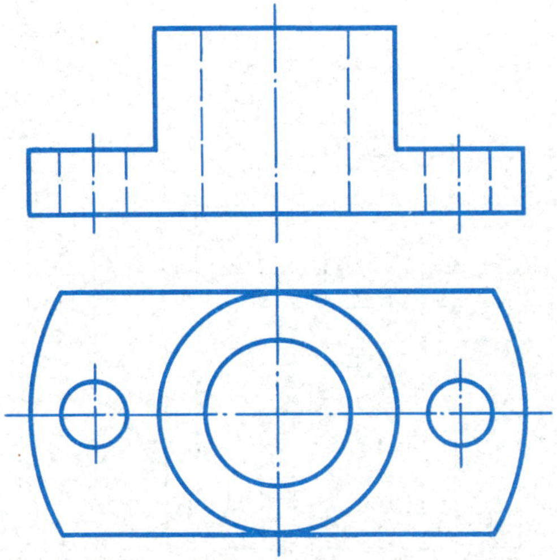

6.

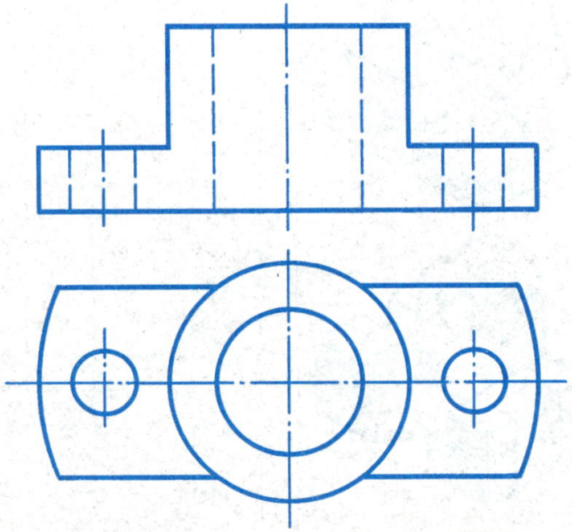

班级　　　　　　姓名　　　　　　学号

5-7　怎样检查图中所注的尺寸(做题前必读)。

1.

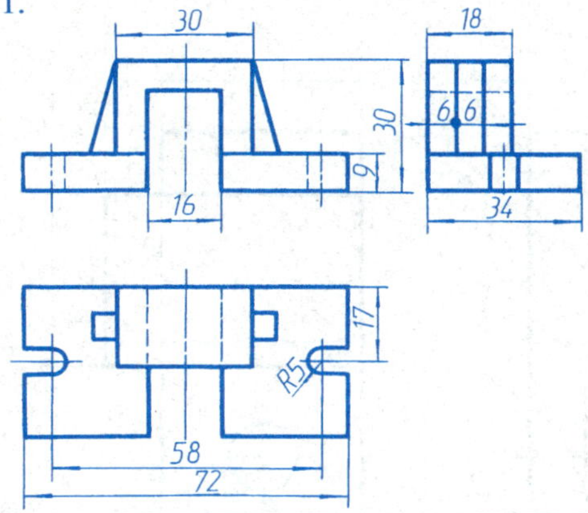

2.

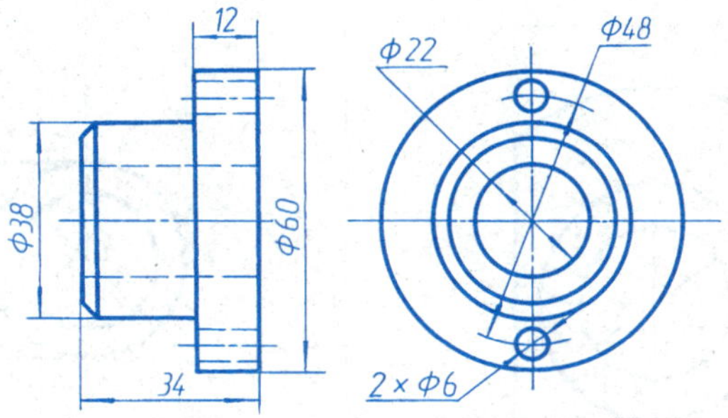

3.

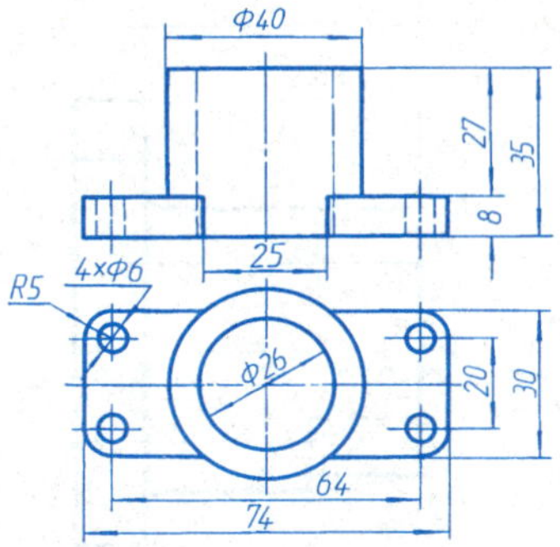

整合知识　抓住重点　掌握方法

图样是生产的指令，尺寸是图样中指令最强的内容。据美国杂志报道，71%的废品是尺寸原因造成的。可见，图样脱手前，对其尺寸审慎地进行检查，以保证标注尺寸的正确性，具有特殊重要的意义。

检查的标准：所注尺寸应准确无误地确定组合体各组成部分的形状、大小和位置。不得有多注和漏注的尺寸。检查的具体方法如下：

（1）按尺寸类别检查。

1）按各组成部分分别检查定形尺寸。

2）按各部分相对位置检查定位尺寸。

3）按整体外形的大小检查总体尺寸。

（2）分别从三个方向的尺寸基准出发，集中检查“同向”尺寸。

如分题1，检查高度方向尺寸，可从该向基准——“底面”出发，按组成部分逐个往上“推”，结果发现，通槽的高度尺寸漏注。当检查长度方向的尺寸时，应从对称线(基准)出发，向两侧横跨，由内向外，由小到大依次地检查，如16、30……结果查出肋板的长向尺寸未注。当尺寸基准为轴线时，如分题2所示，则应从轴线出发，横向地检查各部分的直径尺寸。然后，再从轴向基准(一般与轴线垂直)出发检查轴向尺寸，发现倒角尺寸遗漏。

（3）检查有无重复尺寸。

按重复尺寸(或多余尺寸)加工零件，既不便于测量，又影响尺寸精度，甚至会使零件报废，如查出，则应去掉。如分题3中的25，因受底板宽度和圆筒外径尺寸的制约，其是机件成形后自然得到的，故为多余尺寸。主视图中的27为重复尺寸。但底板的长向尺寸74、64和宽向尺寸30、20及*R*5则是常见注法，它们均有各自的意义，其中：74和30表示底板的长和宽；64和20是钻孔时圆心的定位尺寸；而*R*5则是为制作木模时确定圆角半径提供方便。

（4）检查尺寸数字。

检查有无错注、漏注之处，还要校核相关尺寸数字是否协调。如分题3中，应核对74是否等于64加上两个圆弧半径尺寸*R*5之和，如此等等。

班级　　　　姓名　　　　学号

5-8 指出视图中重复或多余的尺寸(打叉)，并标注遗漏的尺寸(不注尺寸数字)。

1.

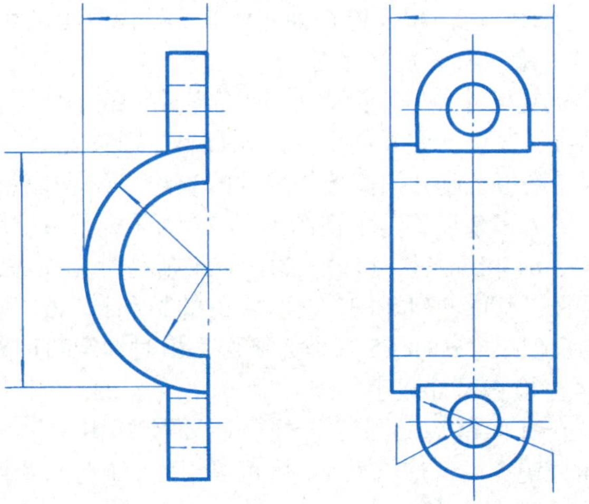

2.

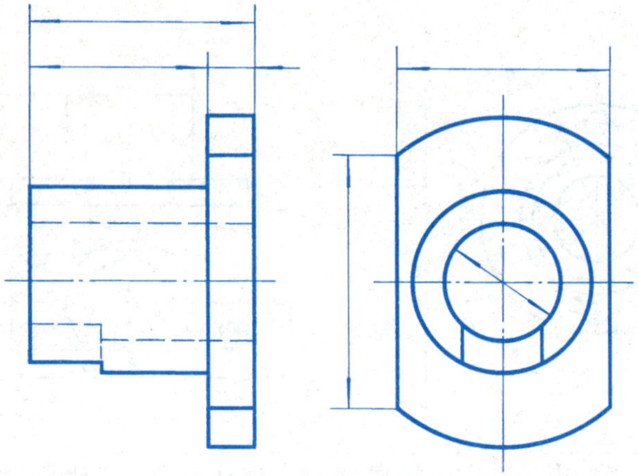

3.

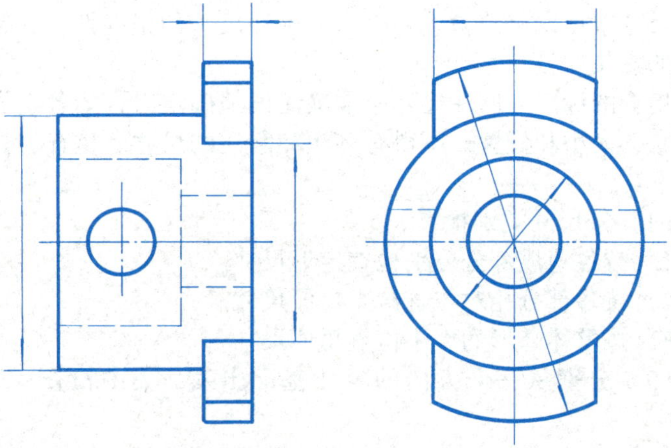

4.

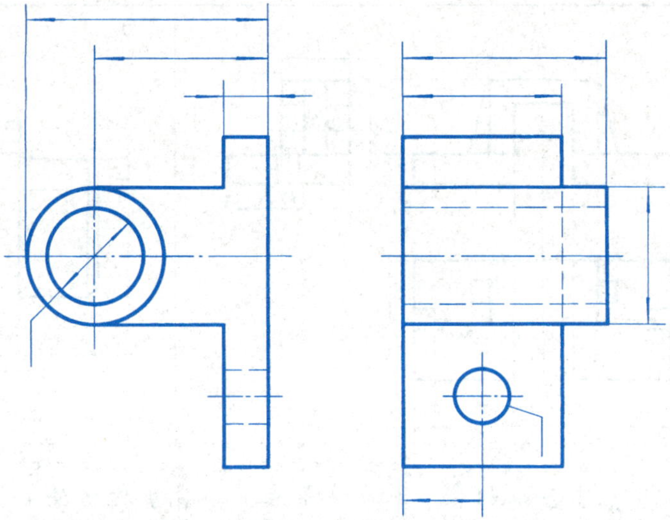

班级 姓名 学号

5-9 指出视图中重复或多余的尺寸(打叉)，并标注遗漏的尺寸(不注尺寸数字)。

1.

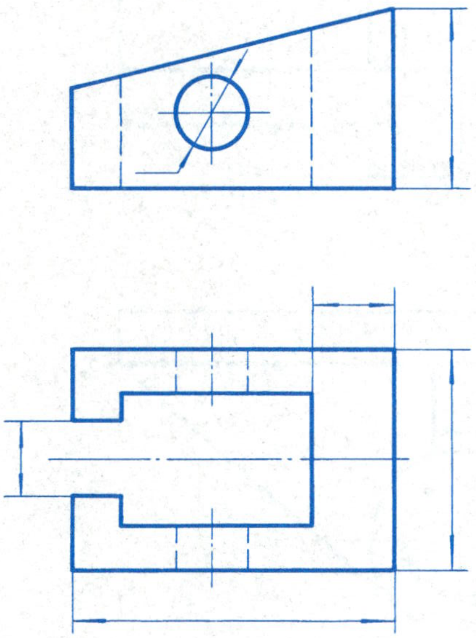

2.

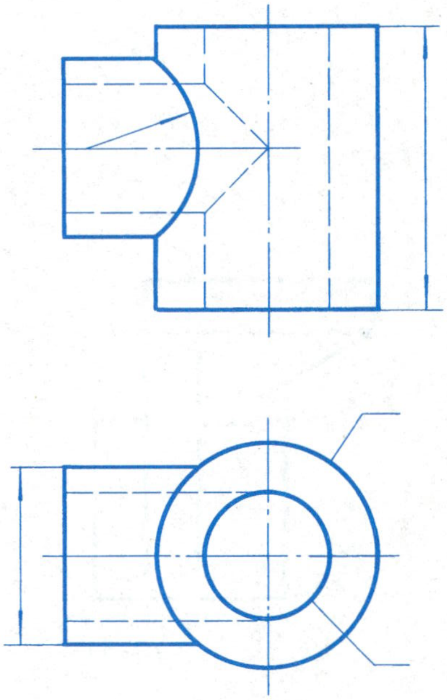

3.

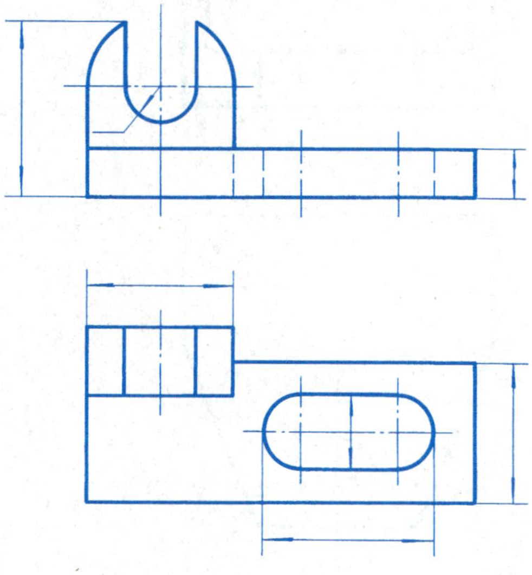

4.

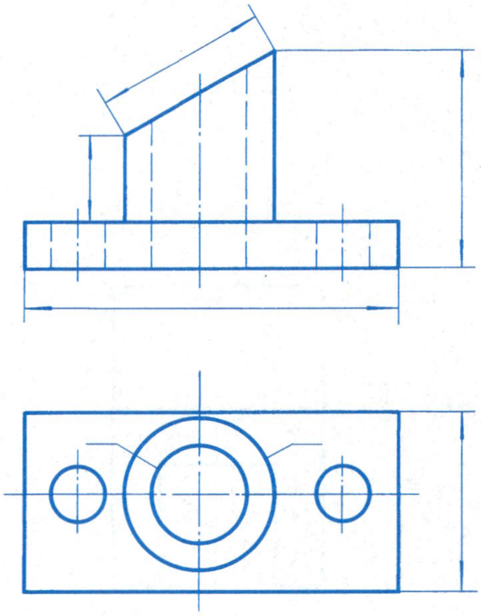

5-10 标注尺寸(尺寸数值从图中量取整数)。

1.

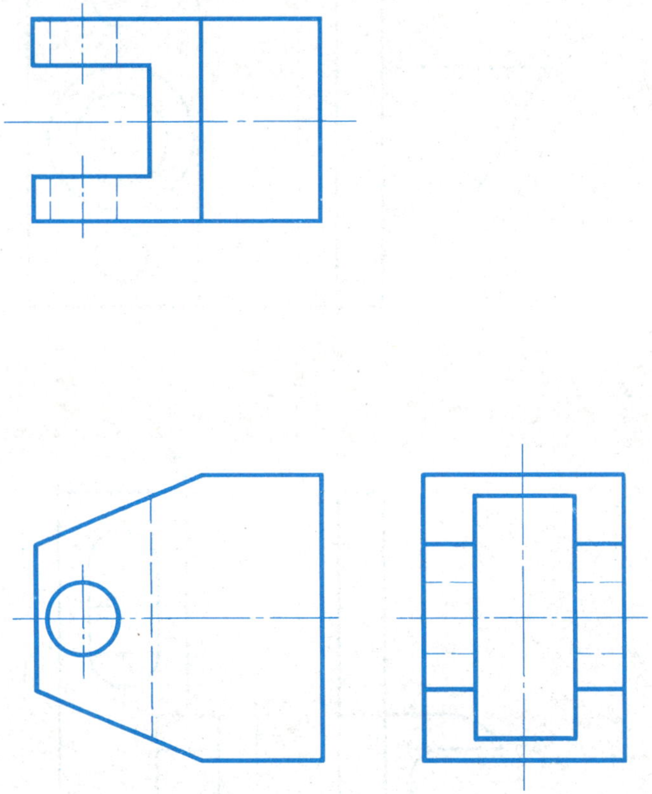

2.

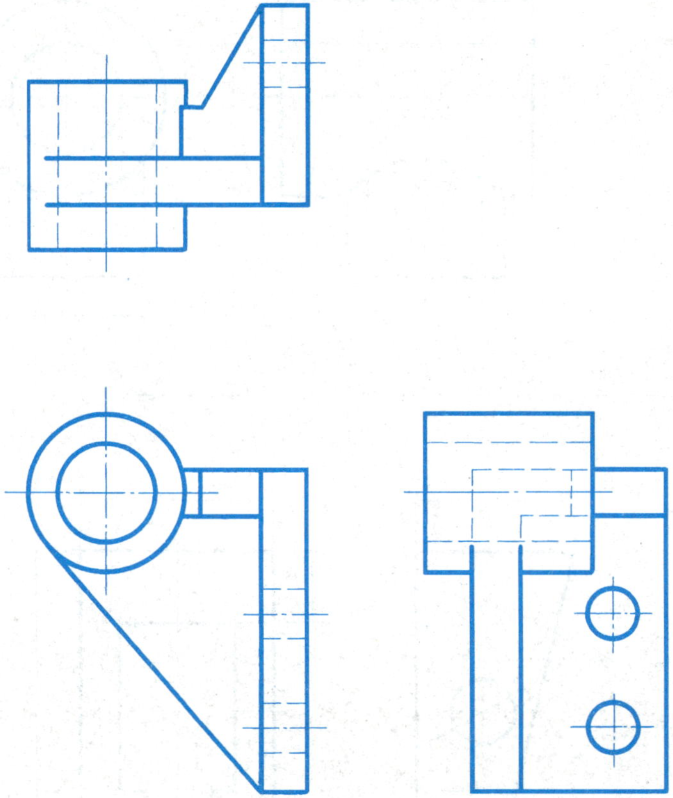

班级　　　　姓名　　　　学号

5-11　组合体画图作业指导书。

作业 5　组合体三视图

（一）作业内容

根据模型（或轴测图）画三视图，并标注尺寸。

（二）作业目的

1）初步掌握根据模型画组合体三视图的方法，提高绘图技能。

2）练习组合体视图的尺寸标注。

（三）作业要求

1）用 A3 图纸或 A4 图纸，横放。注意：A4 图纸横放时，标题栏应位于图纸的右上角，画图、看图的方向符号和装订边应位于图纸下边。

2）自己选定绘图比例。

（四）作图步骤

1）运用形体分析法搞清组合体模型的组成部分以及各组成部分之间的相对位置和组合关系。

2）选取主视图的投射方向。所选的主视图应能最明显地表达模型的形状特征。

3）起底稿（底稿线要细而轻）。

4）检查底稿、修正错误，擦掉多余图线。

5）按前面所讲的要求顺序描深图线。

6）标注尺寸，填写标题栏（根据轴测图画三视图时，不能将轴测图上所注的尺寸照搬，应按标注尺寸的要求进行）。

（五）注意事项

1）布置视图时，要留出标注尺寸的位置。

2）必须运用形体分析法，并按三类尺寸的要求标注尺寸，尺寸的布置要清晰。

3）度量尺寸时所得的小数要化为整数。

4）用标准字体填写尺寸数字和标题栏。图例见下图。

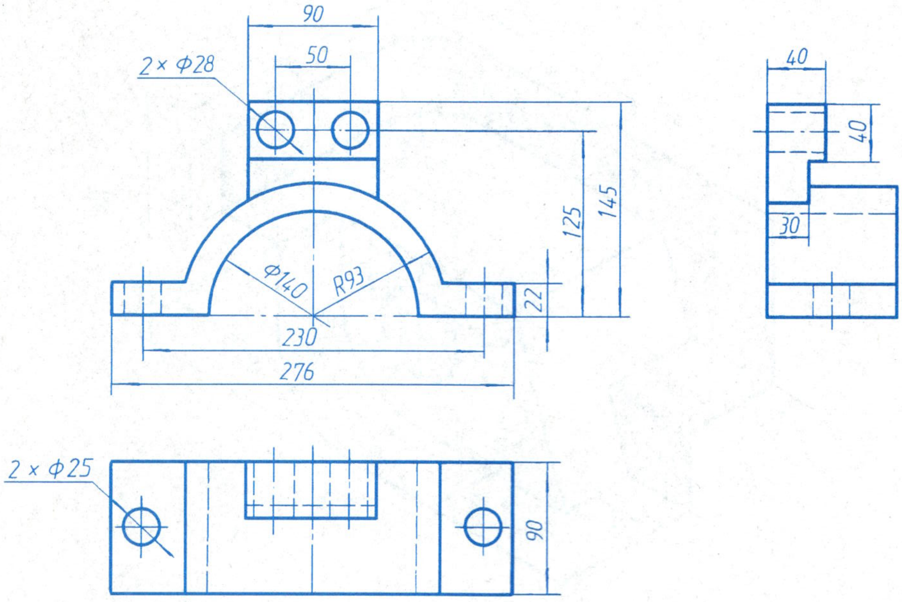

三视图		比例	材料	图号
		1 : 5		
制图				
审核				

班级

姓名

学号

5-12 根据轴测图画组合体三视图。

1.

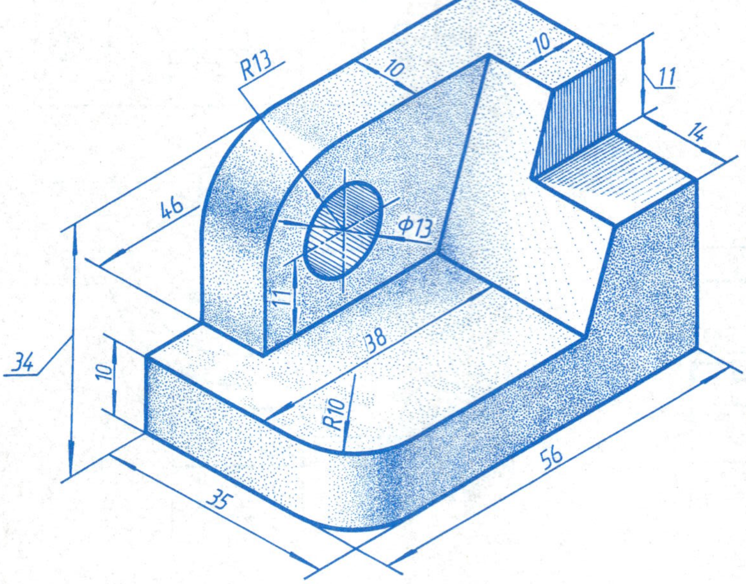

2.

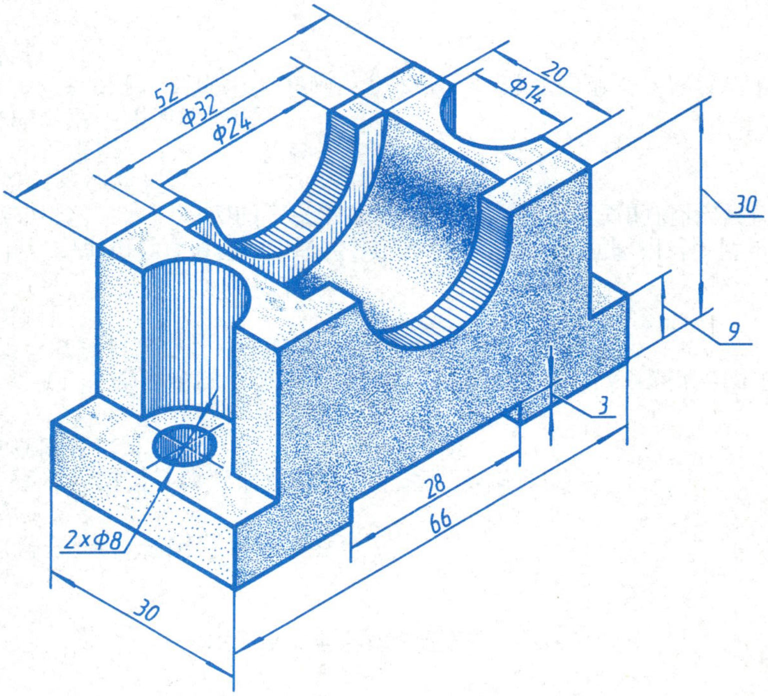

班级

姓名

学号

5-13 根据轴测图画组合体三视图。

1.

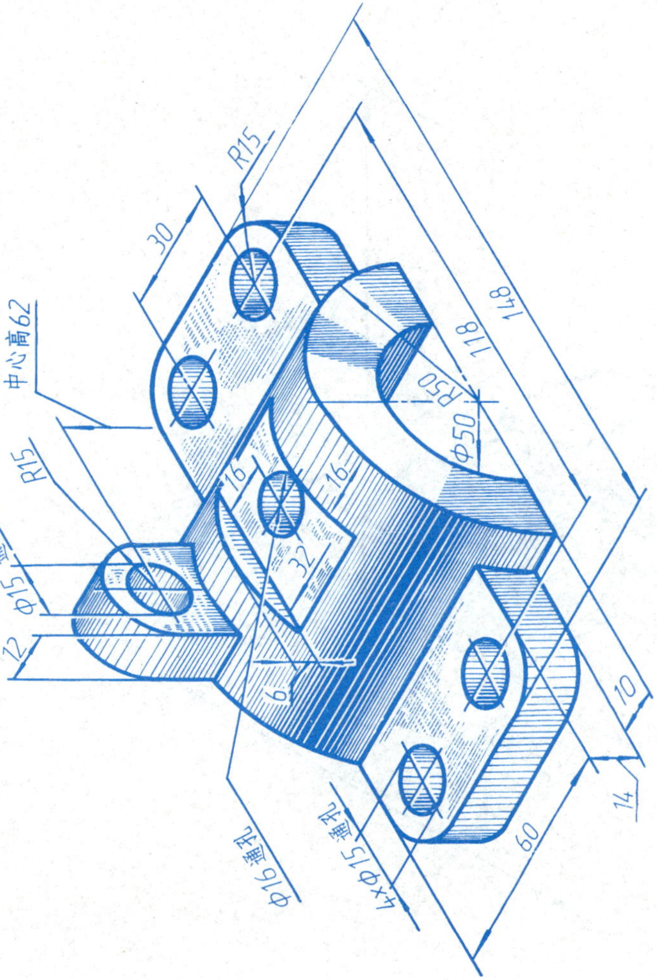

2.

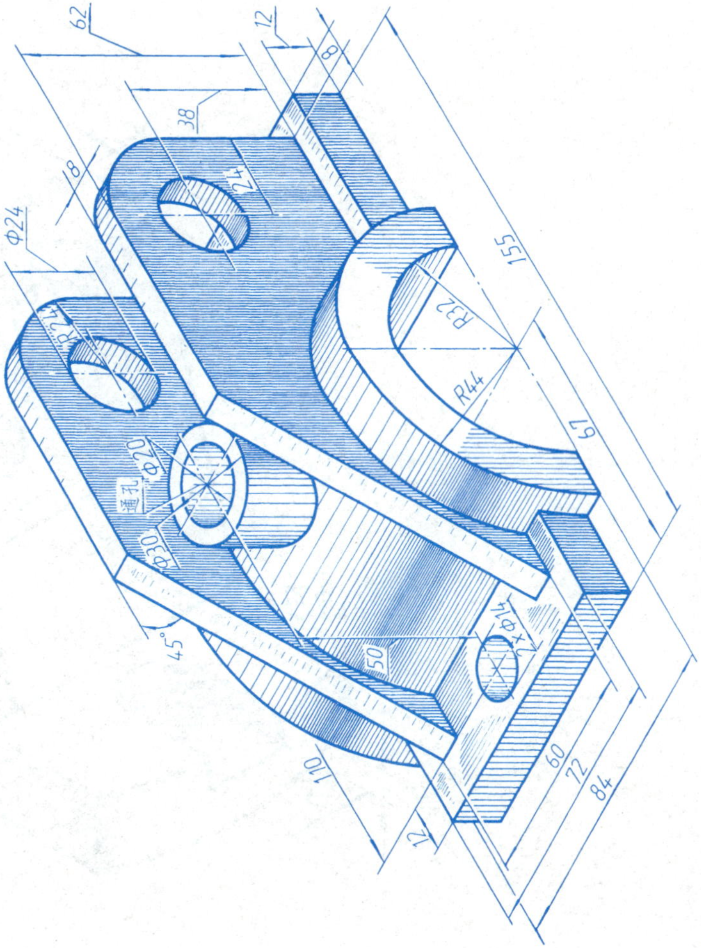

5-14　根据轴测图画组合体三视图。

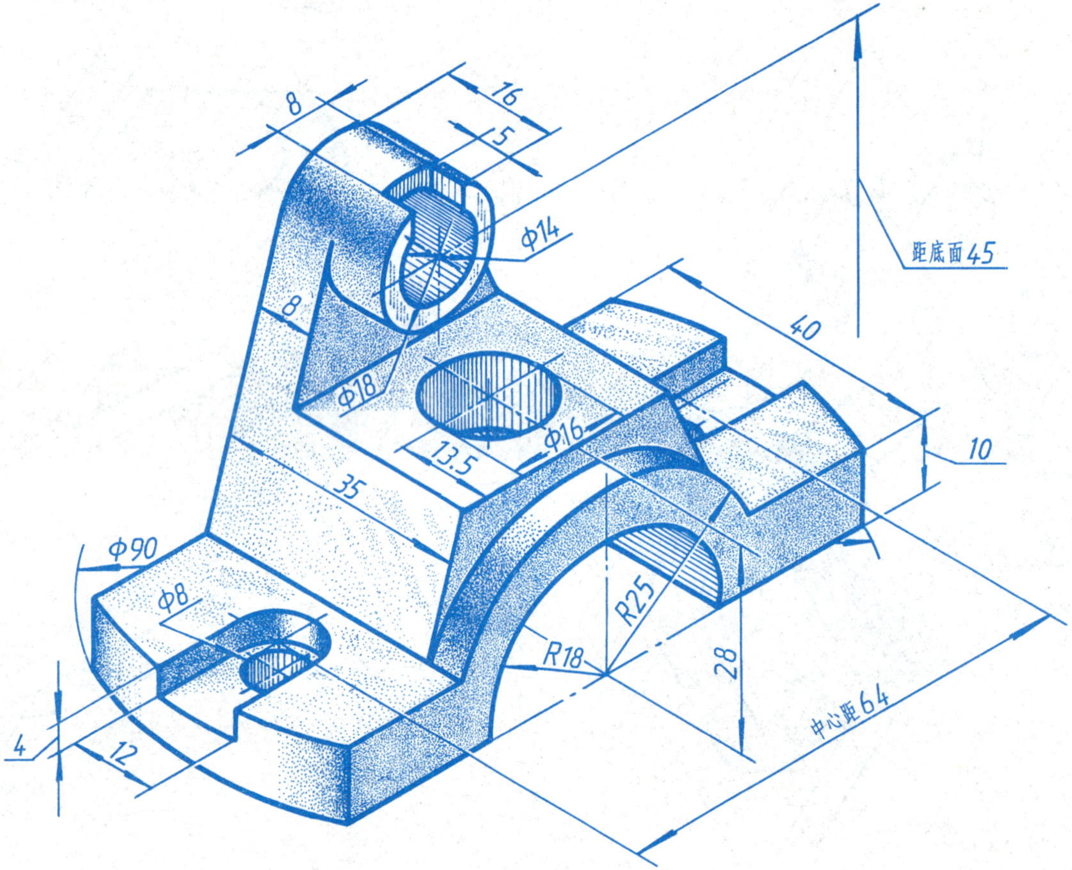

班级　　　　　　　　　　姓名　　　　　　　　　　学号

5-15 徒手补画视图中所缺的图线（做题前必读）。

调理思路　**指导作法**

补画缺线，先明确一点：给出的视图虽然缺线，但所示物体的形状通常是确定的。因此，补线可分两步进行：

1）从视图中形状、位置特征明显之处出发，在另两视图中分别找出其对应投影。缺一处，补一处。

2）注意区分相邻两形体间衔接处的投影，漏画一处，补出一处，如下图中的箭头所指。

补线时要将三个视图反复地对照，因为缺线的视图不只是一个，有时是两个或三个。

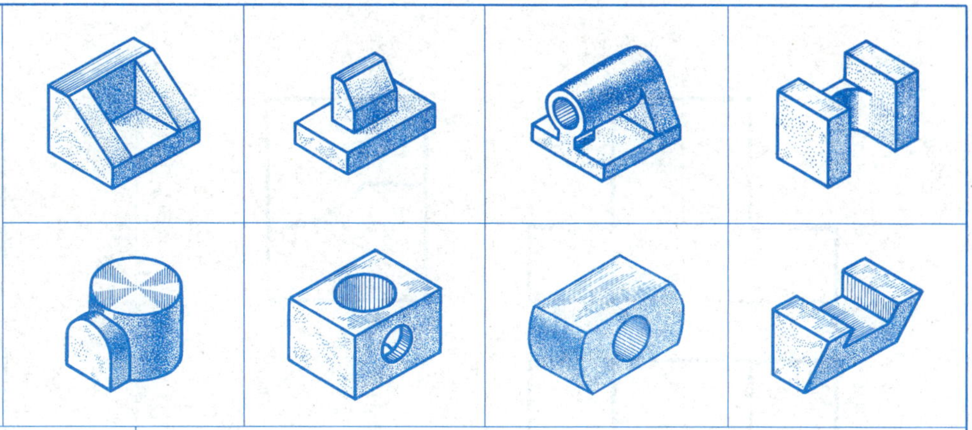

1.

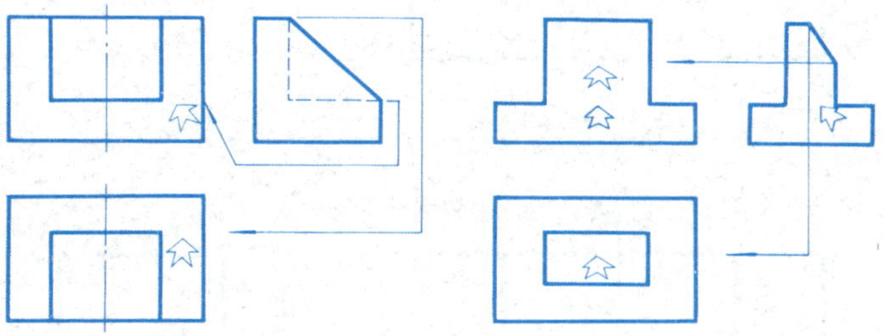

叠加型：两体不共面，中间必有线

2.

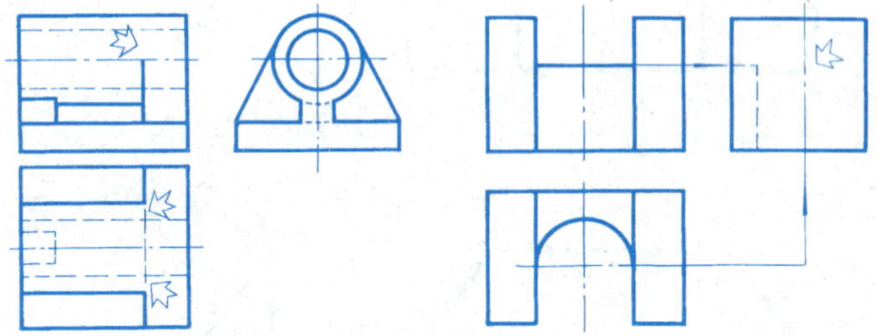

相切型：线要画至切点处

3.

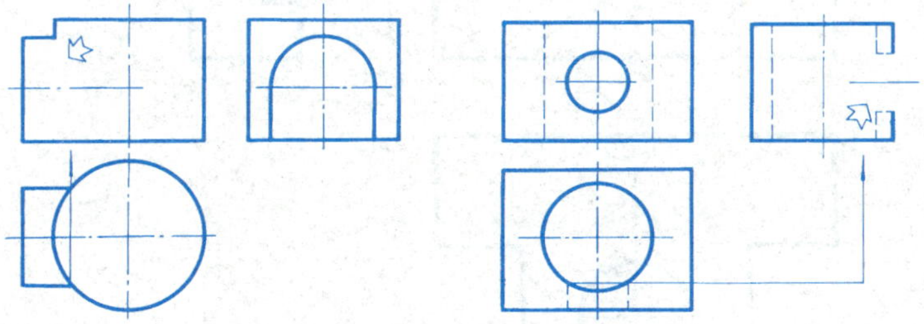

相贯型：交线的投影应画出

4.

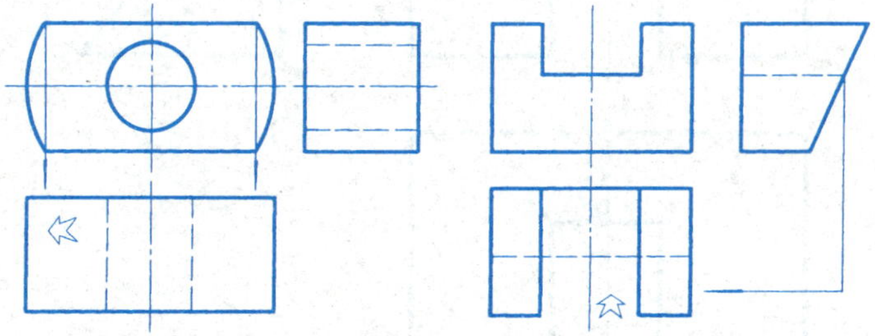

切割型：切割面与体表面（或两切割面间）的交线要画出

班级　　　　姓名　　　　学号

5-16　徒手补画视图中所缺的图线。

1.

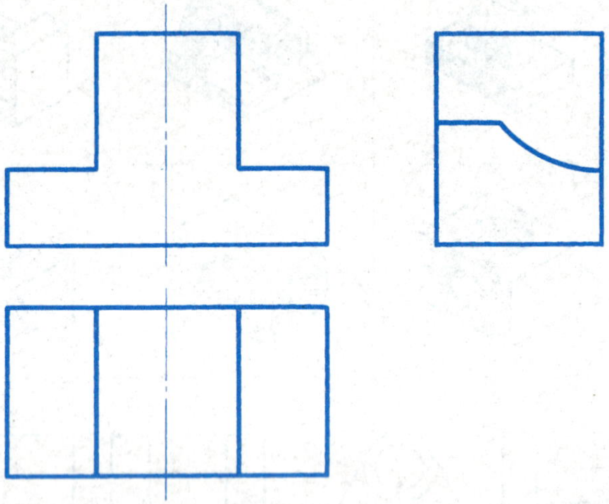

2.

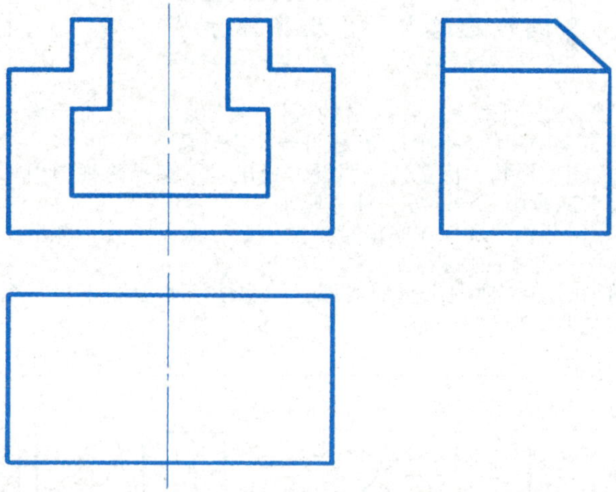

3.

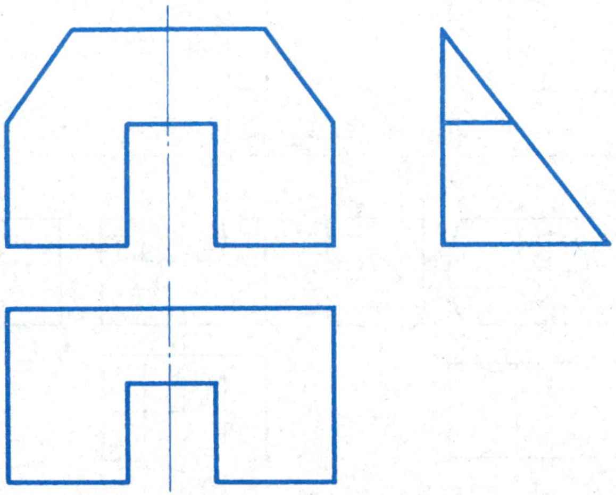

4.

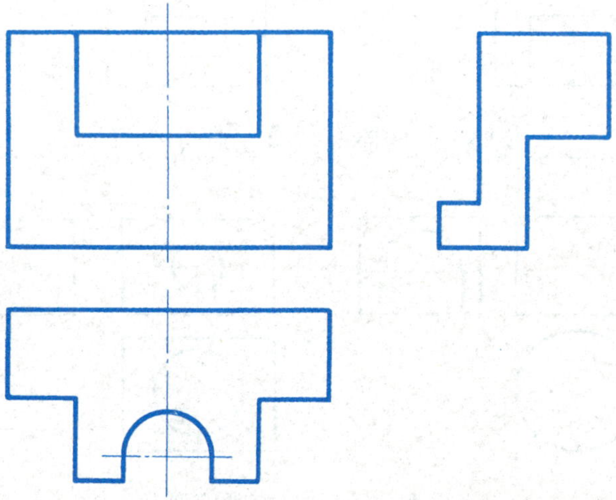

班级　　　　姓名　　　　学号

5-17　补画视图中所缺的图线。

1.

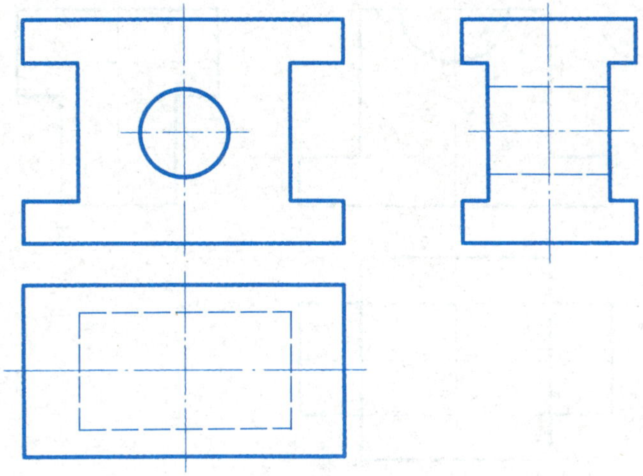

2.

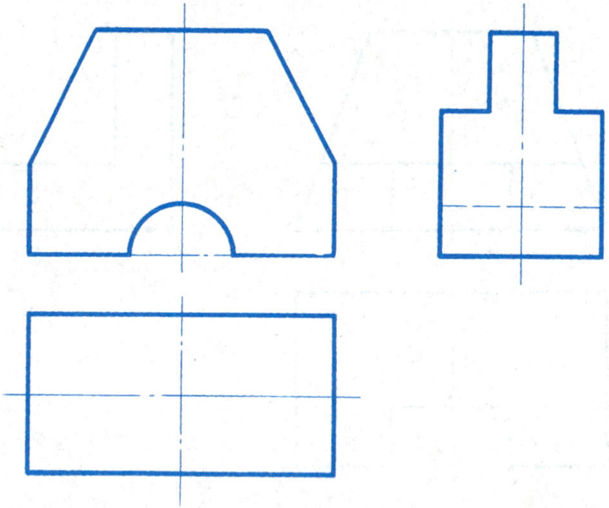

3.

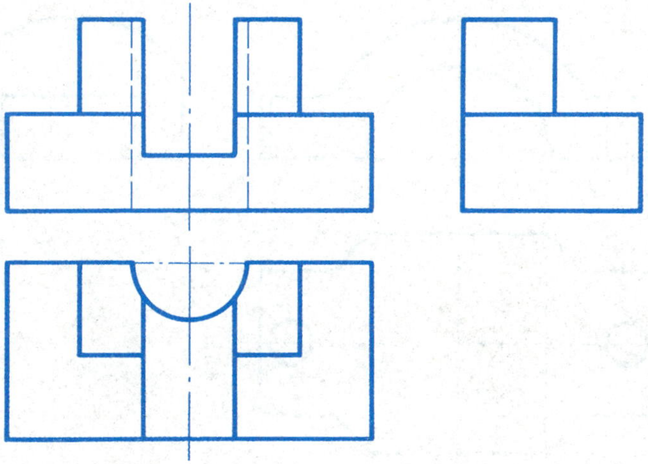

4.

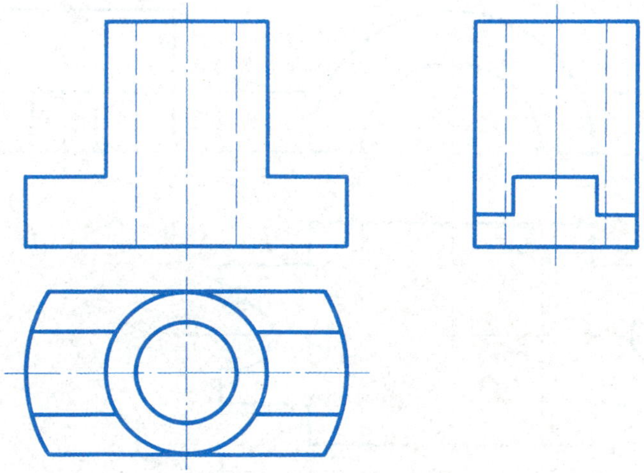

班级　　　　姓名　　　　学号

5-18　徒手补画视图中所缺的图线。

1.

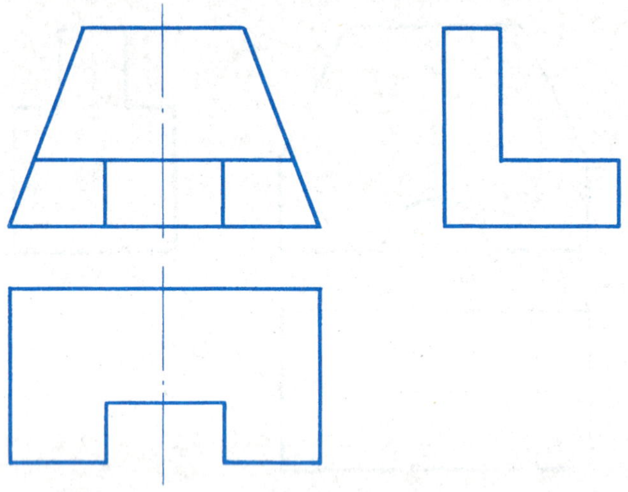

2.

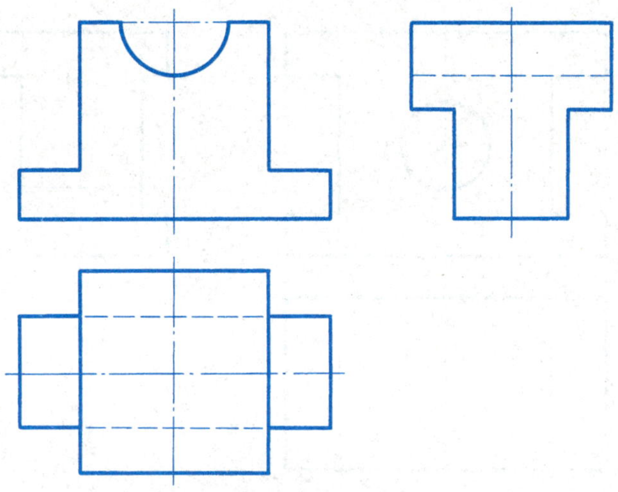

3.

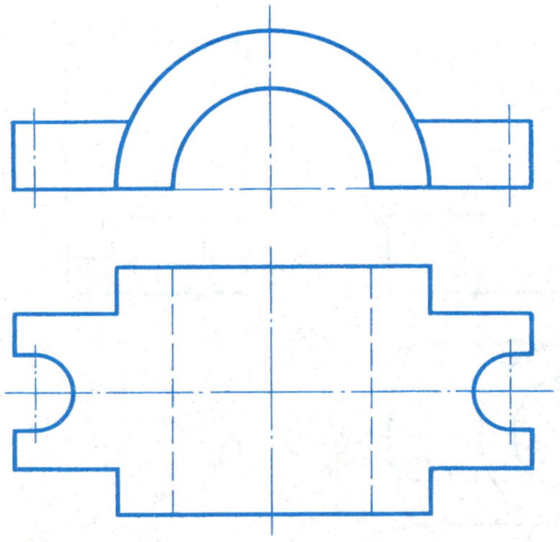

4.

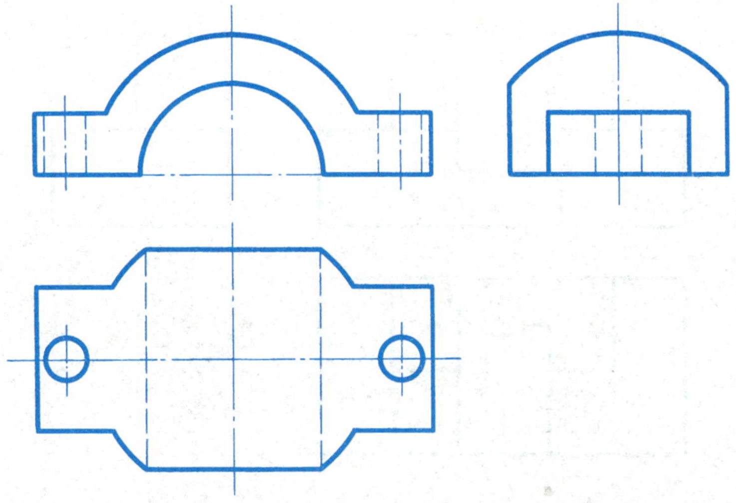

班级　　　　　　　　　　姓名　　　　　　　　　　学号

5-19　根据主、左视图，徒手补画俯视图。

1.

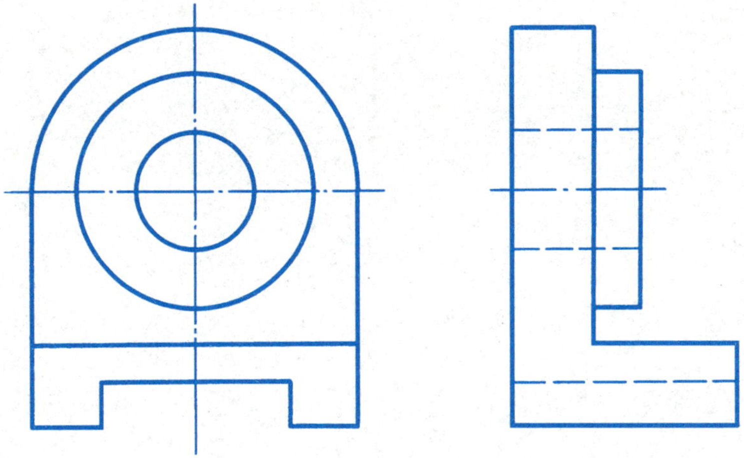

2.

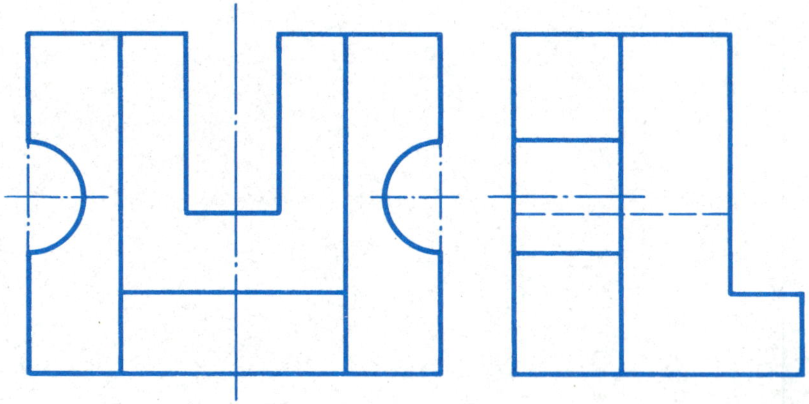

班级　　　　姓名　　　　学号

5-20 根据主、俯视图，补画左视图。

1.

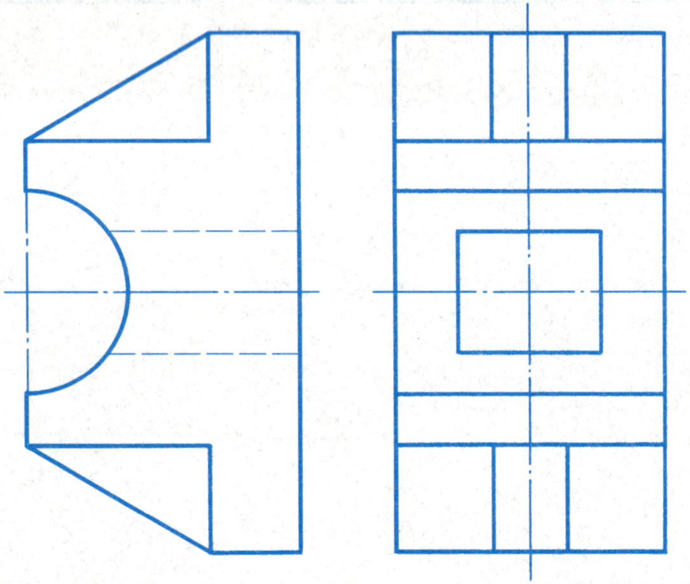

2.

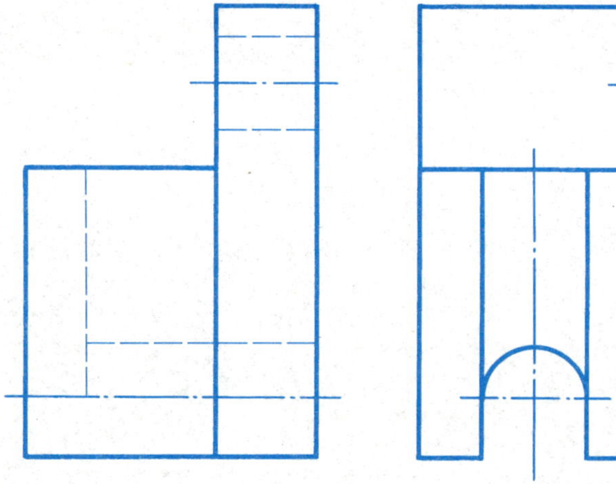

班级 姓名 学号

5-21 根据俯、左视图，徒手补画主视图。

1.

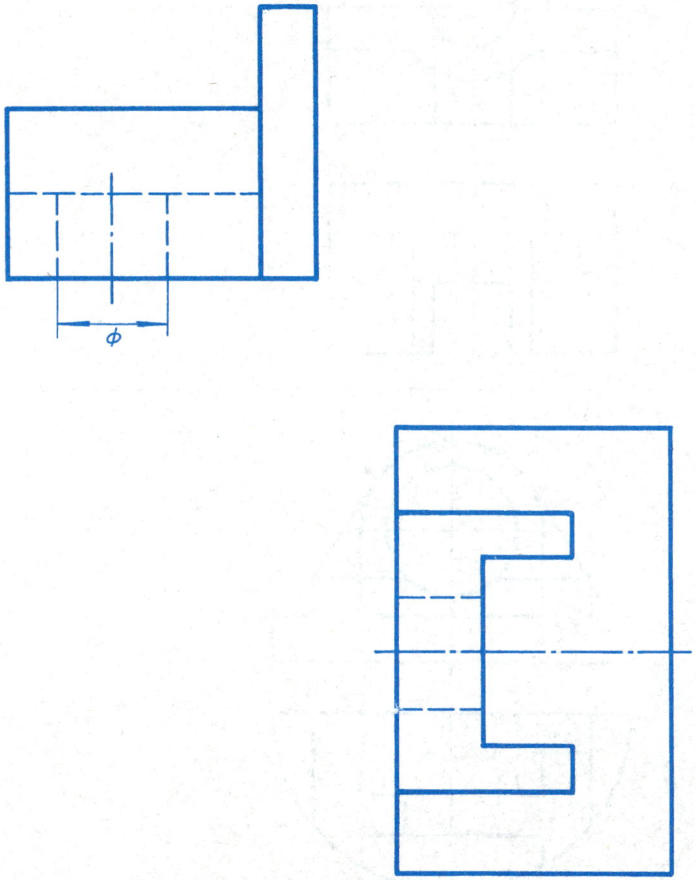

2.

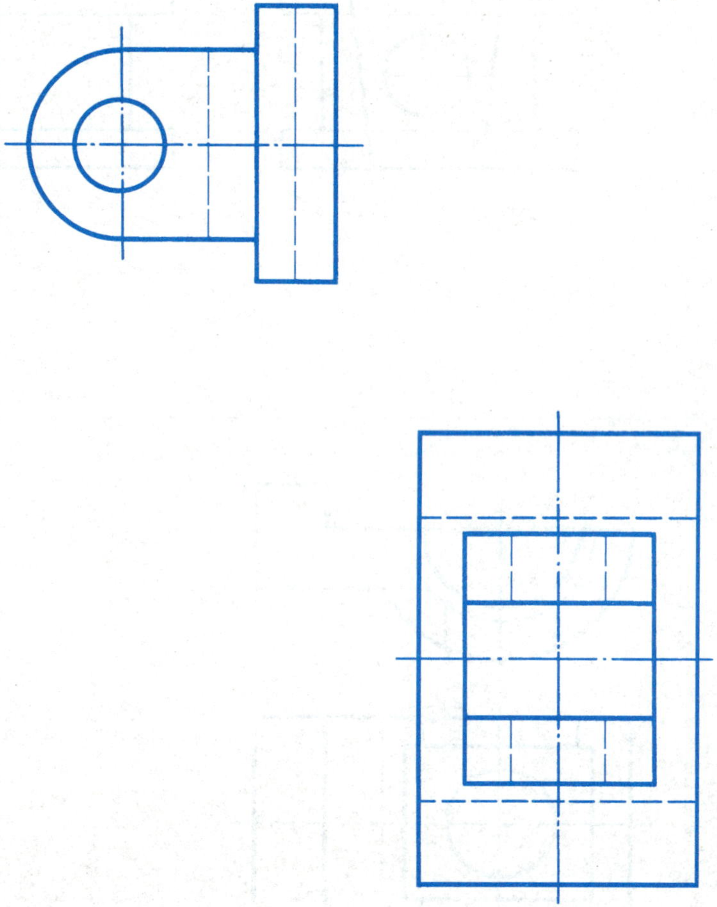

班级　　　　姓名　　　　学号

5-22　根据两视图，补画所缺的第三视图。

1.

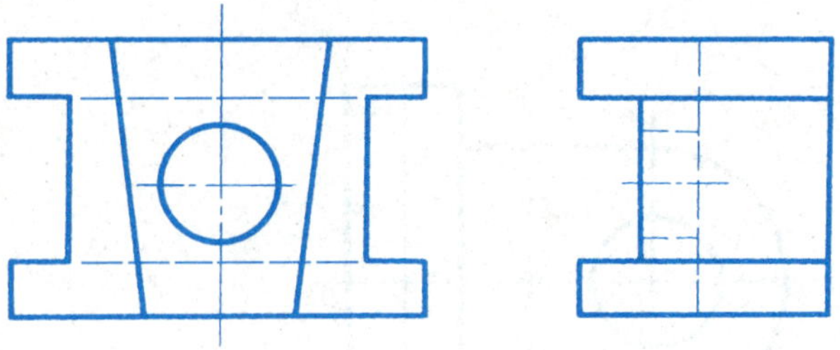

2.

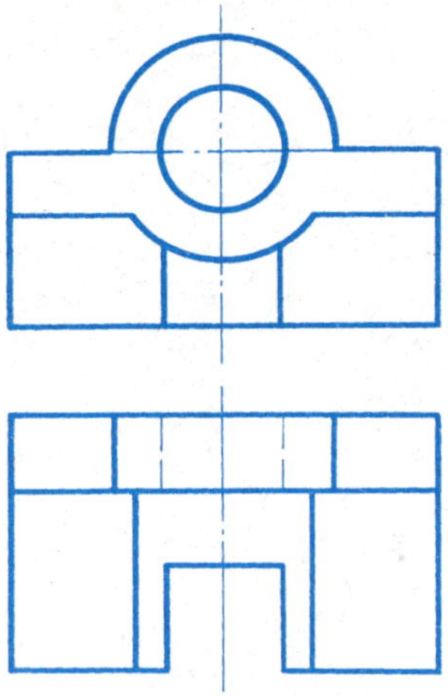

3.

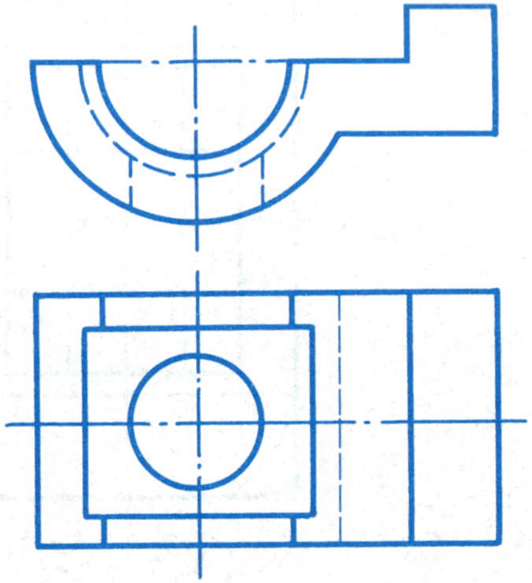

4.

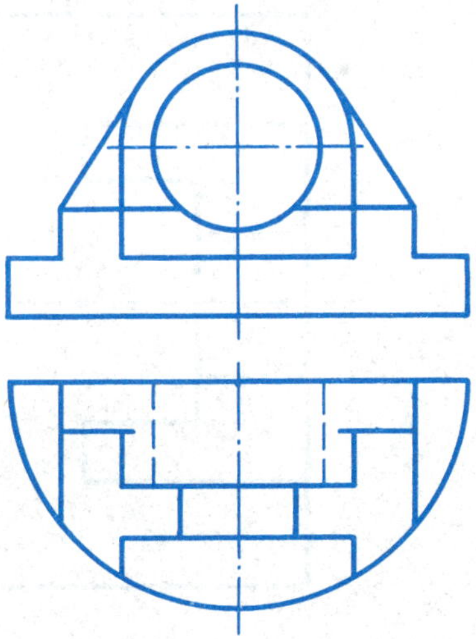

班级　　　　　　　　姓名　　　　　　　　学号

5-23 根据主、俯视图，补画左视图。

1.

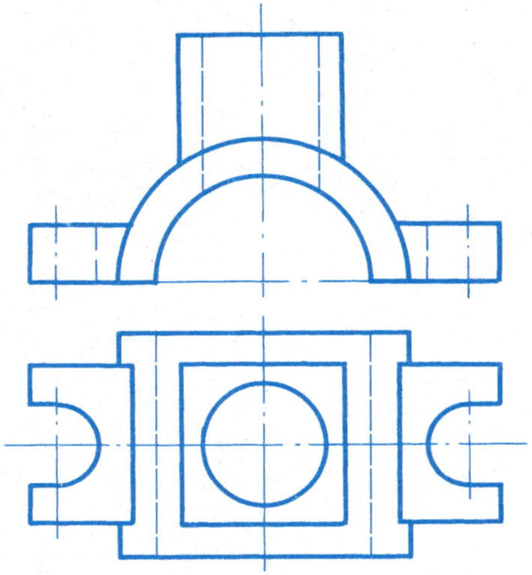

2.

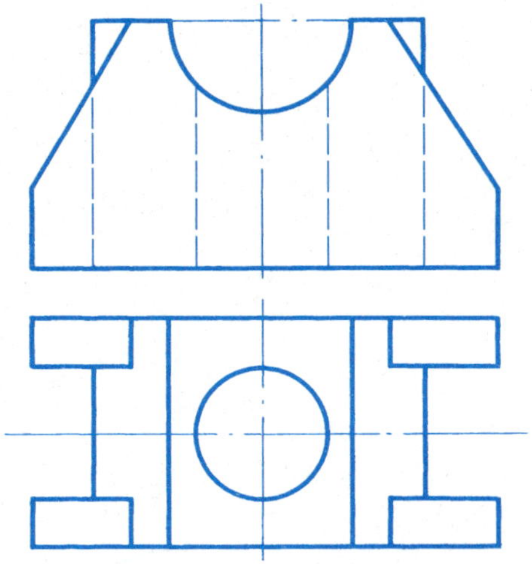

3.

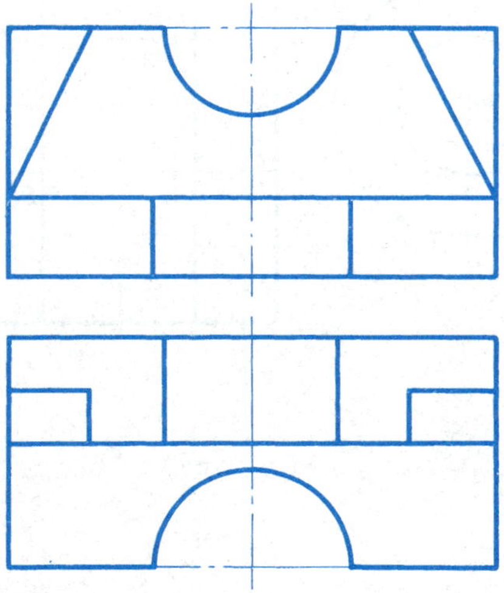

4.

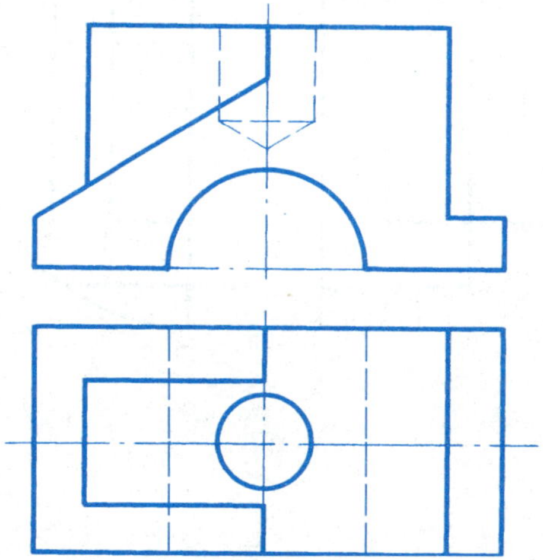

班级 姓名 学号

5-24　根据主、俯视图，补画左视图。

1.

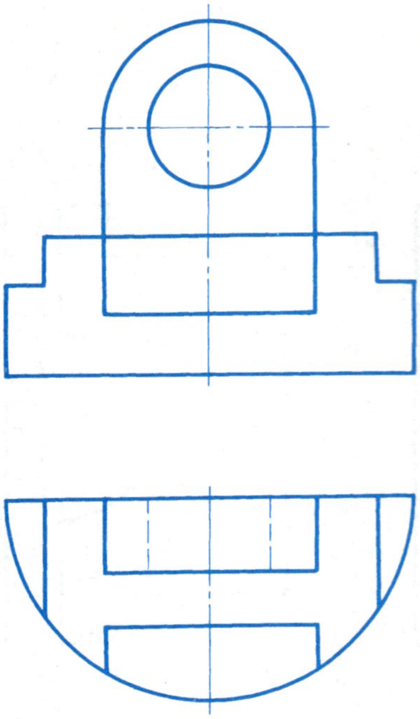

2.

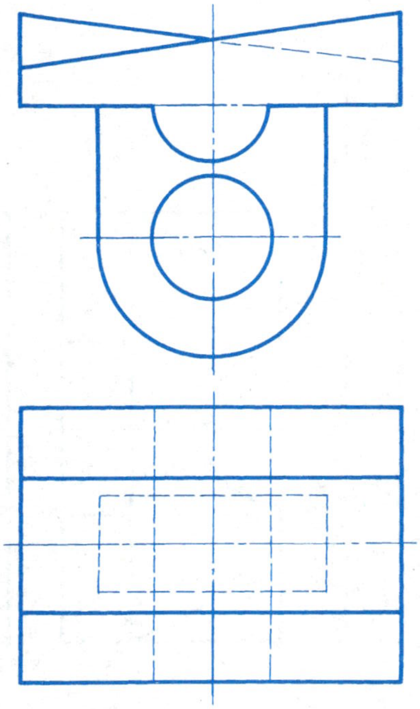

班级

姓名

学号

5-25 根据两视图，徒手补画所缺的第三视图。

1.

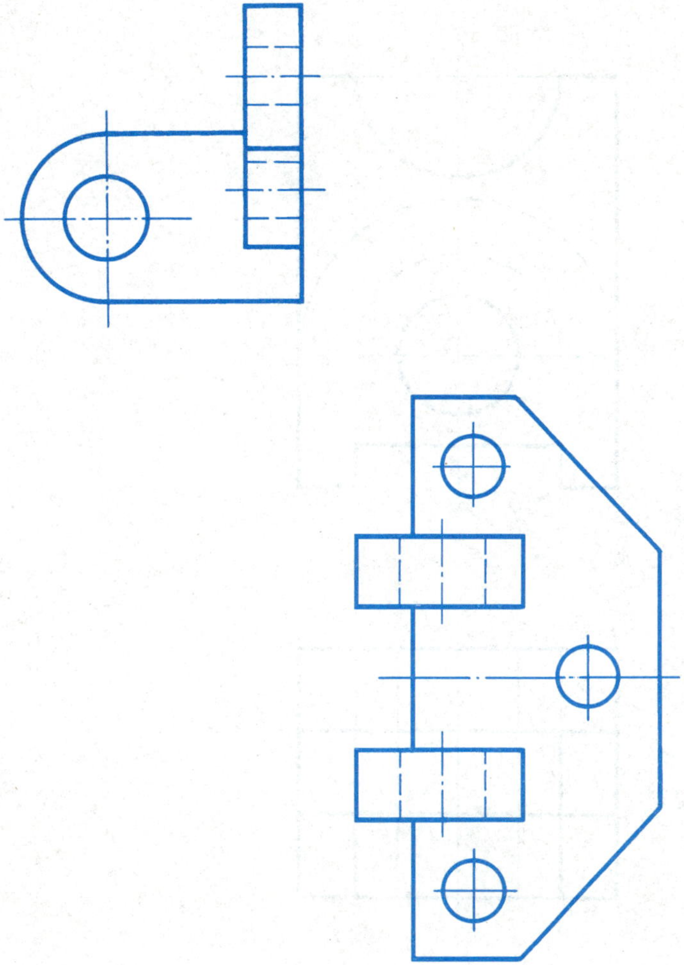

2.

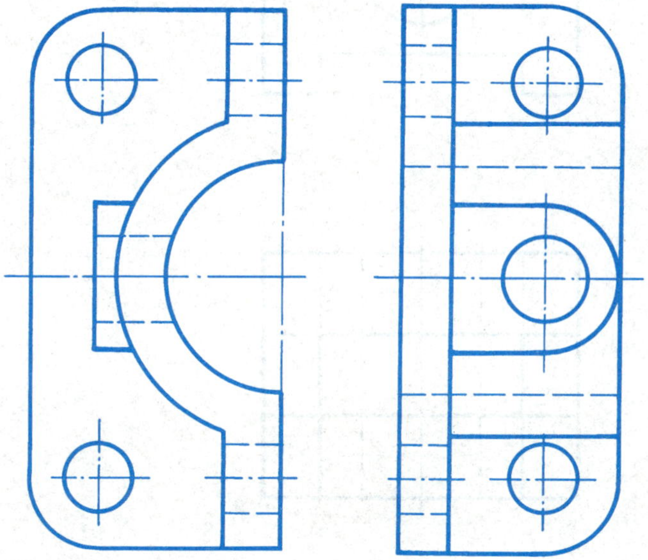

班级 姓名 学号

5-26 根据主、俯视图，补画左视图。

1.

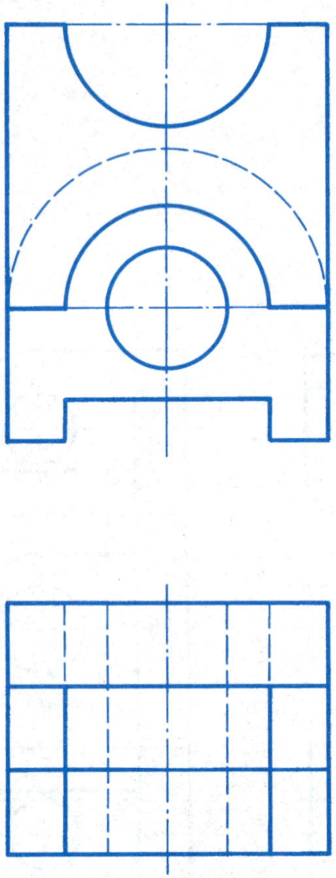

2.

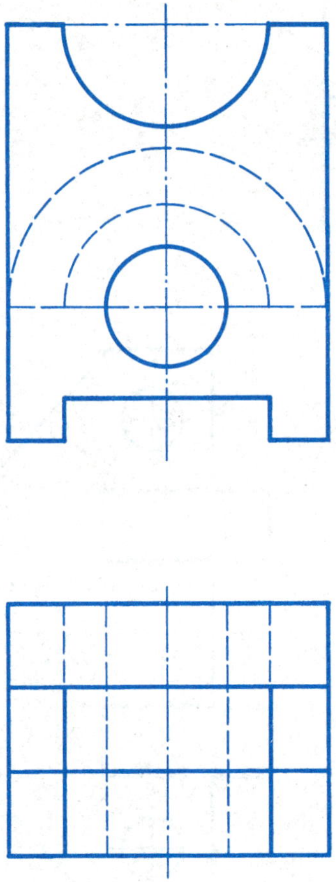

班级 姓名 学号

5-27 根据两视图，补画所缺的第三视图。

1.

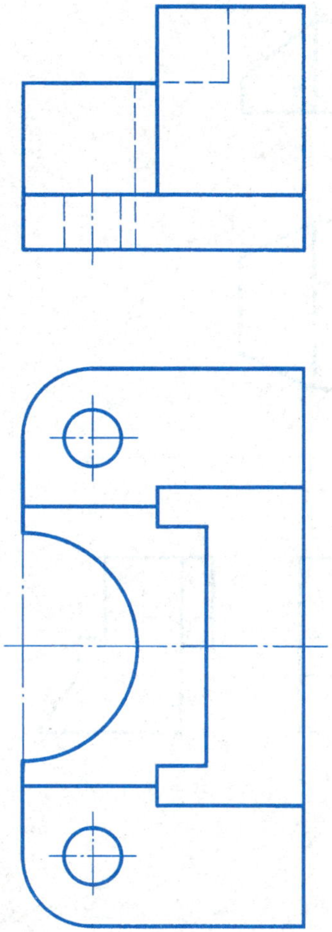

2.

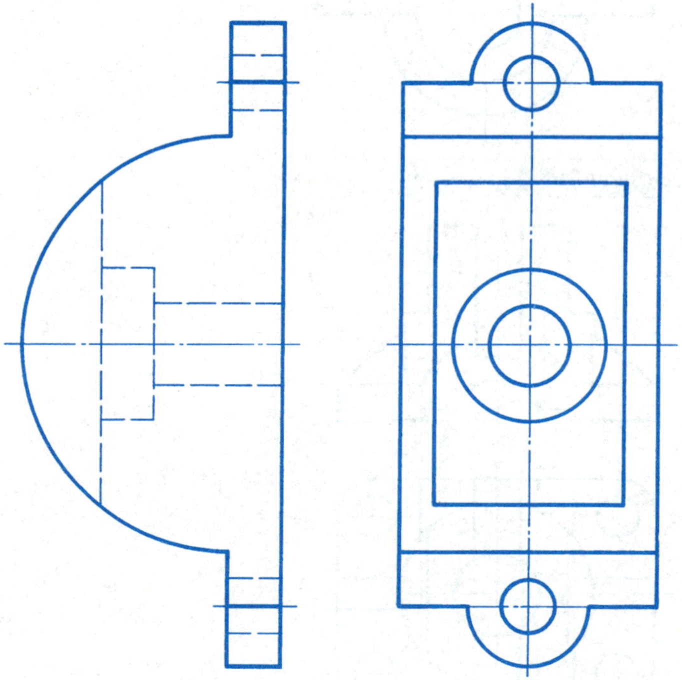

班级 姓名 学号

5-28　根据两视图，补画所缺的第三视图。

1.

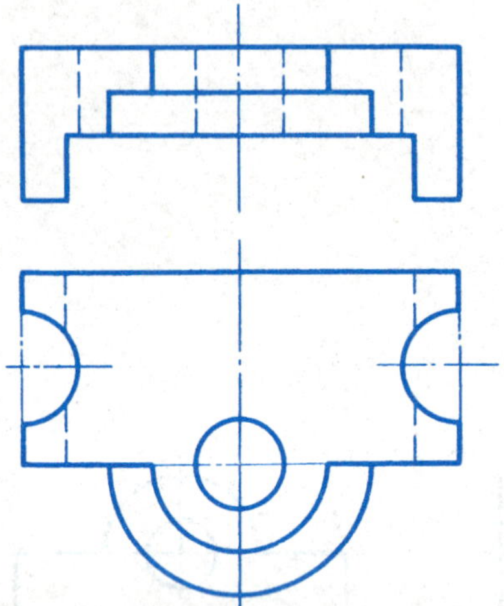

2.

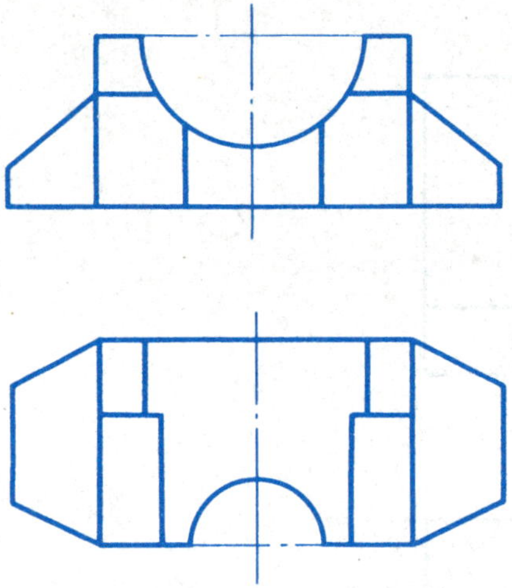

3.（选做题,答案见 189 页）

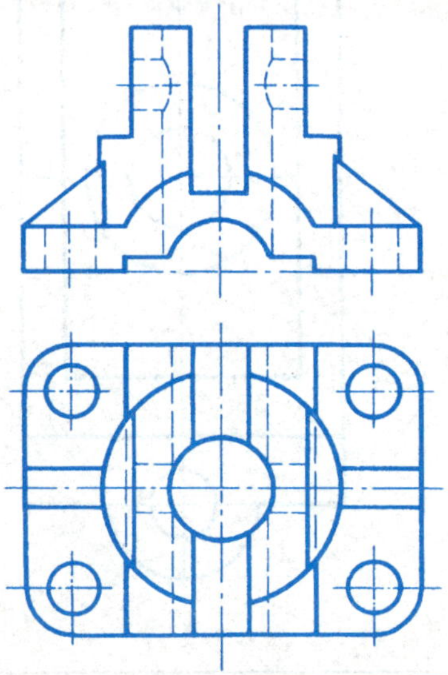

4.（选做题,答案见 189 页）

班级　　　　　　　　　　　　姓名　　　　　　　　　　　　学号

5-29 根据主、俯视图，补画左视图(选做题，答案见190页、191页)。

1.

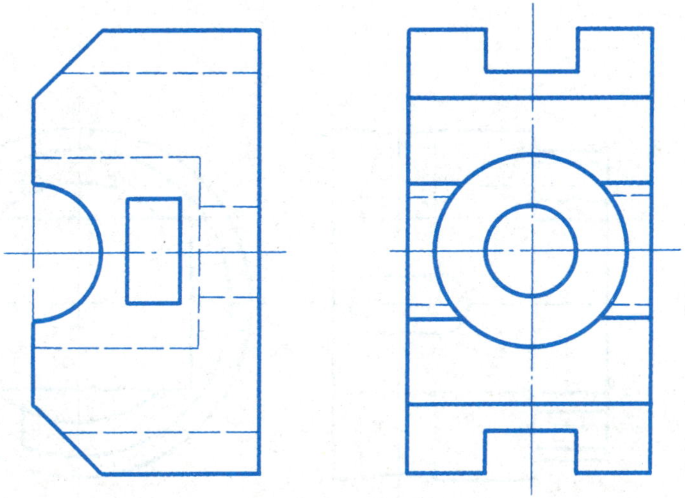

2.

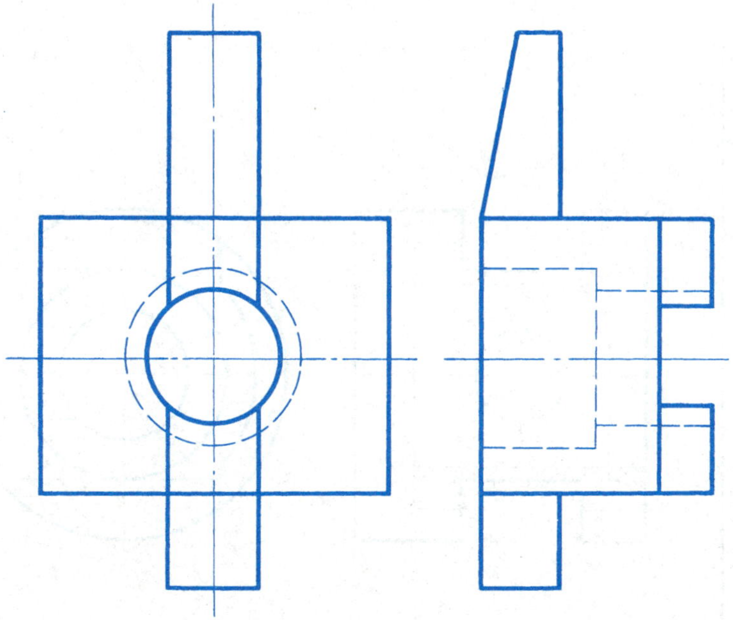

班级 姓名 学号

5-30 根据主、俯视图，补画左视图（选做题，答案见 190 页、191 页）。

1.

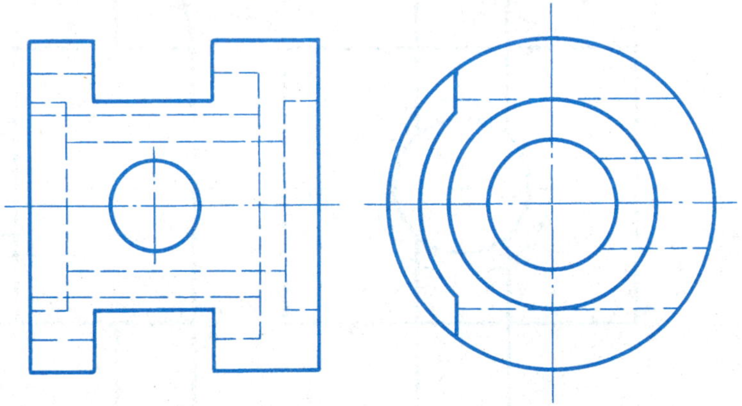

2.

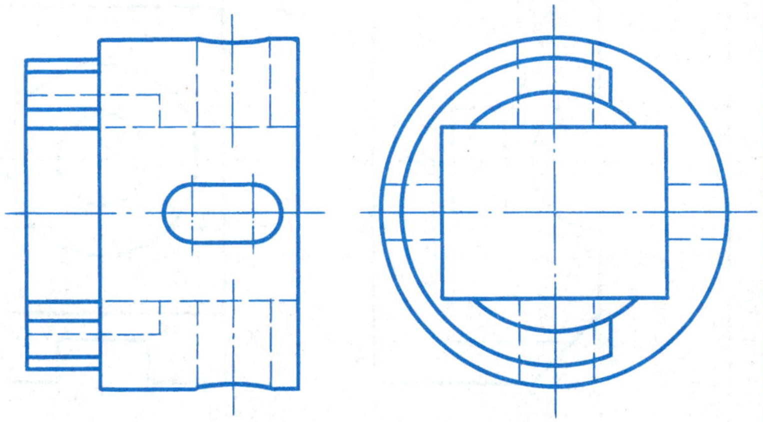

班级　　姓名　　学号

5-31 下面的 1、2、3 题：根据主、俯视图，徒手补画左视图(先阅读例图及其说明,后作图)。

例：根据主、左视图，补画俯视图。

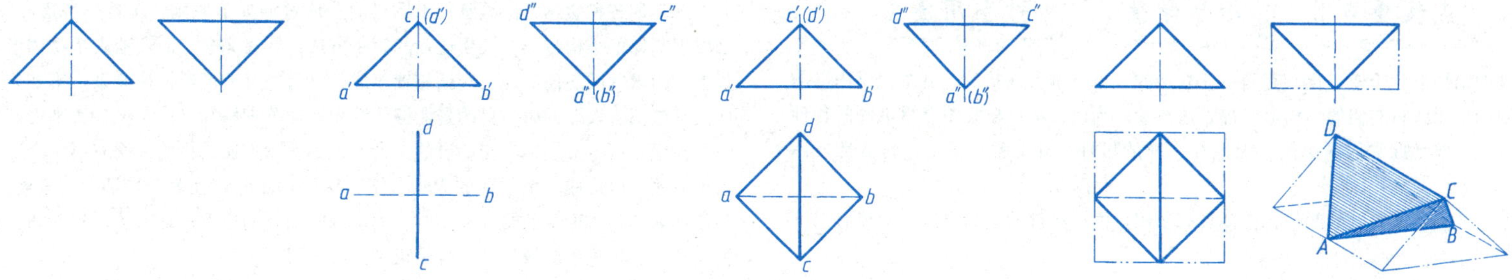

a)　　b)　　c)　　d)　　e)

这类图形作为看图的练习题，对培养空间思维能力很有好处。看此类图形，应采用线面分析法，必要时可加注字母进行投影分析。例如，图 a 主视图中三角形的下边线与左视图中三角形的下顶点具有投影对应关系，加注字母 $a'b'$ 和 $a''(b'')$ 后，可知 AB 为侧垂线。同理，可根据 $c''d''$ 和 $c'(d')$ 判断 CD 是正垂线，它们的水平投影 ab 和 cd 如图 b 所示。由此，根据三角形 $a'b'c'$ 和直线 $a''(b'')c''$ 可判定 $\triangle ABC$ 为侧垂面，根据三角形 $a'b'(d')$ 和直线 $a''(b'')d''$ 可判定 $\triangle ABD$ 也为侧垂面；再将左视图中的三角形与主视图中三角形左、右边进行投影对照，可知 $\triangle ACD$ 和 $\triangle BCD$ 均为正垂面。至此，将这四个三角形平面的水平投影按其相对位置综合在一起，即为俯视图(图 c)，该体的形状便可想象出来(图 e)。

此外，将一已知视图添补成矩形，也是看此类图形的一种有效方法。例如，将图 d 中左视图添补成矩形，该形体便可作为柱体(三棱柱)来考虑了。此时再与主视图相对照，即可认为该体是由三棱柱用两个侧垂面 ABC 和 ABD 在其前、后对称地切去两部分而形成的，这样，便可较容易地想象出物体的形状并补画出所缺的视图，如图 d、图 e 所示。

1*.(选做题,答案见 189 页)

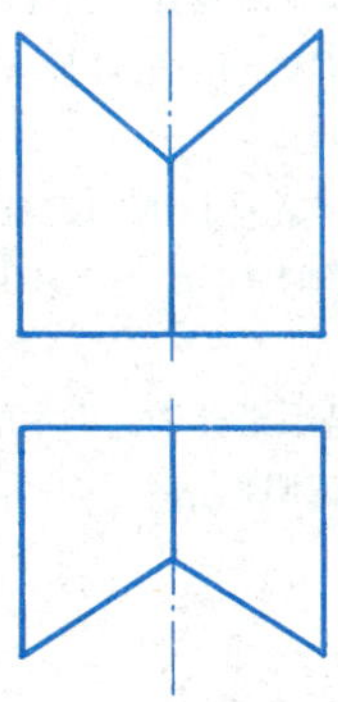

2*.(选做题,答案见 189 页)

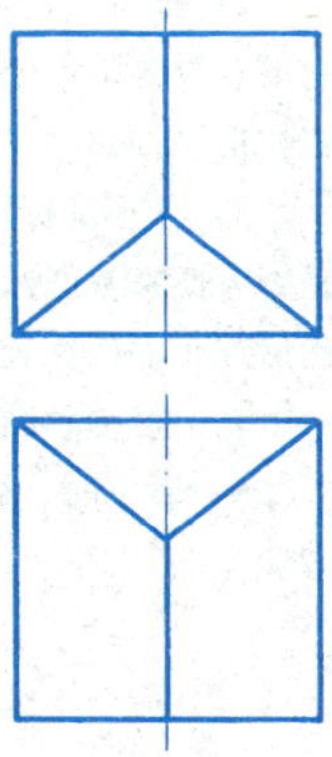

3*.(选做题,答案见 189 页)

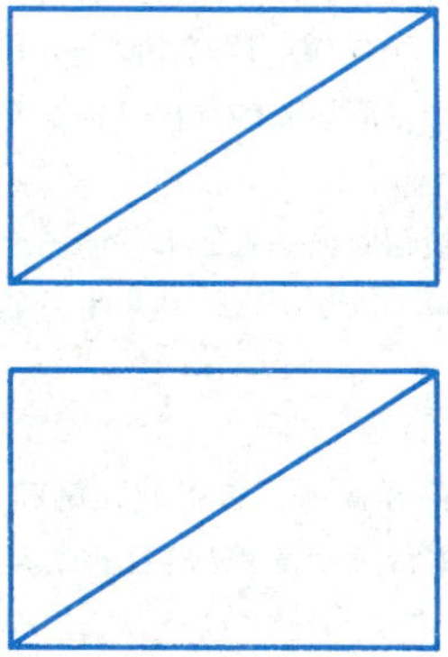

班级　　姓名　　学号

点拨重点　指导学法　引导用法

机件的结构形状千变万化，有简单、复杂的，也有奇形怪状的。显然，仅用以前的三个视图将无法将它们的结构形状都表达清楚。为此，本章将集中介绍机件的各种表达方法。只要掌握它们的画法，无论什么样的机件都能完整、清晰、简洁地表达出来。

按本章的表示法绘制的图形，全部具有实用价值。机件的表达方法，主要有以下四种：

（一）视图

视图主要用来表达机件的外部结构和形状，一般只画出机件的可见部分，必要时才用细虚线表达其不可见部分。

（二）剖视图

剖视图主要用来表达机件的内部结构和形状。它是通过各种剖切面将机件剖切开来，移去观察者和剖切面之间的部分后，使其内部结构和形状得以显露的。

剖切面共有三种：

1）单一剖切面（单一剖切平面、单一斜剖切平面、单一剖切柱面、单一斜剖切柱面）。

2）几个平行的剖切平面（几个平行的剖切平面、几个平行的斜剖切平面）。

3）几个相交的剖切面（几个相交的剖切平面、几个相交的剖切平面和柱面）。

由剖切面剖切机件后进行投射，即可以得到各种剖视图（共有三种：全剖视图、半剖视图、局部剖视图）。其中，用任何一种剖切面剖开机件，都可得到全剖视图、半剖视图和局部剖视图。由此看来，剖切面的选择是很重要的。

（三）断面图

断面是仅用来表达机件被切断面的真实形状的图形。断面图可分为移出断面和重合断面两种。它们也是通过单一剖切平面、几个平行的剖切平面和几个相交的剖切面剖切而获得的。

（四）简化画法

简化画法是对上述三种图在保证不致引起误解和不会产生理解的多意性的前提下，加以简化的表示方法。推行简化表示法的目的在于：简化制图，减少绘图工作量，提高绘图效率及图样的清晰度，加速设计过程，适应国际贸易和技术交流的需要。

在运用各种表达方法绘制技术图样时，应遵循如下原则：①首先考虑看图方便；②根据物体的结构特点，选用适当的表示方法；③在完整、清晰地表示物体形状的前提下，力求制图简便。这三句话相辅相成，具有完善的逻辑推理关系。第一句话是说明设计绘图者表达的第一目的是能够使看图者充分理解其设计含义，否则再好的设计也只能是一纸空文。第二句话讲的是为了达到看图方便的目的，就应当综合运用各种表示方法，以形成一个上乘的表达方案。这样，才能达到第三句话——完整、清晰、简便地表达物体形状的要求。同时，力求制图简便的追求也是为了达到制图方便的目的，从而实现优质高效加工出合格机件的终极目标。

选择视图时，应按下述原则进行：

——在明确表示物体的前提下，使视图（包括剖视图和断面图）的数量为最少；

——尽量避免使用细虚线表达物体的轮廓线及棱线；

——避免不必要的细节重复。

综上可以看出，本章主要是在三视图的基础上，根据表达需要，进一步增加视图数量（六个基本视图和三种辅助视图）、扩充表达手段，由外形的表达扩展到机件内部——剖视图和断层——断面图的表达，使机件的表示法有一个质的飞跃。由于表达方法骤增、图的种类繁多，投射方向和视图位置多变，又有许多简化画法相随，且都有国家标准予以严格的界定，所以本章内容既显得零散、琐碎，但又很规范。

基于这些特点和上述绘图原则，学习时应注意以下几点：

1）正确理解各种表示法的概念，切实掌握其应用条件、画法和标注法。

2）要善于比较各种表示法的异同点，尤其要抓准各种表示法独具的长处（它们之间没有重要不重要之分，只有常用不常用之别。不常用者一旦派上用场，其他表示法都将相形见绌）。

3）图形的标注方法不要硬记，要找出规律性。画图时，若能以看图者查看图形是否方便来考虑标与不标的问题，则最为奏效（初学者拿不准时，宁可多标，不可少注，然后逐步去伪存真）。

4）要练就将各种表达方法加以综合调用、择优重组、选取最佳表达方案的能力。

5）看书时，先分析书中插图的表意，不解时再看文字说明也是个一举多得的好方法。

班级　　　　姓名　　　　学号

6-2 视图(做题前必读)。

内容小结　作业指示　问题释疑

视图是表达机件外部结构形状的基本方法，通常有基本视图、向视图、局部视图和斜视图四种。它们的表达相辅相成，各有侧重，其相互关系和特点如下(重点抓住图形特点、配置方式和标注)：

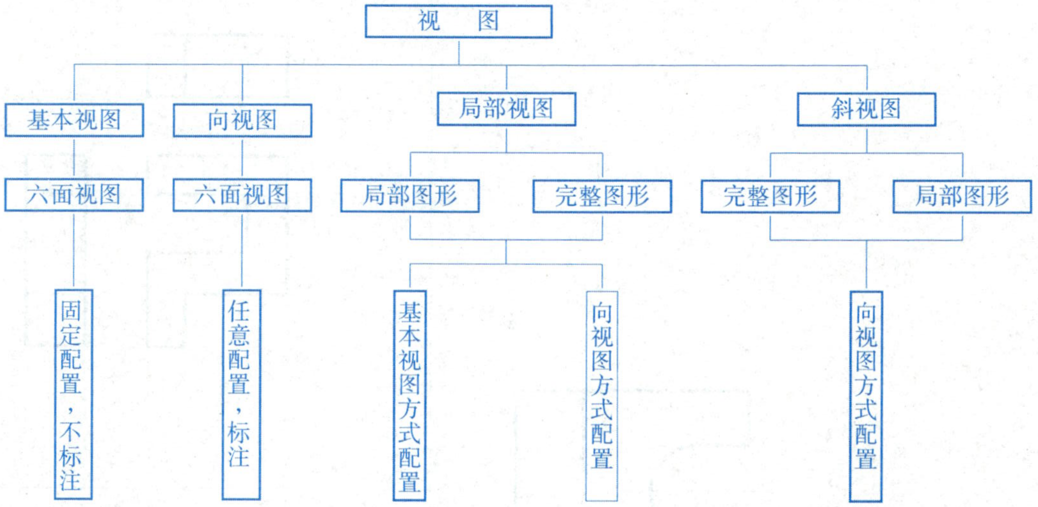

(1) 向视图。向视图是可以自由配置的基本视图。应注意：①它是“正射”所得到的图形，因此要“正放”(否则就成为斜视图了)；②它是某一个完整的基本视图(否则就是局部视图了)；③必须进行标注。

表示投射方向的箭头应尽可能注在主视图上，以使向视图与基本视图的方位相对应。由于表示后视图投射方向的箭头在主视图上反映不出来，只能将其注在左视图或右视图上。若注在俯视图或仰视图上，则所得的视图不是基本视图，且往往与主视图相互颠倒，如右图所示，不但看图别扭，还容易产生误解，故不宜采用。

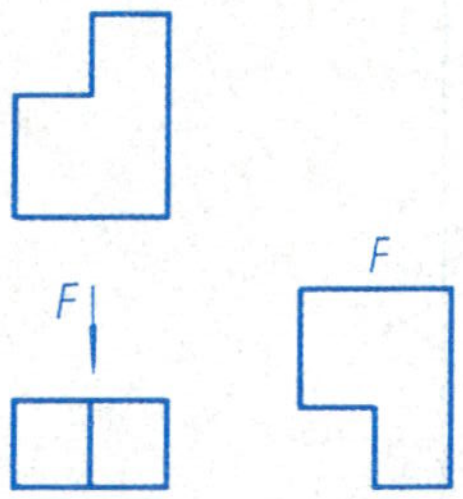

(2) 局部视图。局部视图是将物体的某一部分向基本投影面投射所得的视图。为了便于画图或看图，最好将其按投影关系配置在基本视图的位置上，当中间没有其他图形隔开时，可省略标注。局部视图也可以任意配置在其他部位，但必须如向视图那样加以标注。

(3) 斜视图。斜视图按投影关系配置，图形倾斜，有利于看图。将图形转“正”，则便于画图、标注尺寸和有效地利用图纸。旋转角度一般小于90°，且应向转角小的一方旋转。当旋转后，图形(机件)出现倒置或躺倒等情况，极不利于看图时，图形转角也允许超过90°，最终旋转至与主视图相一致的位置。

(4) 波浪线的画法。波浪线是表示物体断裂边界的投影，它限定了局部视图或斜视图的投影范围，凡属其内可见轮廓线的投影(如右图中的 c、d)均需画出。

波浪线的省略要审慎。本例局部视图(俯视图)的波浪线未予以省略，是为了使侧板在开方孔四棱柱上的前后位置更加明确。

波浪线要徒手画出(宽度与细实线相同)，并应画得自然、真切，有断裂之实感。

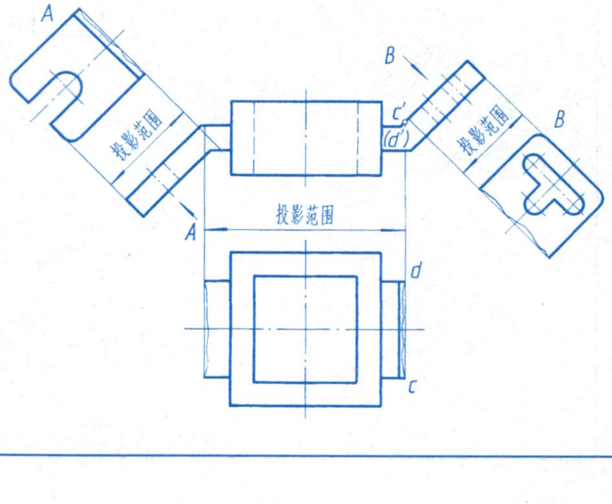

班级　姓名　学号

6-3　根据主、俯、左三视图，补画右、后、仰三视图，并徒手画出物体的正等测（分别画在左下角和右下角）。

1.

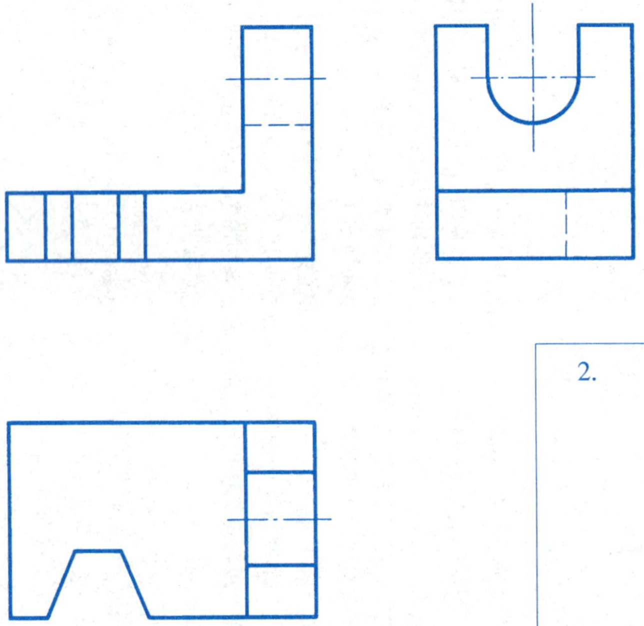

2.

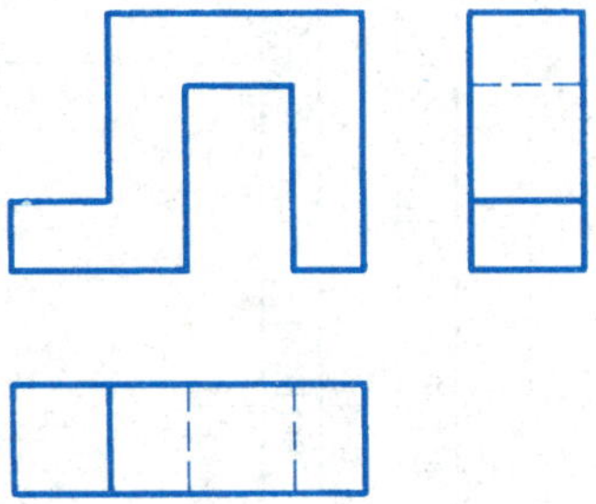

班级　　　　姓名　　　　学号

6-4　根据三个基本视图，按图中箭头所指补画三个向视图。

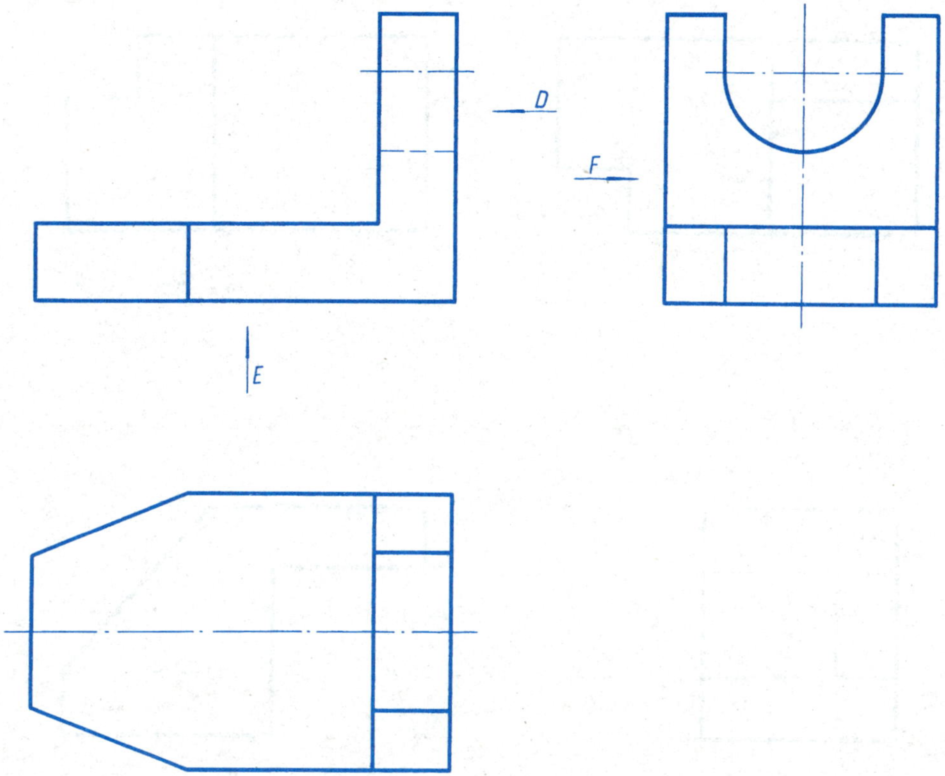

班级　　　　姓名　　　　学号

6-5　根据主视图 *A*，对给出的向视图进行标注。

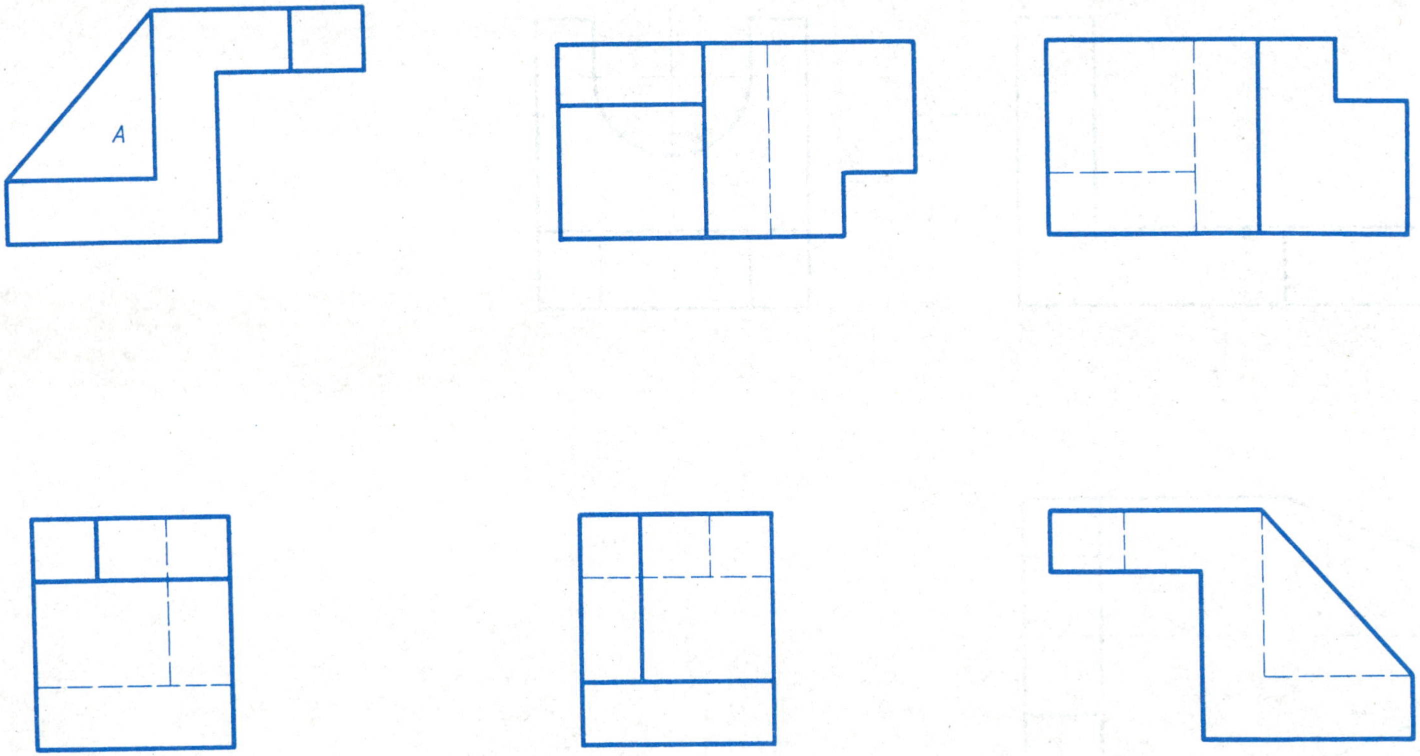

班级　　　　姓名　　　　学号

6-6 局部视图和斜视图。

1. 根据主视图和轴测图，补画局部视图和斜视图，将机件的形状表达清楚(比例为 1 : 1)。

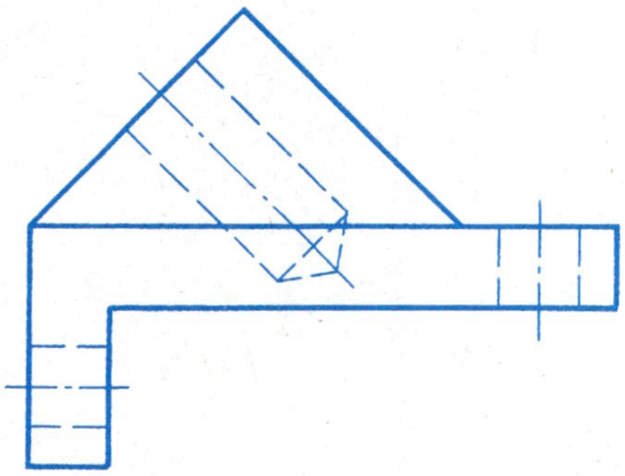

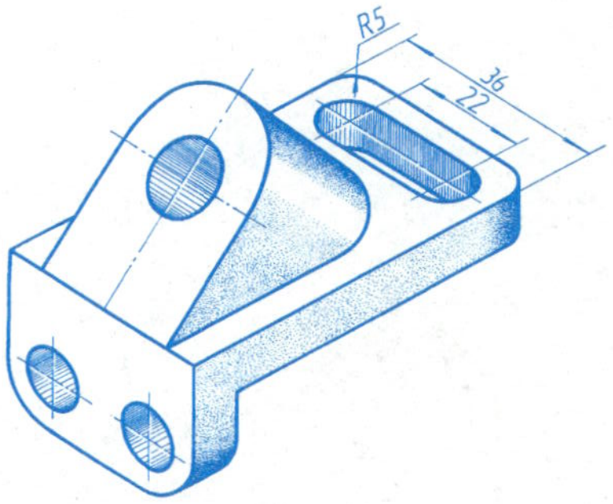

2. 根据主视图和轴测图，徒手补画局部视图，将机件的形状表达清楚。

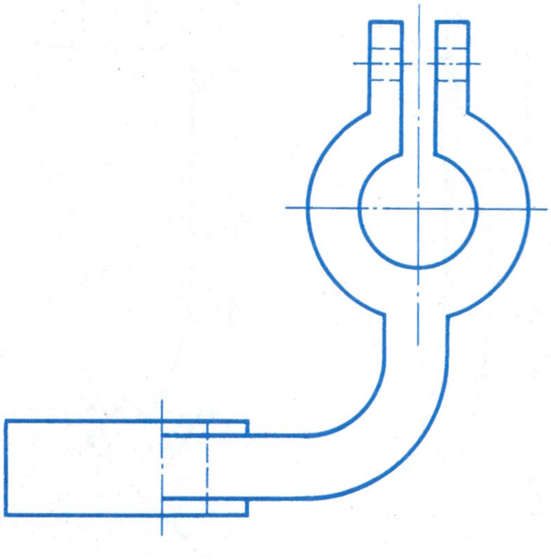

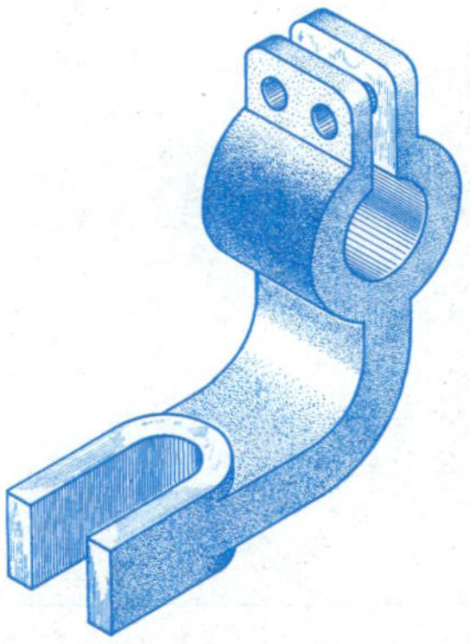

班级 姓名 学号

6-7 根据轴测图和主视图，画出局部视图和斜视图，将机件的形状表达清楚。

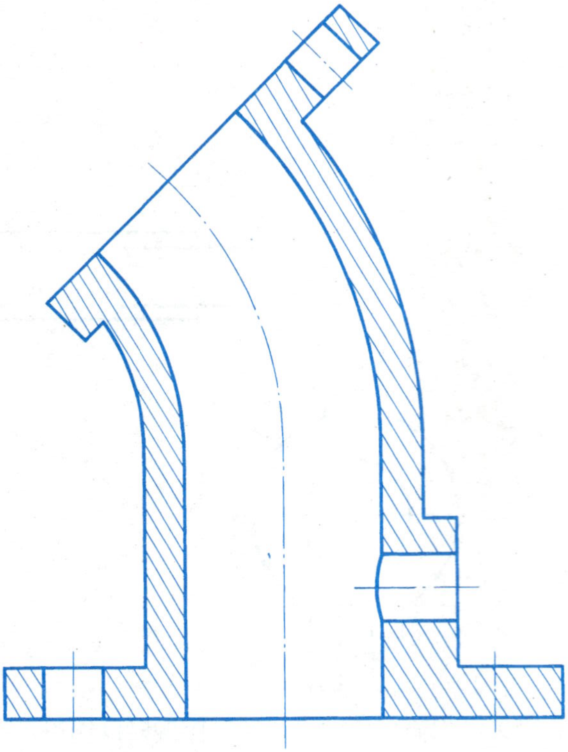

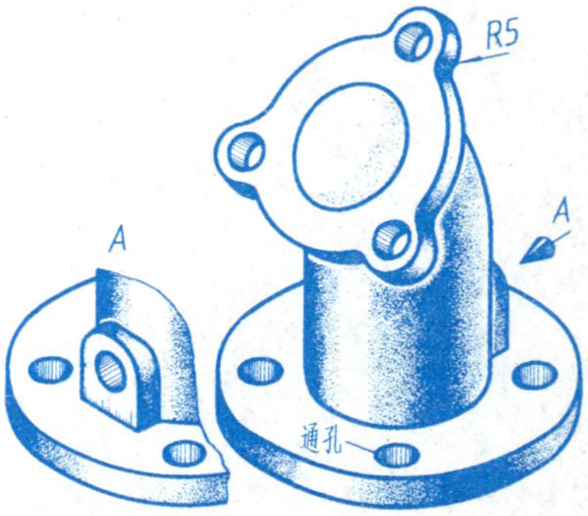

班级

姓名

学号

6-8 剖视图。

1. 徒手补画剖视图中所缺的图线。

（1）

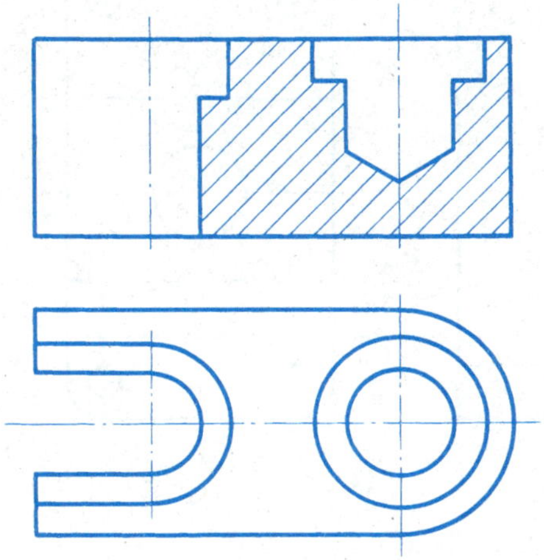

（2）

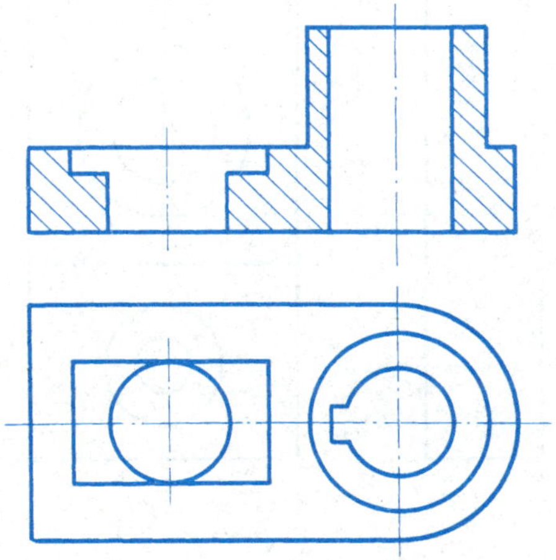

（3）

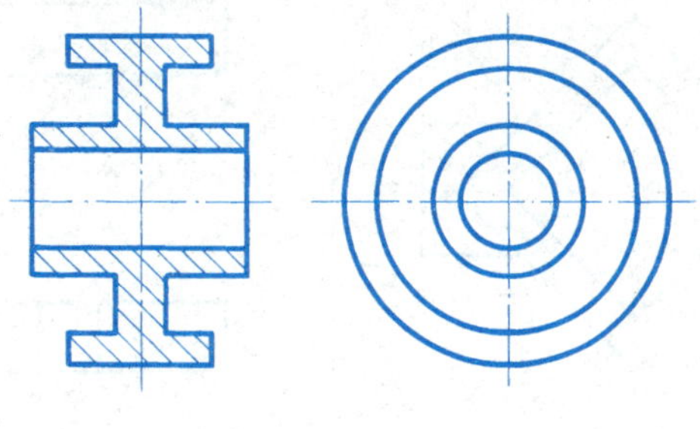

（4）

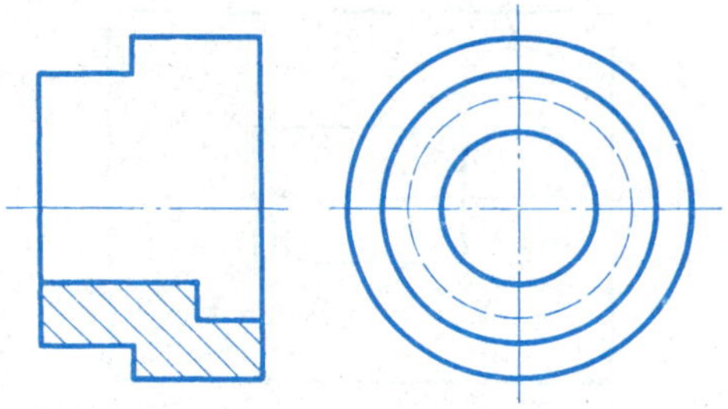

2. 补画遗漏细虚线（位置自定），去掉多余细虚线（但需以最简形式定形）。

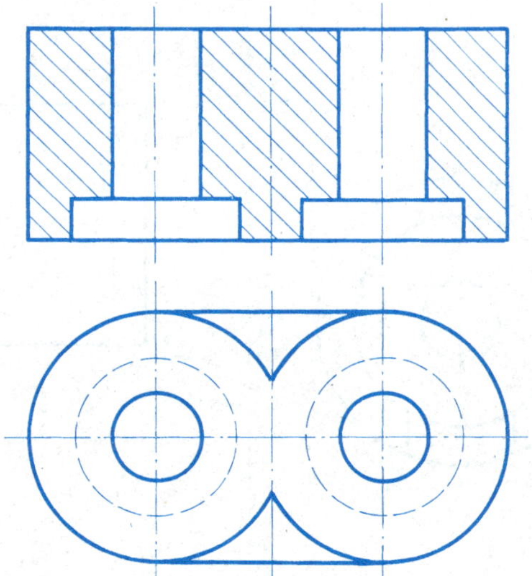

3. 分析图中的错误，在下边画出正确的剖视图。

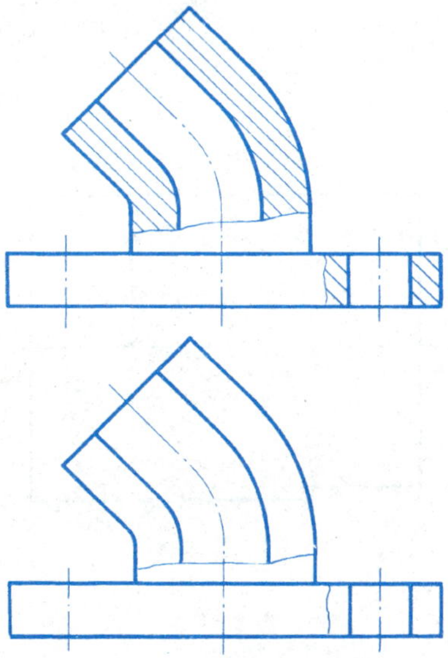

班级　　　　姓名　　　　学号

6-9 徒手将主视图改为合适的剖视图。

1.

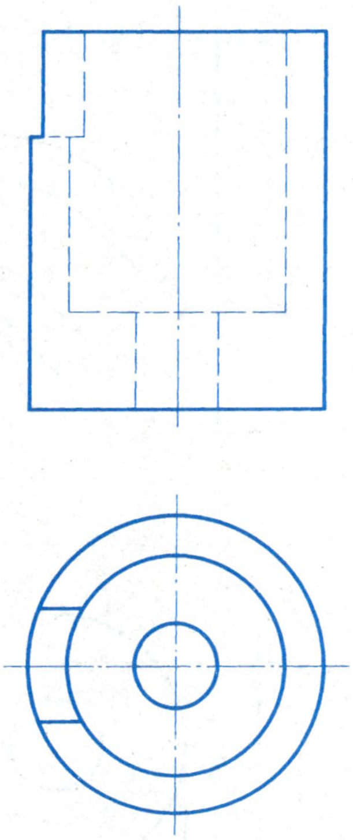

2.

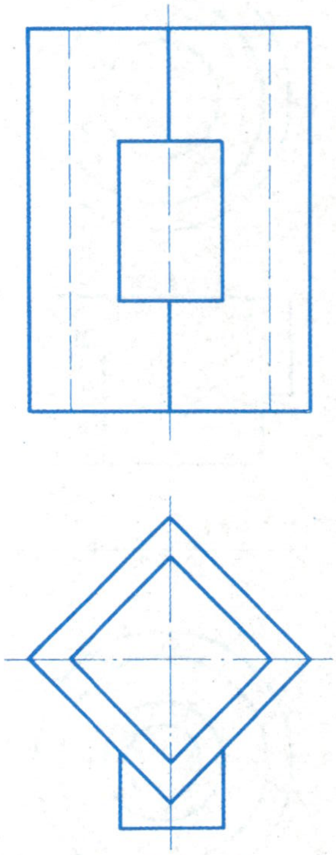

3.

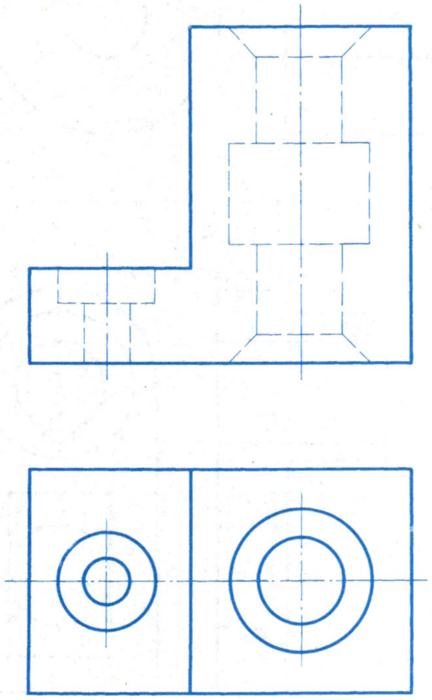

4.

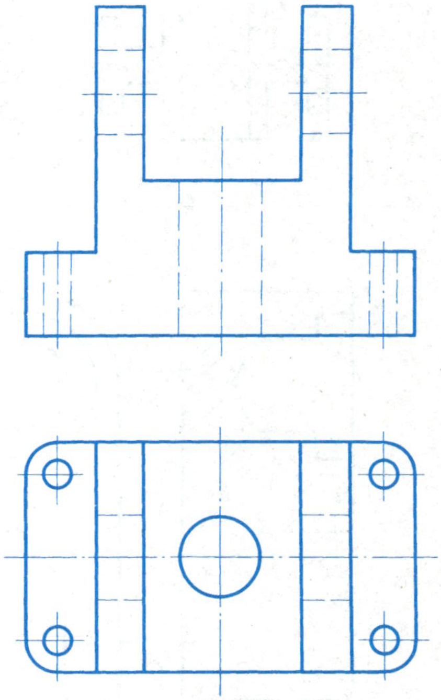

班级 姓名 学号

6-10 徒手将主视图改画成全剖视图。

1.

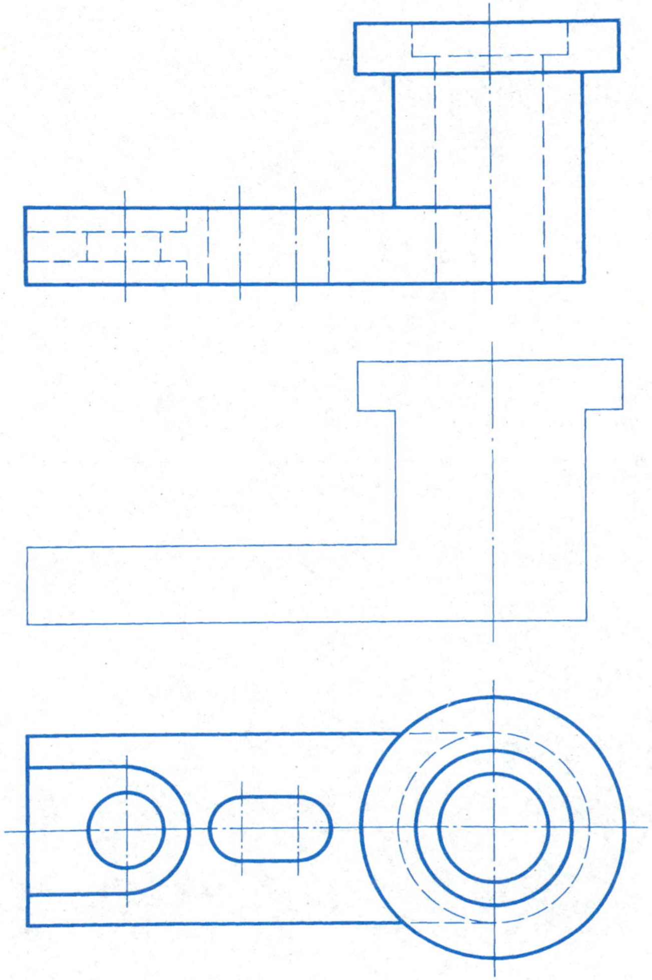

2.

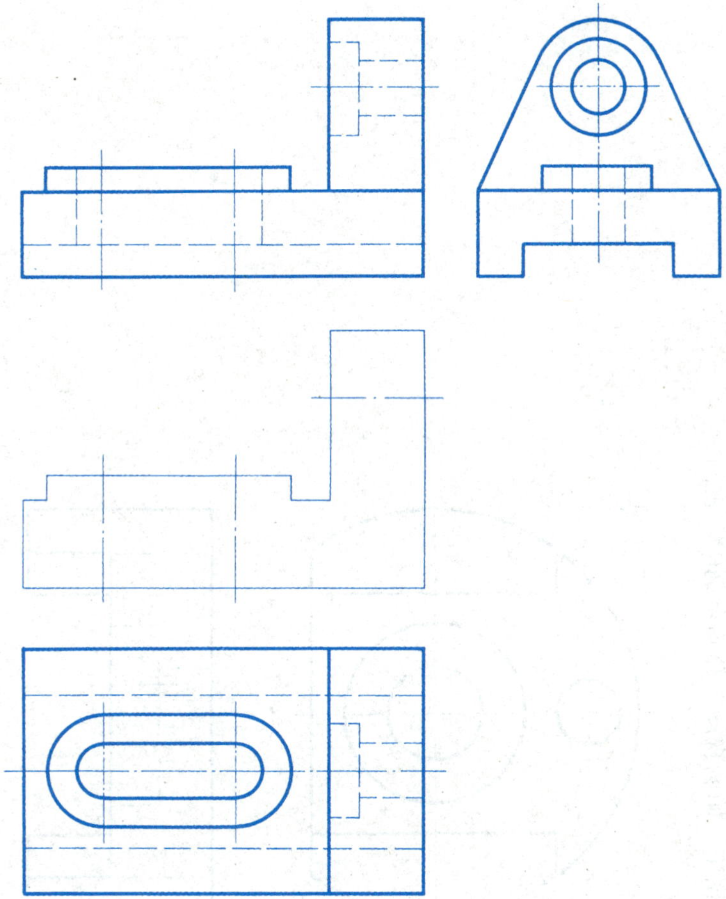

班级　　　　　　　　姓名　　　　　　　　学号

6-11　补画及设计剖视图。

1. 根据主、俯两视图，补画全剖的左视图。

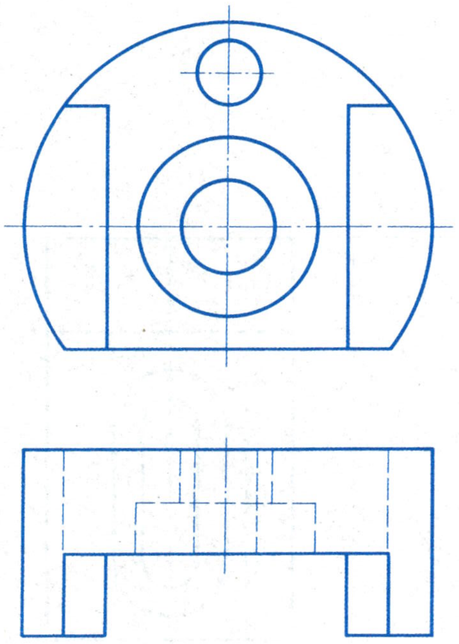

2. 自行设计机件，画出主、俯两视图，并按要求作剖视。

（1）主视图取全剖。

（2）主视图取半剖。

班级　姓名　学号

6-12　半剖视图。

1. 徒手将主视图改画成半剖视图。

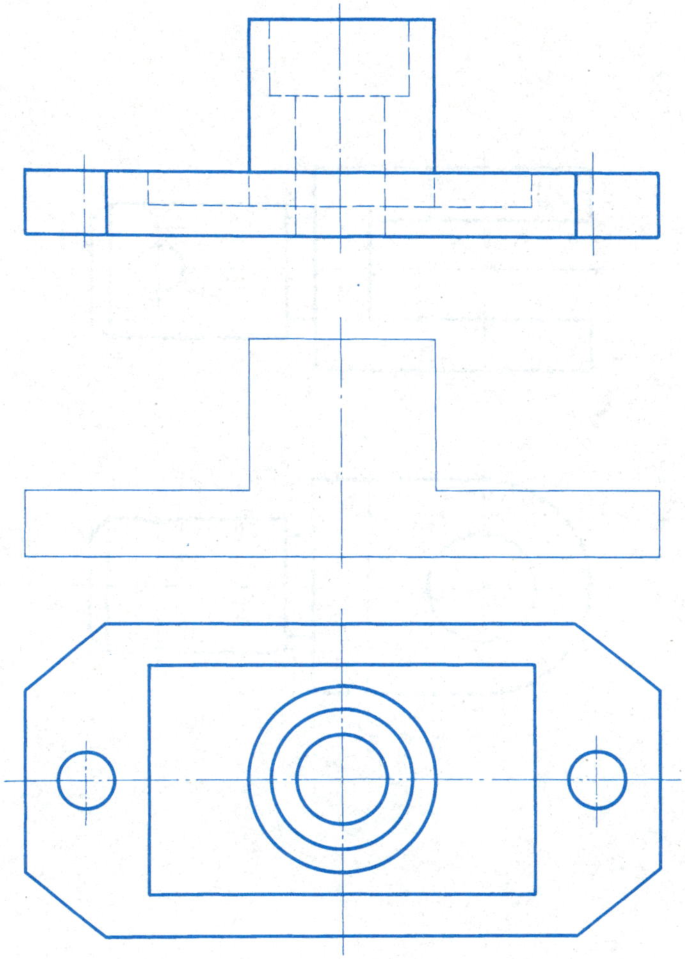

2. 徒手完成上边的半剖视图，再用仪器画出正规的半剖视图。

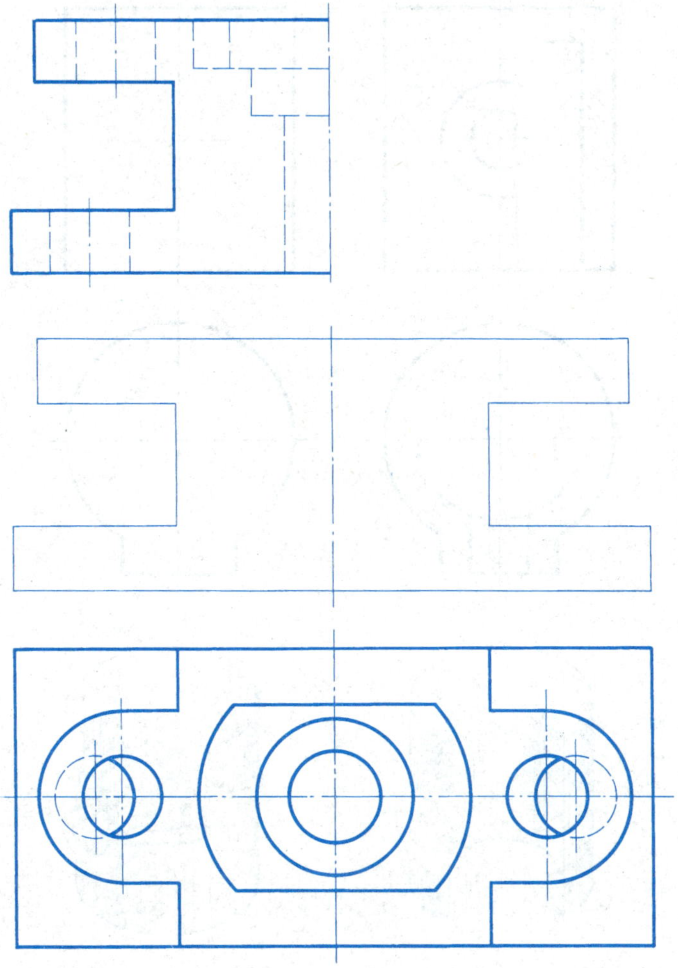

班级　　　　　　　　姓名　　　　　　　　学号

6-13　局部剖视图。

1. 分析剖视图中的错误，在右边画出正确的剖视图。

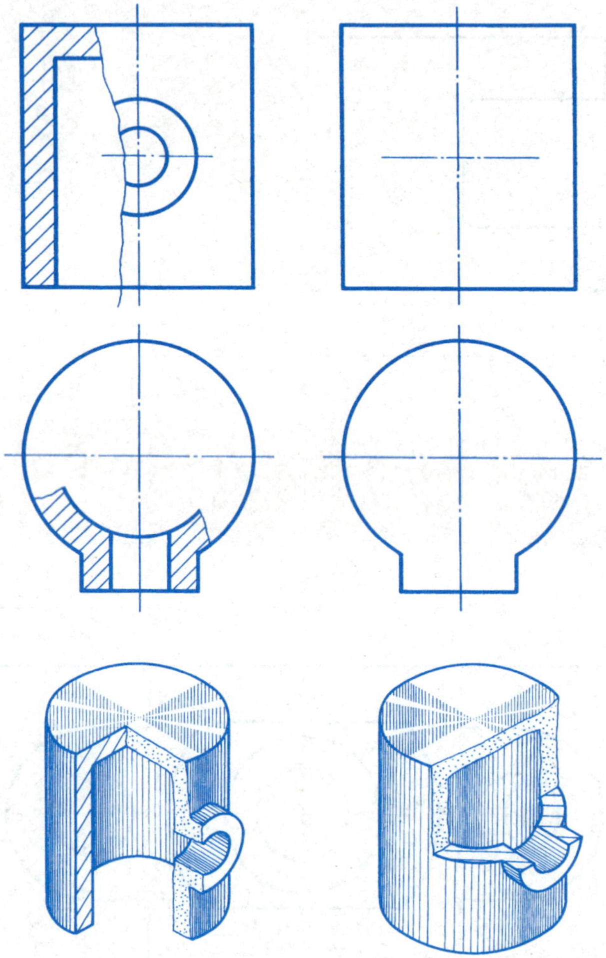

2. 将视图改画成局部剖视图。

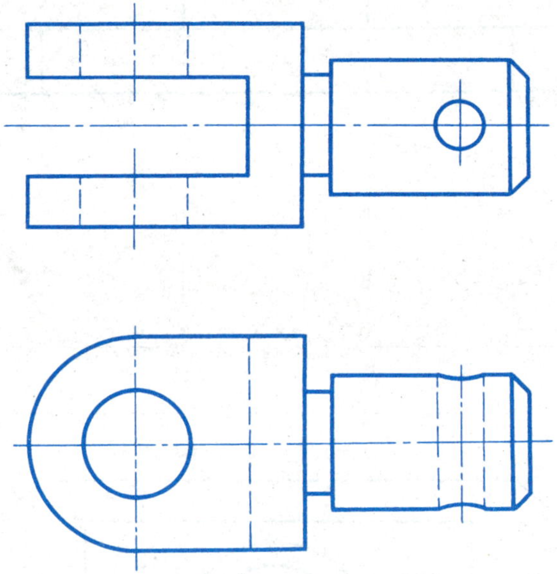

班级　　　　姓名　　　　学号

6-14 将视图改画成局部剖视图。

1.

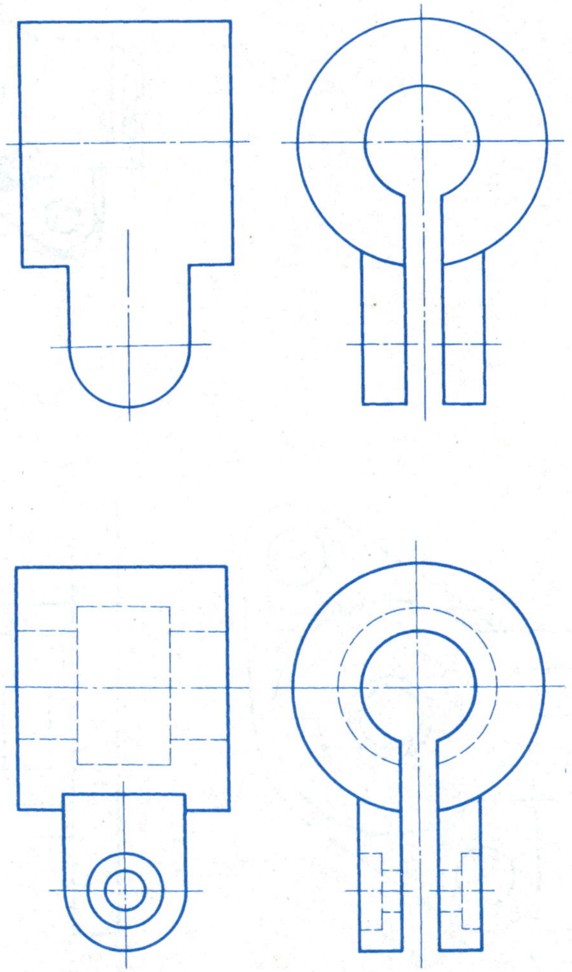

2.

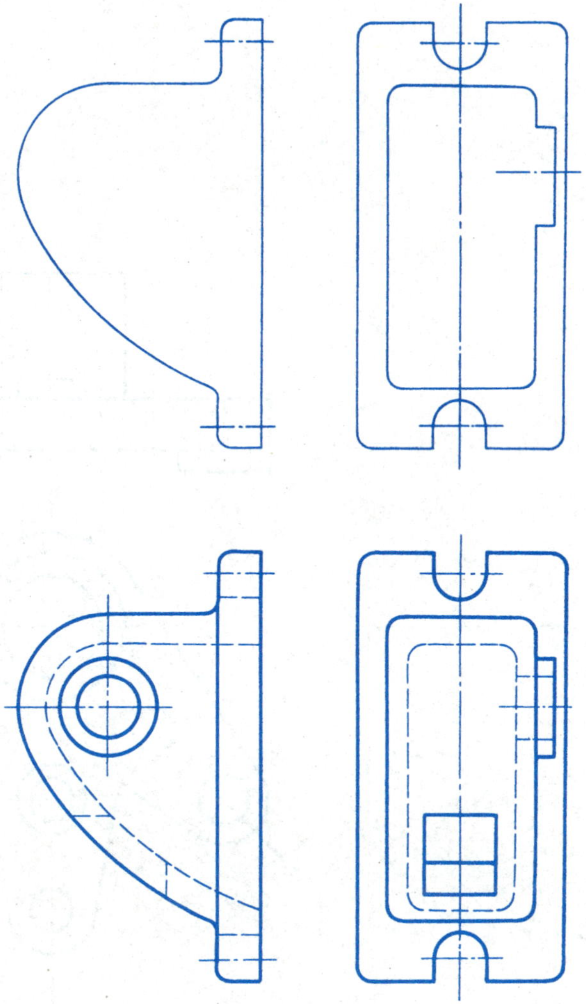

班级 姓名 学号

6-15 画 A—A 全剖视图（用单一斜剖切平面剖切），B—B 选做。

1.

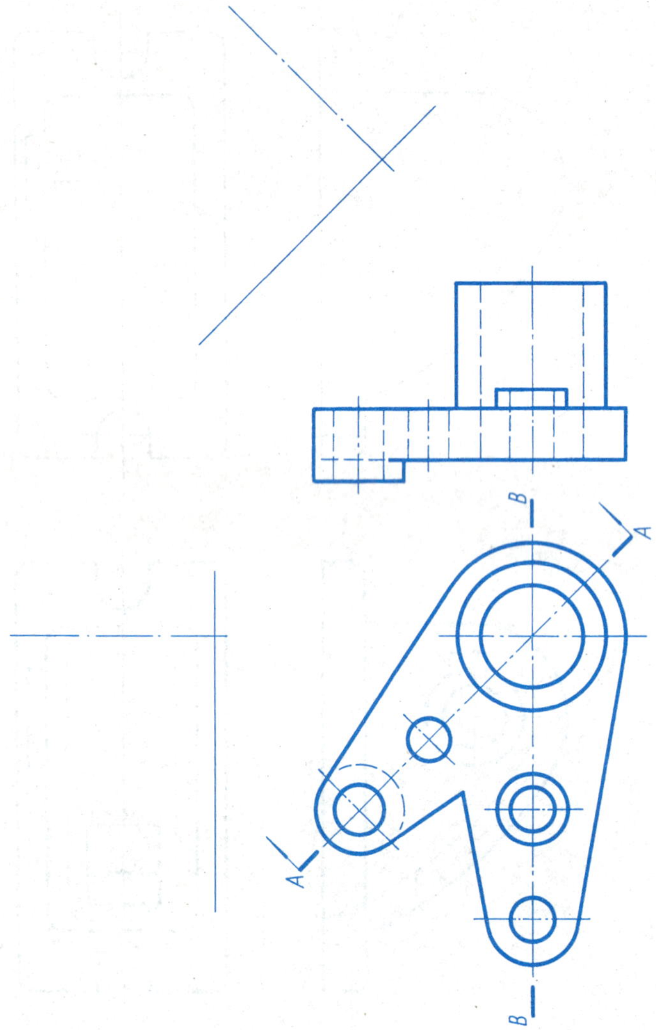

2.

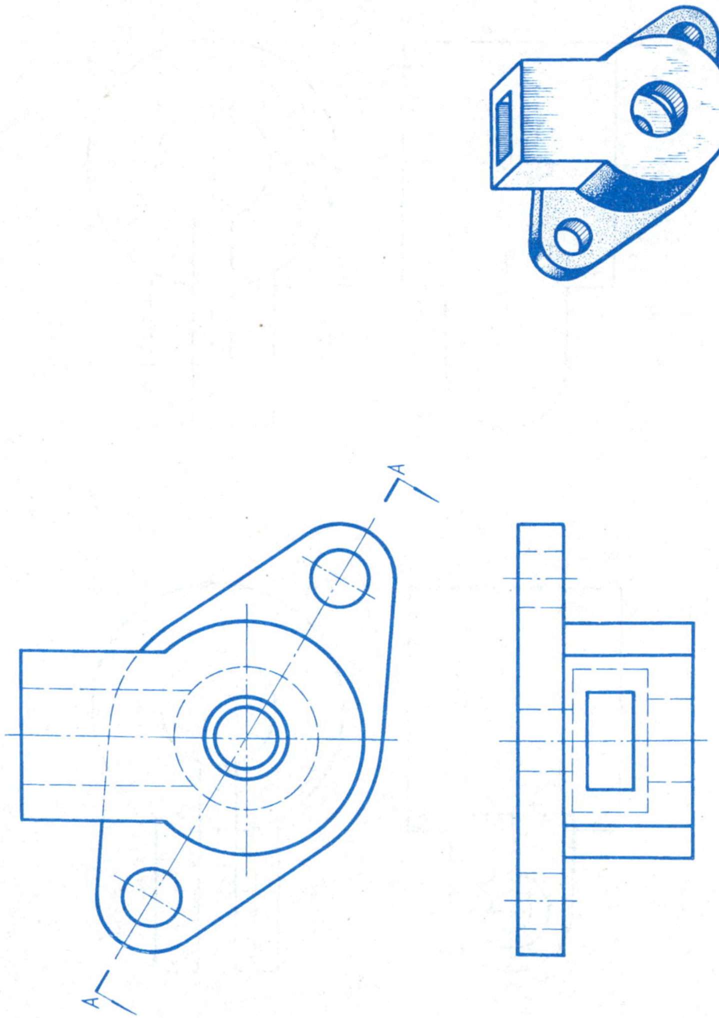

班级　　　　姓名　　　　学号

6-16　画 *A*—*A* 全剖视图(用几个平行的剖切平面剖切)。

1.

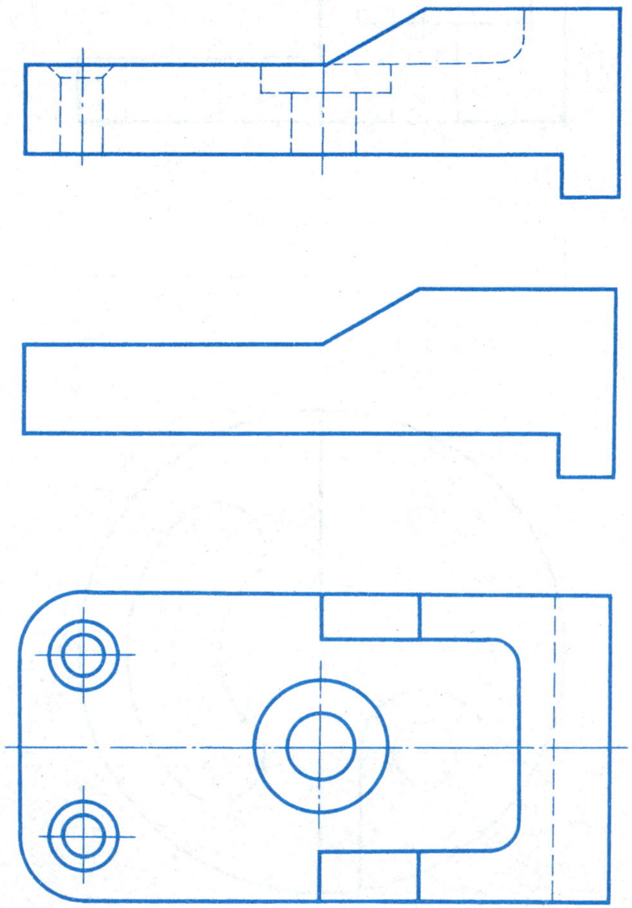

2.

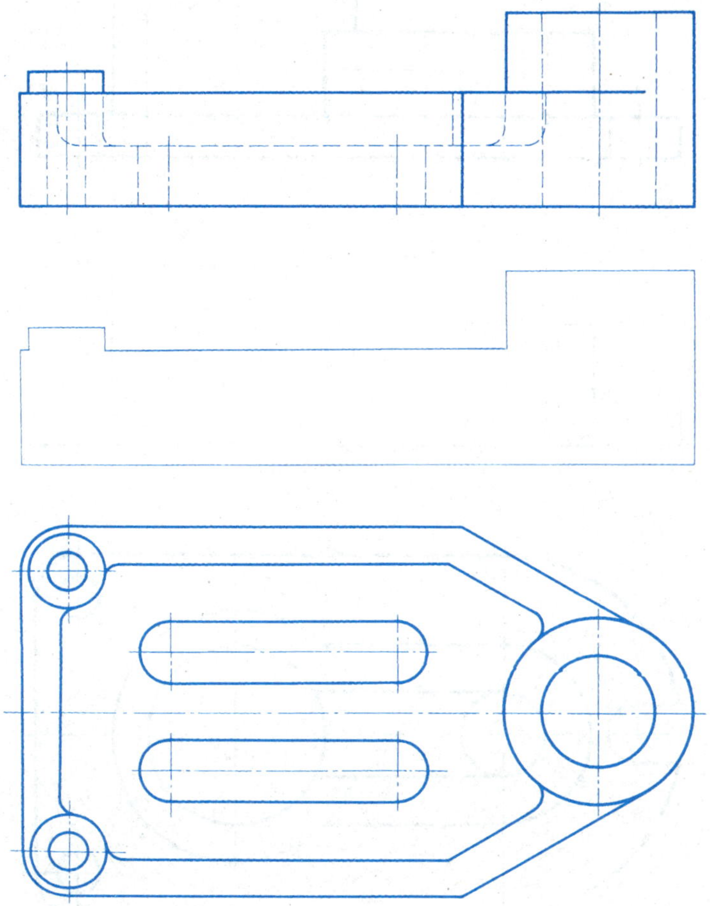

班级　　　　　　　　姓名　　　　　　　　学号

6-17　画 *A*—*A* 全剖视图。

1. 用几个平行的剖切平面剖切。

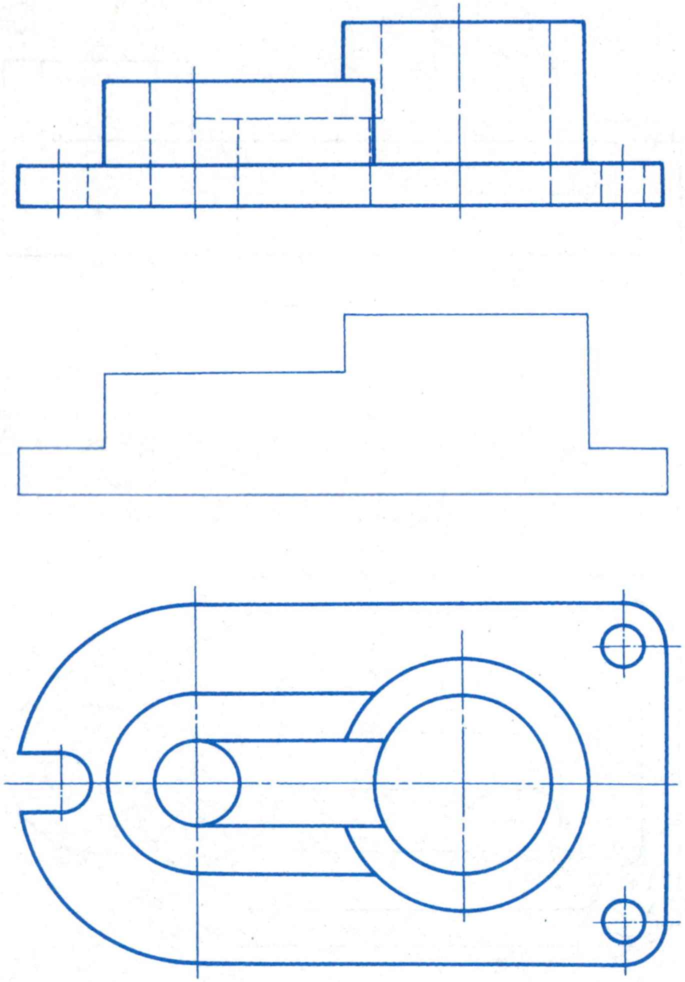

2. 用几个相交的剖切平面剖切。

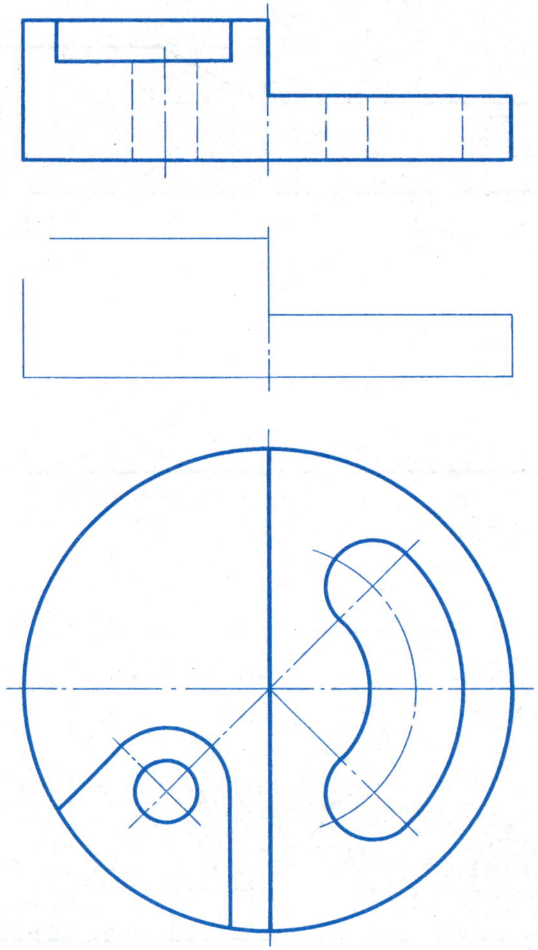

班级　　　　　　　　　　姓名　　　　　　　　　　学号

6-18　画剖视图(用几个相交的剖切面剖切)。

1. 画 *A*—*A* 全剖视图。

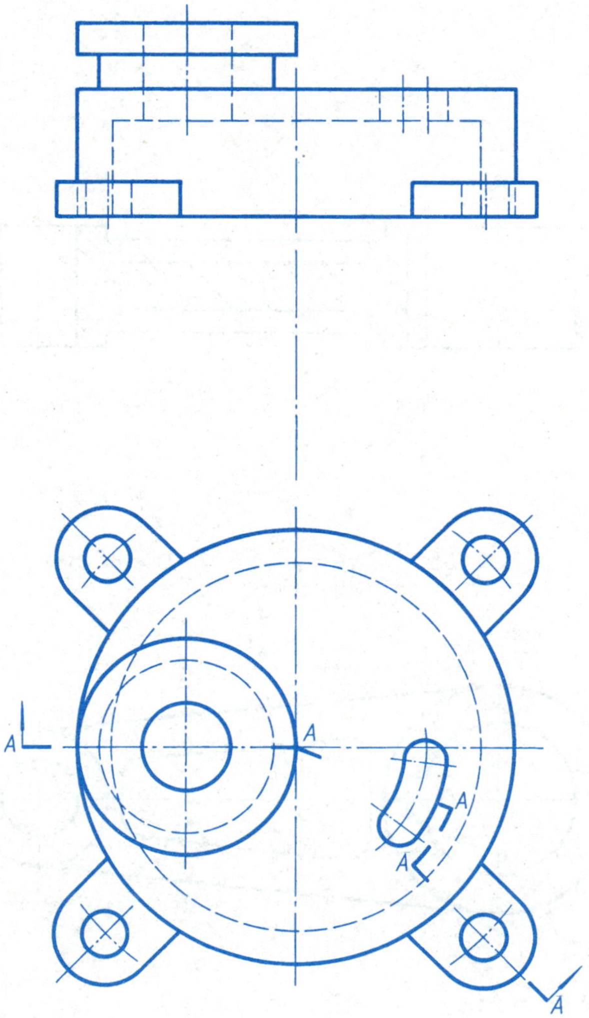

2. 画 *A*—*A* 半剖视图。

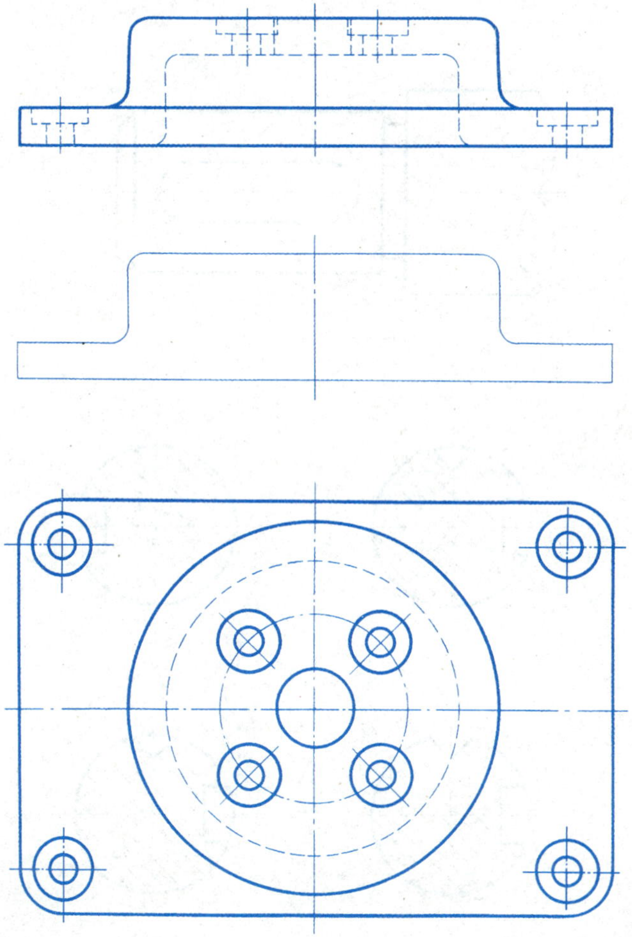

班级　　　　　　　　姓名　　　　　　　　学号

6-19　断面图。

1. 在视图下方的各断面图中选出正确的图形，并进行标注。

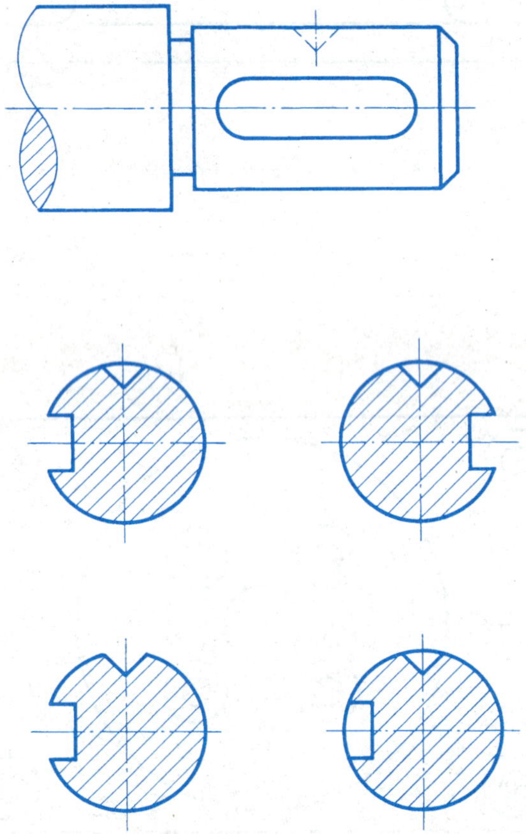

2. 画移出断面图，并进行标注。

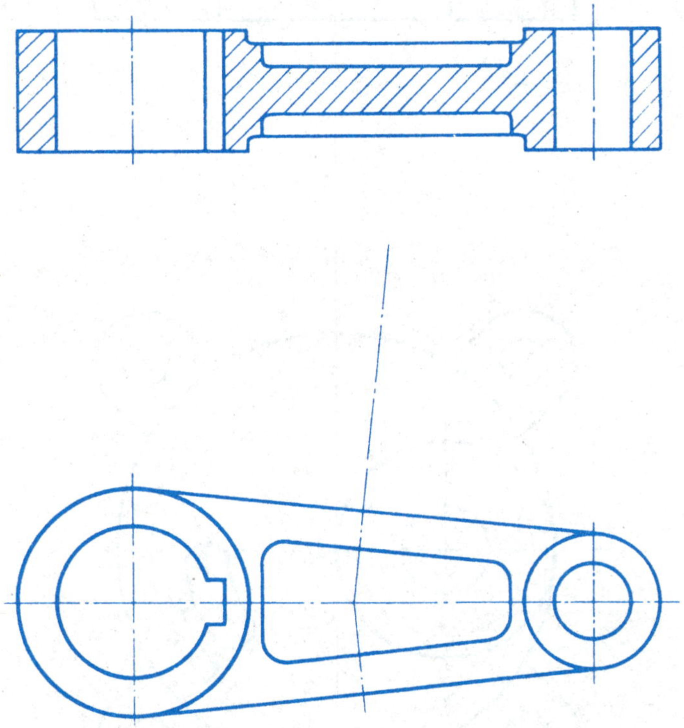

班级　　　　　　　　姓名　　　　　　　　学号

6-20　按箭头所指位置画断面图，并进行标注(左键槽深 4、右键槽深 3.5，均不对称)。

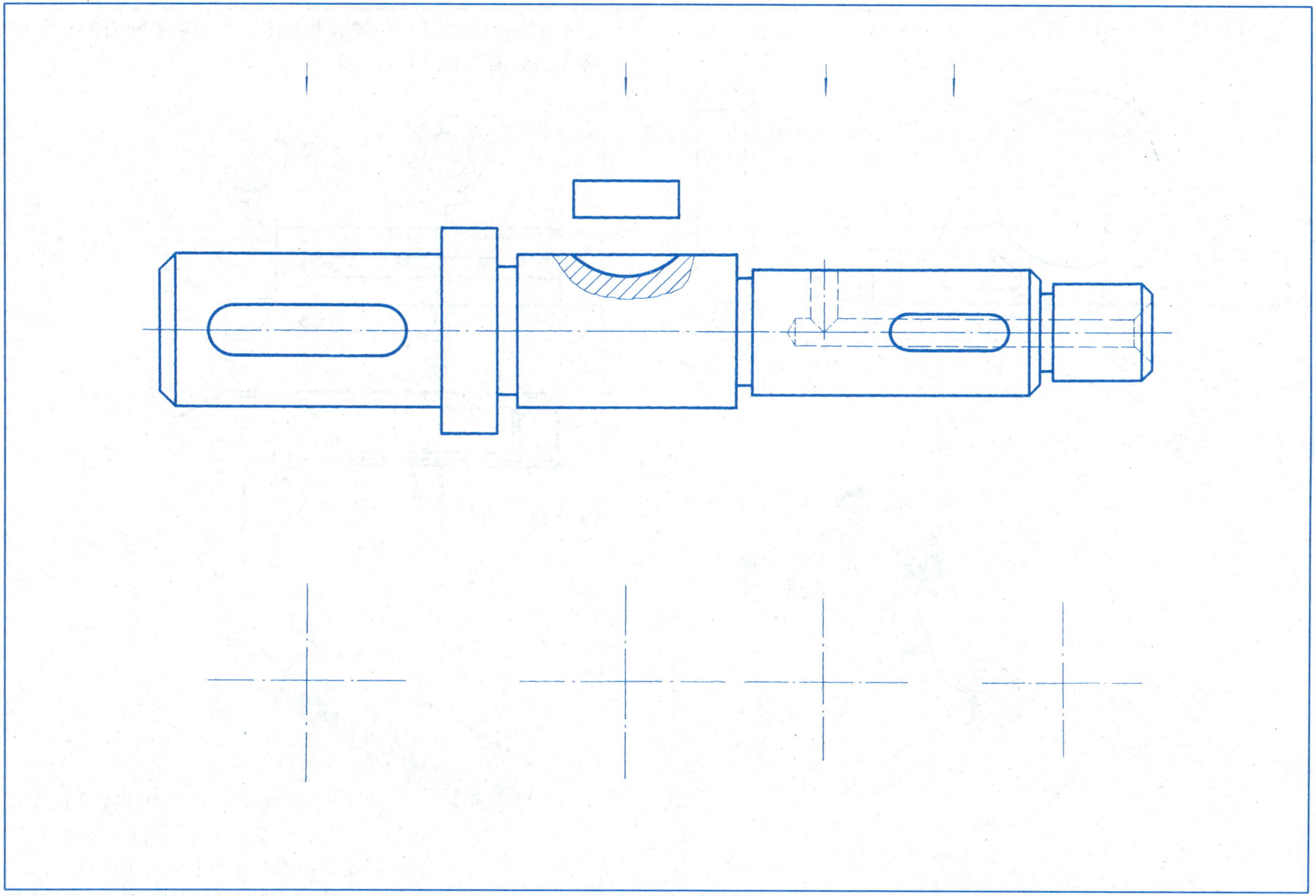

班级　　　　　　　　　　　　姓名　　　　　　　　　　　　学号

6-21　断面图。

1. 画 *B* 视图和 *A*—*A* 断面图。

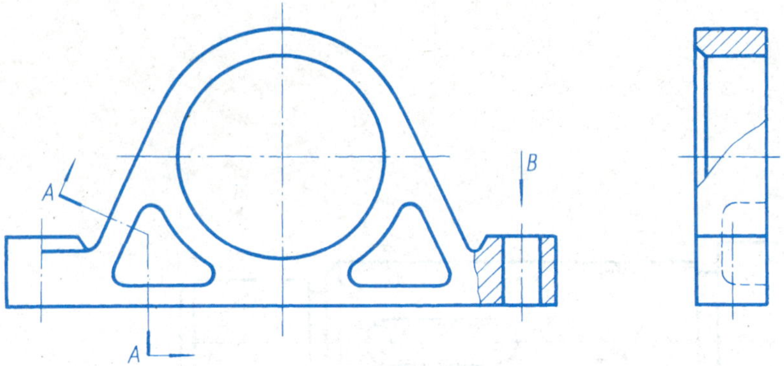

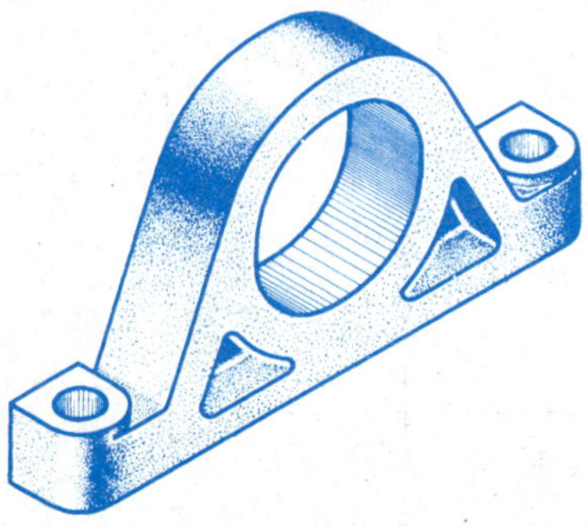

2. 在俯视图的指定位置画断面图，并分析该断面图与主视图上的断面图有何不同之处。

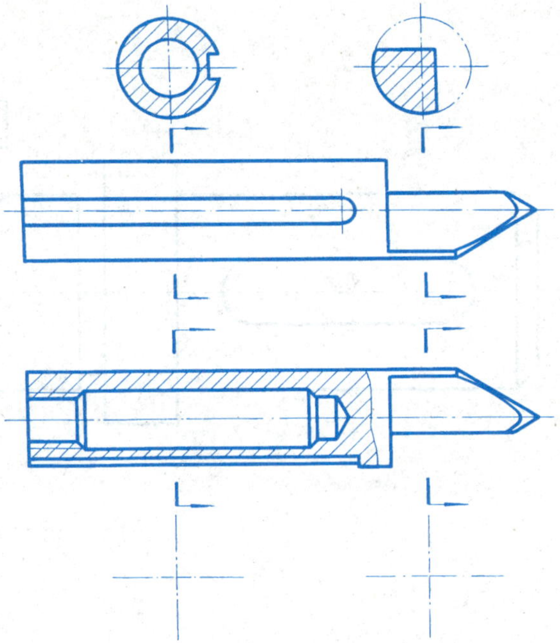

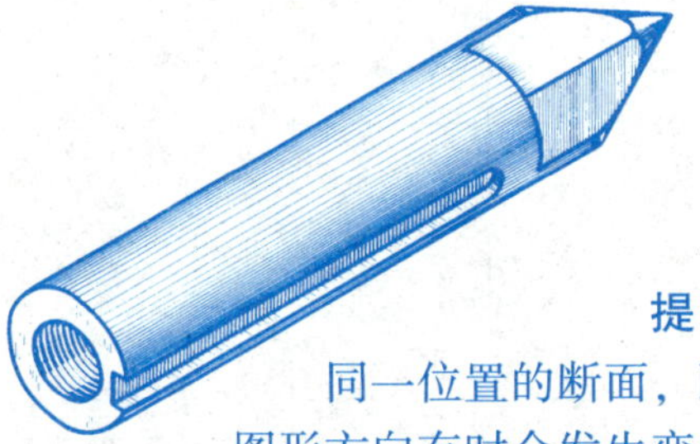

提　　示

同一位置的断面，画在不同视图上，其图形方向有时会发生变化。因此，为便于看图，断面画在哪个视图上应有所选择。

6-22 按规定画法画剖视图。

1. 完成全剖的主视图。

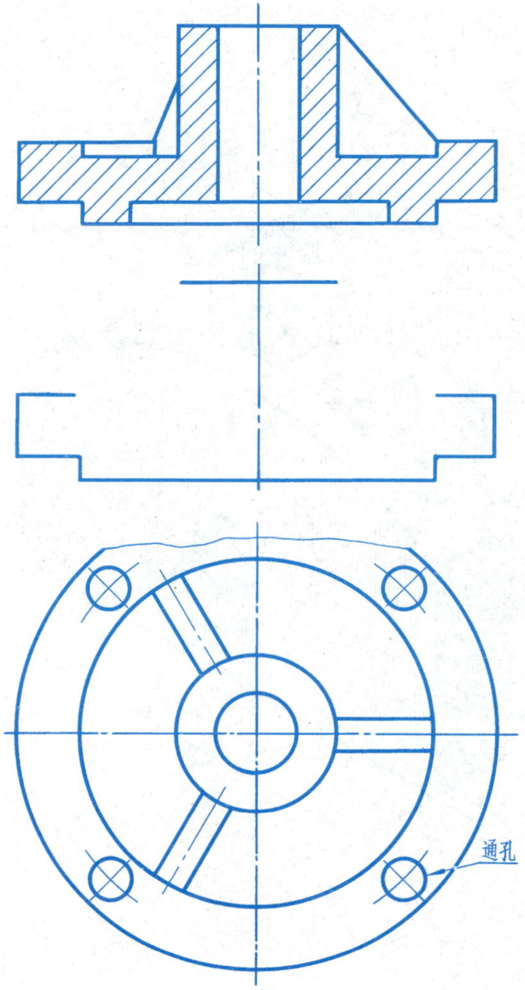

2. 完成半剖的主视图和全剖的俯视图，并画出 B—B 移出断面图。

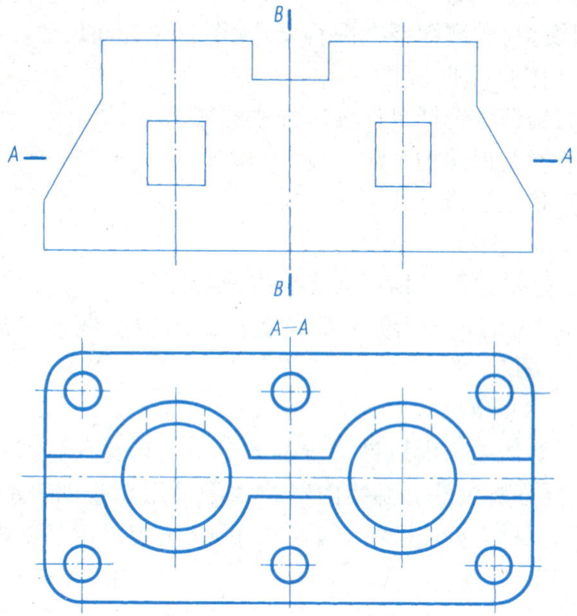

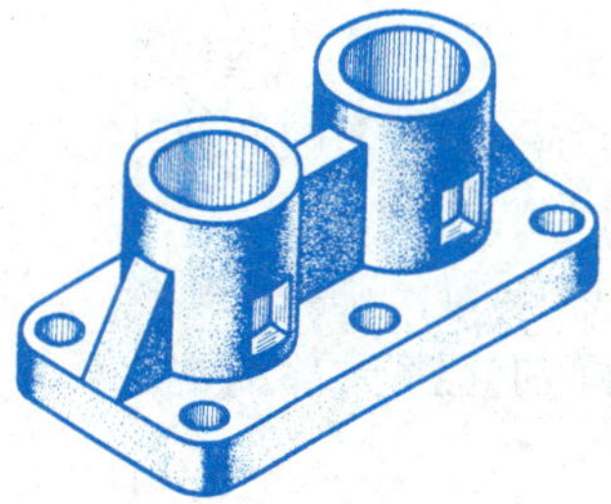

班级　　　　姓名　　　　学号

作业6 画 剖 视 图

（一）作业内容

根据模型（轴测图或视图）画剖视图，并标注尺寸。

（二）作业目的

1）初步训练选择机件表达方法的能力。

2）掌握剖视图的画法。

（三）作业要求

1）用A3图纸。

2）自己选定图纸横放或竖放以及绘图比例。

3）合理布局，用细实线画底稿，用粗实线按序加深，完成全图。

（四）注意事项

1）在看清或想出机件形状的基础上，考虑应选取哪些视图，再分析机件上哪些内部结构需采用剖视图表达，怎样剖切。可多考虑几种方案，并进行比较，再从中选出恰当的表达方案。

2）剖视图应直接画出，不应先画视图，再将其改成剖视图。

3）剖面线不画底稿线，而在描深时一次画成。这样既能保证剖面线的清晰，又便于控制各个视图中剖面线的方向、间隔一致，还有利于提高绘图速度。

4）要注意区分哪些剖切位置线可以不画，哪些必须画出、注明，怎样画、怎样注？并应特别注意局部剖视图中波浪线的画法。

5）应用形体分析法标注尺寸，确保所注尺寸既不遗漏也不重复（不应从轴测图或视图上照搬）。

（五）图例（见下图）

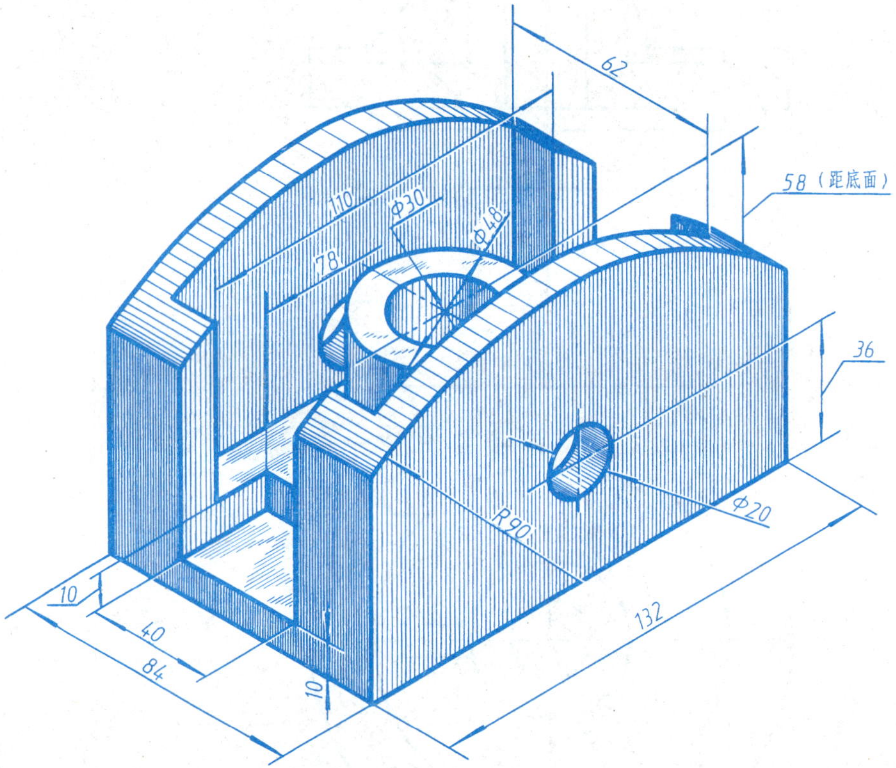

（该机件左右、前后均为对称结构）

班级 姓名 学号

6-24 根据轴测图画剖视图。

1.

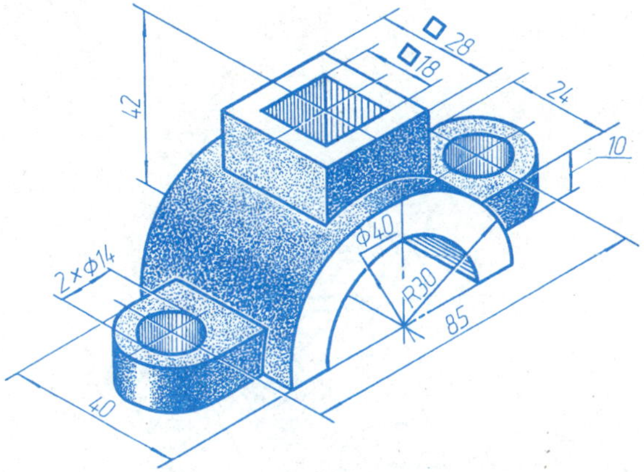

2.

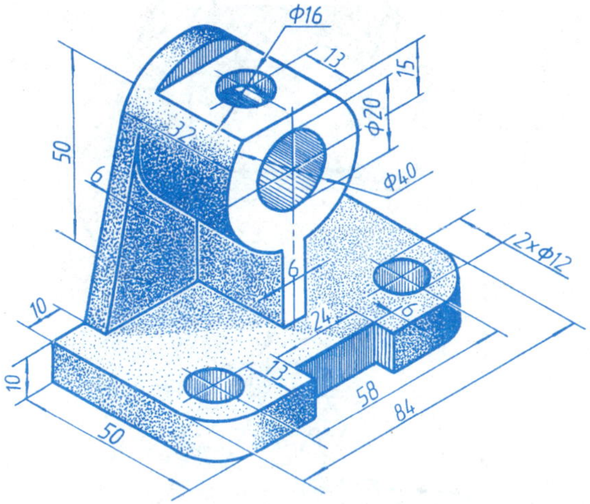

3.

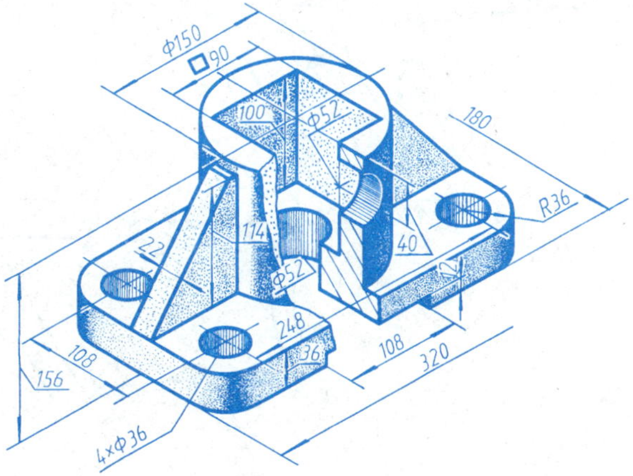

4.

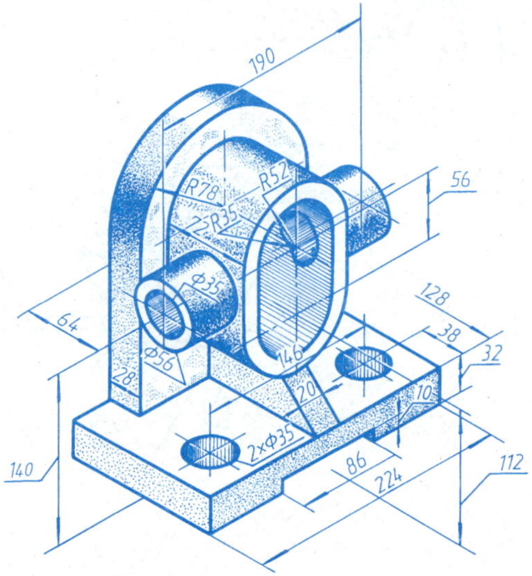

班级 姓名 学号

6-25 根据轴测图画剖视图。

1.

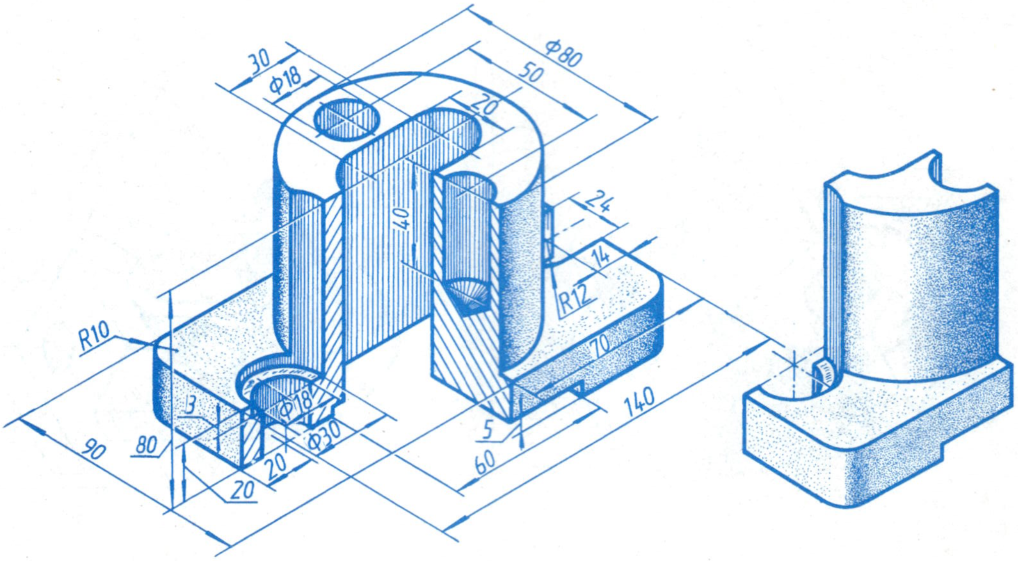

2.

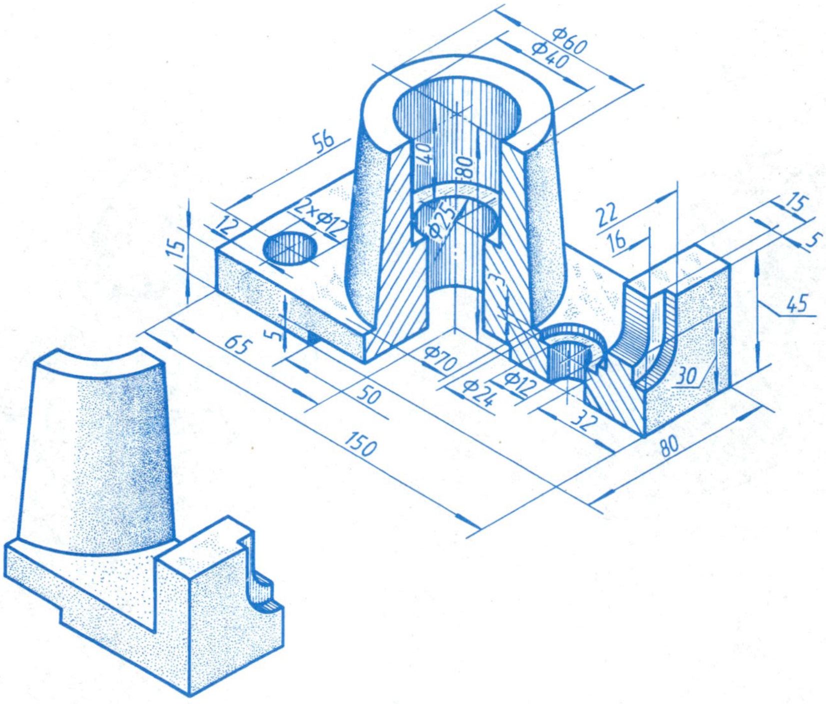

6-26　根据视图画剖视图，要求画出三个视图。

1.

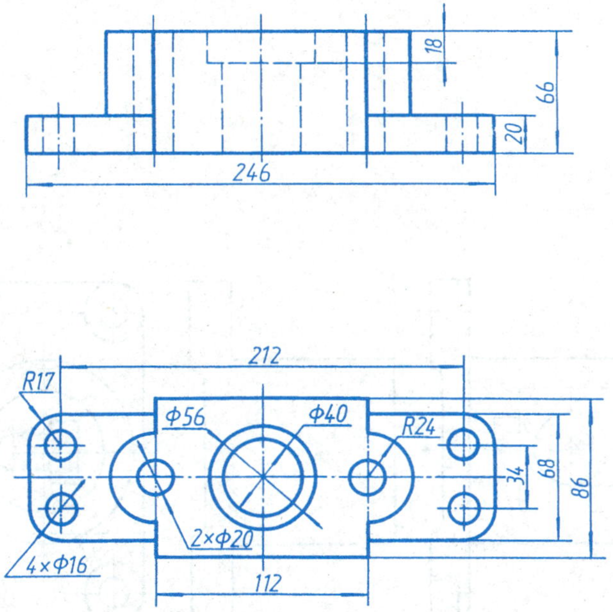

2.

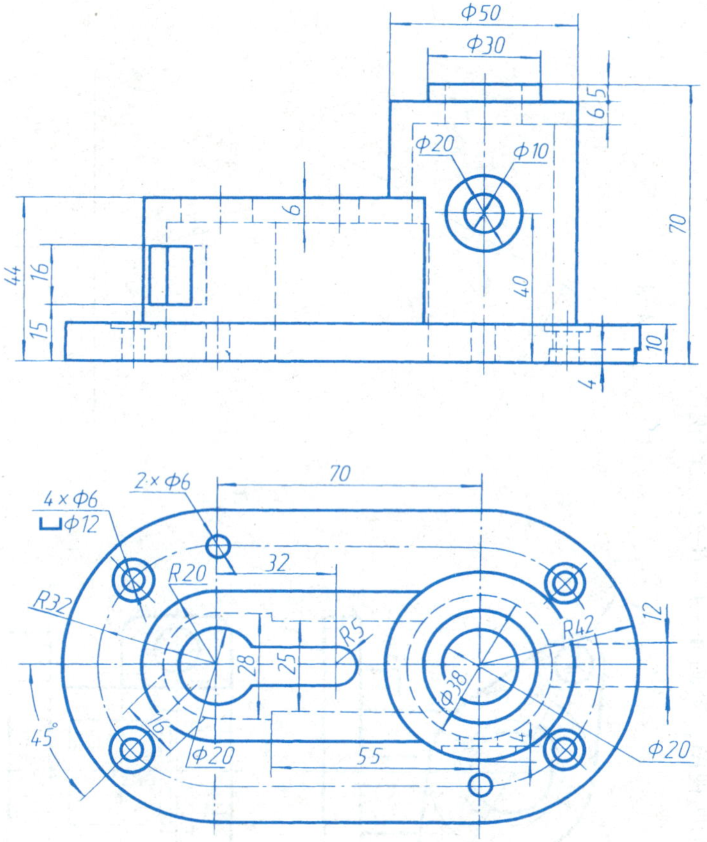

班级　　　　　　　　姓名　　　　　　　　学号

6-27　根据两视图补画剖视图(选做题,答案见 192 页,其轴测图见 191 页 5、6)。

1. 根据主、俯两视图，补画 $A—A$、$B—B$ 全剖视图。

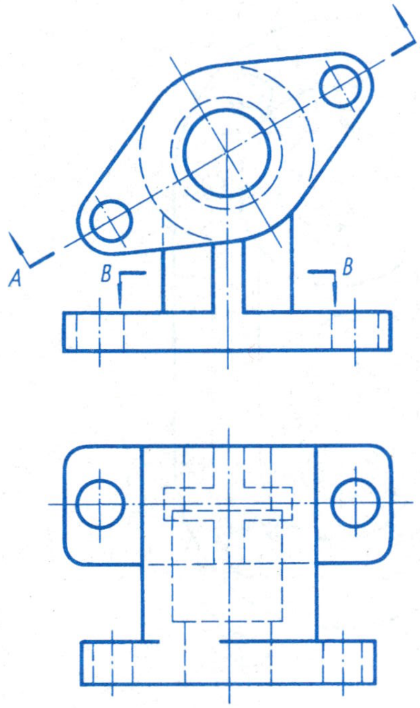

A—A

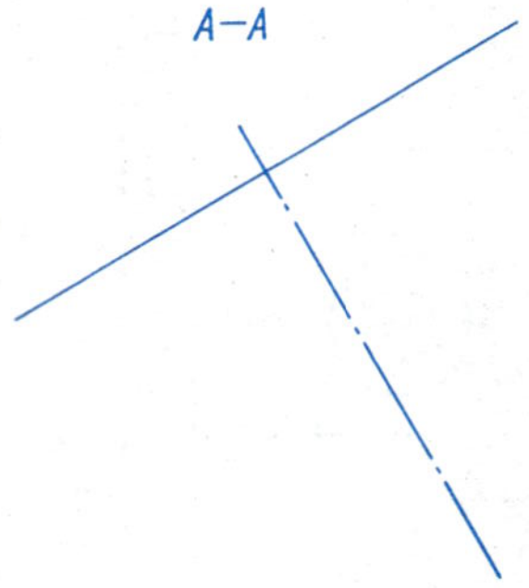

B—B

2. 将主视图改画成半剖视图，并补画全剖视的左视图。

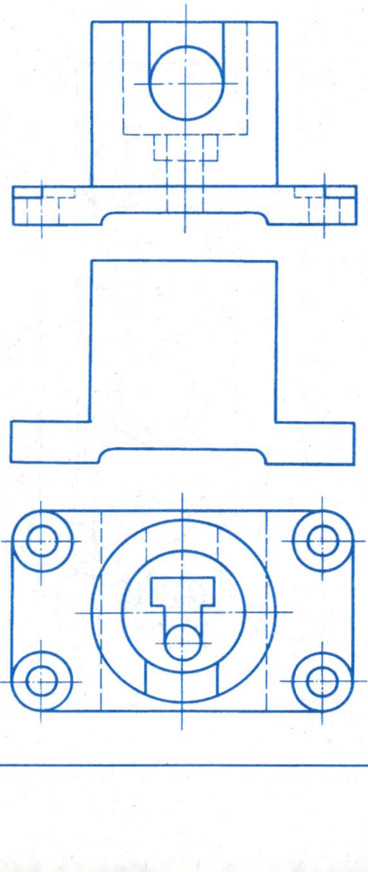

班级　　姓名　　学号

6-28　第三角画法。

1. 根据轴测图，徒手画出六个基本视图。

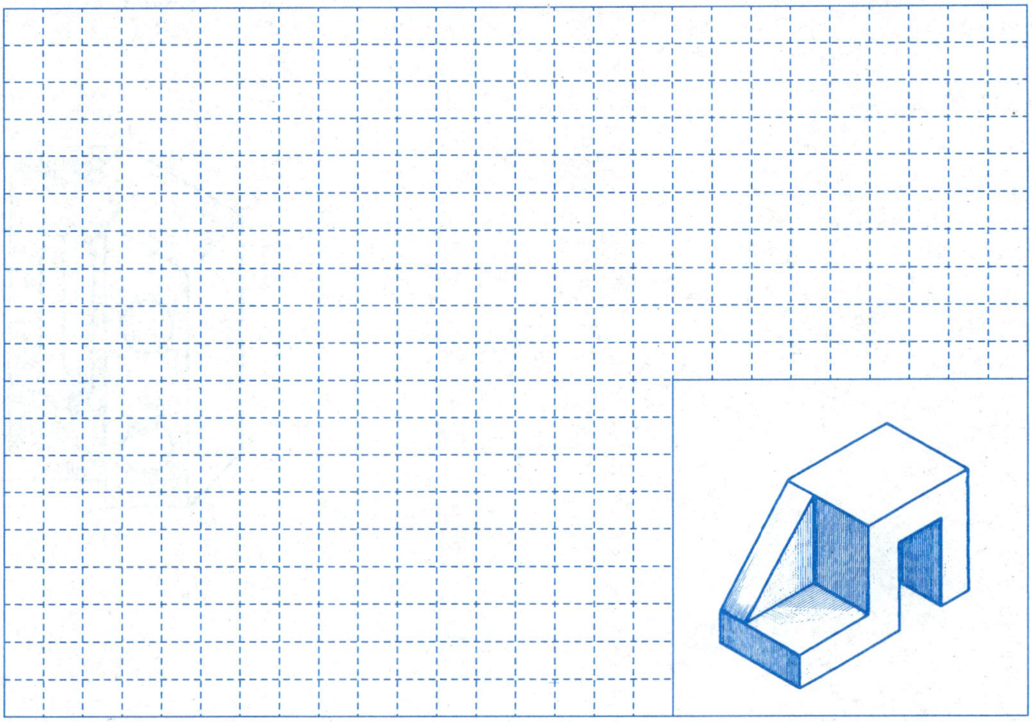

2. 根据主、俯、右三视图，补画左、仰、后三视图。

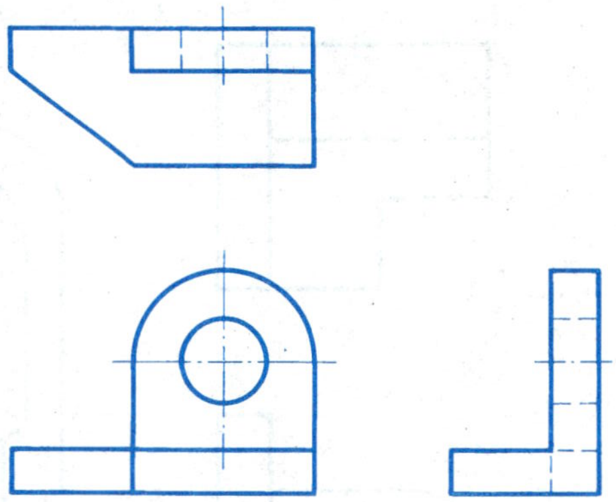

班级

姓名

学号

6-29 第三角画法。

1. 根据主视图和右视图，补画俯视图。

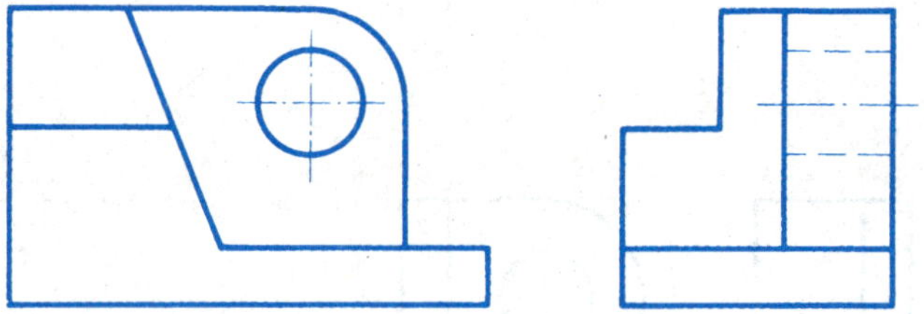

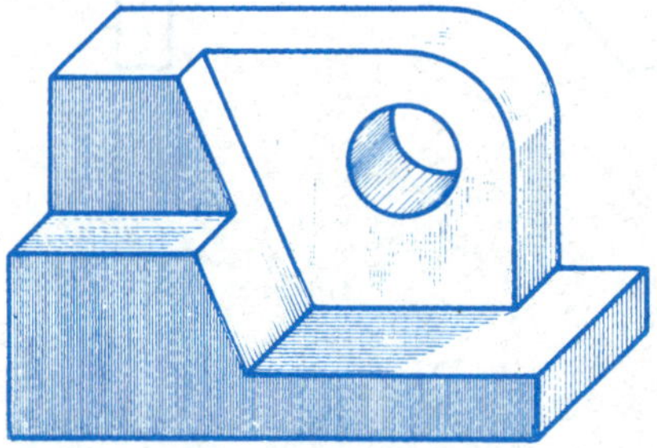

2. 根据轴测图，画出主视图、俯视图和右视图(尺寸从图中量取,两圆孔为通孔)。

班级 姓名 学号

点拨重点　指导学法

本章所研究的螺纹、齿轮、键、销、轴承、弹簧等内容各自独立，形状、功用各不相同。因为它们的用途极广、用量极大，种类、形式、规格繁多，加之投影图难画，也无必要按其真形绘制，所以国家标准将这些件的结构、尺寸已全部或部分地予以标准化，且除齿轮外，多由专门工厂生产。

鉴于本章内容的特殊性：①机件的种类多、涉及面广；②知识零散，关联性不强；③画法欠真实，且有相应规定；④种类、形式、规格多，以标记、标注的形式表示；⑤应用面宽，具有实用价值等，学习时应采取与之适应的如下学习方法。

（一）多研究图例，多勾画草图，多观察实物，切实掌握画法

联接件是学习机械制图应掌握的最起码的基本知识，因为识读、绘制每一张零件图和装配图几乎都会用到它。在零件图中，用得最多的是普通螺纹、管螺纹和梯形螺纹的画法，以及普通平键槽的画法和尺寸标注法。在装配图中，螺栓联接、双头螺柱联接、螺钉联接是最常用的联接方式，而平键联结和销联接也会经常用到。因此，必须熟练地掌握它们的画法。在以往的教学中发现，学生理解规定画法并不困难，但在画图时却往往出错；或是学习时尚能画对，过一段时间再画，又可能会出现多处错误。为避免此类现象的发生，建议：①仔细研究书中的图例，真正弄懂它们的画法，进而完成作业；②为更好地掌握其画法，应多以草图的形式进行默画，并逐遍地找错，以加深记忆；③联接件在机械、电气等设备上比比皆是，散件也随处可见。通过多观察可体会到，这些画法虽为硬性规定，但也近乎实物及其联接情况的形象表意，也较合乎情理。增加这些感性认识，画图时脑海中有其形象在闪现，对掌握它们的画法会大有帮助。

（二）多翻阅手册，掌握查表的方法

手册的种类很多，一般是将行业常用标准、知识加以综合编汇而成，内容丰厚，涵盖面广。在实际工作中，技术人员常常依赖于它。仅就标准件而言，设计绘图时，选型号、定标记要靠它；看图时，也将根据图中的标注通过查阅相应标准核查其规格和尺寸，从而为加工（如加工螺孔、钻铰销孔等）做准备，或为装配而筹集或购置所需的件。

“表”是指配套教材后附的表，它们是相应标准中的一部分，均为摘录。学习本课或做习题时，应学会查阅这些附表的方法，从而为查阅内容繁杂的手册奠定基础。

总之，具有查阅手册的能力是很重要的。多翻阅，会查表，不仅能增长新知识，而且能提高工作效率和质量。

（三）要与相关课的学习结合起来

本章内容是从机械制图教学需求的角度编写的。因为内容有限，加之大部分件的结构都有标准，画法均有规定，而小小螺钉又往往给人留下无足轻重的印象，所以可能会使读者造成一种误解，认为枯燥、乏味，甚至没什么可学的。其实不然，从需用的角度讲，除掌握画法和标记外，还应知晓它们的形式、精度、性能等级或材料、热处理以及其他技术要求等。也就是说，在制造时，对这些件的性能和技术条件的检测要求比较高，涉及的知识内容范围较广，内容层次较深，而这些内容将在相关课中予以讲述，故欲掌握并运用好本章知识还应与相关课程的学习有机地结合起来。只有综合掌握这些知识，在设计绘图时才能根据设备的使用需求合理地提出各项性能指标，或在遇到不明的标记时，才能在浩如烟海的资料中查找到，以便外购。再者，只有综合运用这些知识，才能熟练地进行查“表”。

（四）正确处理“掌握”与“背记”之间的关系

常用件的齿轮既有画法、尺寸注法，又有许多计算公式。这些知识重在理解，并在此基础上重点掌握直齿圆柱齿轮的画法。因为锥齿轮和蜗杆蜗轮的画法基本与此相似，所以只要把直齿圆柱齿轮的画法弄清，其他即可迎刃而解。

齿轮的功用是传递动力、改变运动方向和速度，其画法：齿顶圆用粗实线、分度圆用细点画线、齿根圆用细实线（不剖）或粗实线（投影为非圆的剖视图）绘制。一对啮合的齿轮剖开时，在啮合区要画五条线：三条粗实线（两齿轮的齿根线及主动轮的齿顶线）、一条细虚线（从动轮的齿顶线）、一条细点画线（节线）。

直齿圆柱齿轮的齿向与轴线平行，其齿数为 z，模数为 m，分度圆直径 $d=mz$。

各种齿轮的尺寸计算公式不要死记硬背，即使是背记下来，实际计算、画图时也不能以此为据，一怕有误，二怕项目不全。也就是说，实际工作时，尺寸计算必须依据手册等进行。

7-2 螺孔的加工和内、外螺纹的画法(做题前必读)。

1. 螺孔的加工过程及内、外螺纹联接的画法。

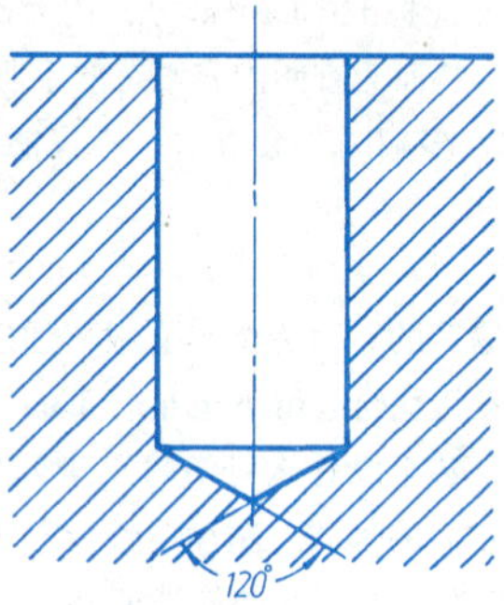

先钻光孔，顶角为 120°

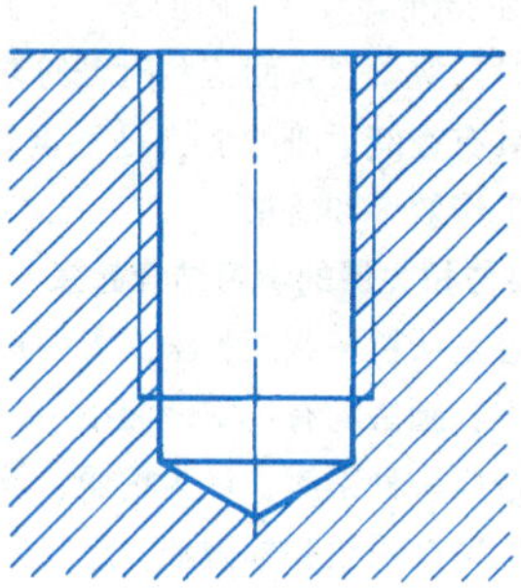

再加工成螺孔

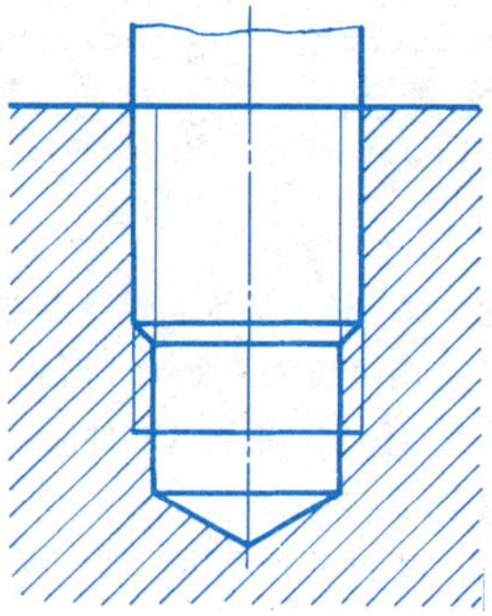

内、外螺纹联接画法：其旋合部分按外螺纹的画法绘制，其余部分的画法不变。表示外螺纹的牙顶线和牙底线必须分别与内螺纹的牙底线和牙顶线对齐。

2. 光孔底部 120°角的形成及其尺寸注法。

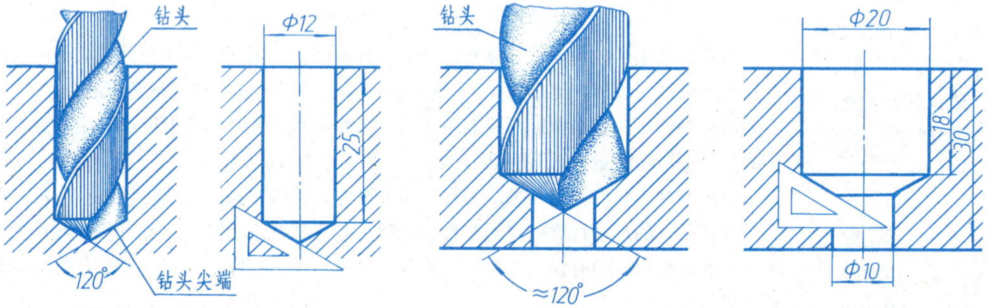

a)　　b)　　c)　　d)

由于钻头的尖角接近 120°，用它钻出的不通孔，底部便有一个顶角接近 120°的圆锥面，在图中，因钻尖而成的圆锥孔，顶角要画成 120°，但不必注尺寸，如左图 b、d 所示。钻孔深度不包括圆锥部分。

两级钻孔的过渡处也存在 120°的部分钻尖角，如左图 d 所示，作图时要注意画出。

班级　　　　姓名　　　　学号

7-3　分析下列螺纹及螺纹联接画法中的错误，并在空白处或指定位置画出正确的图形。

1.

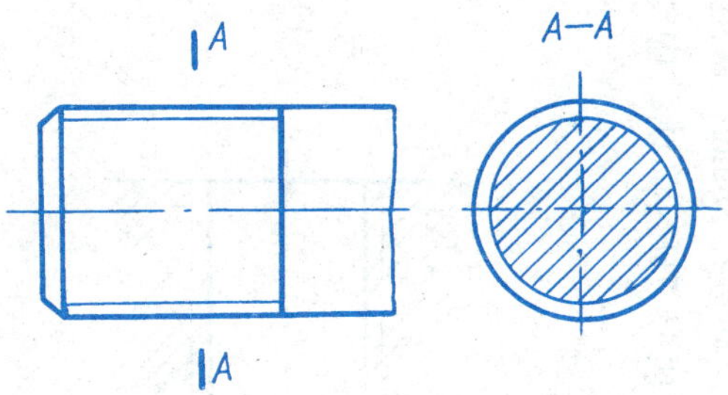

2.

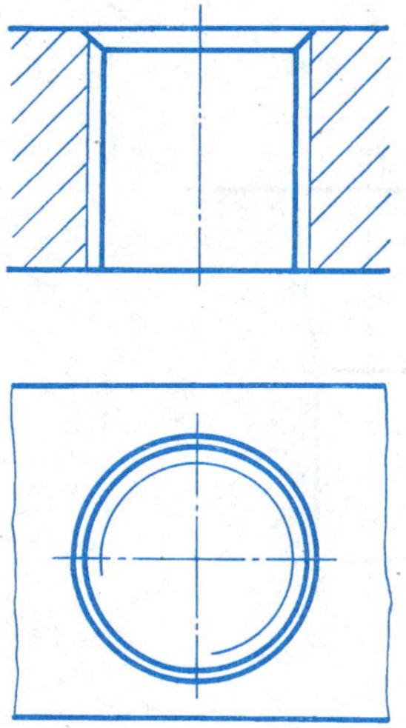

3.

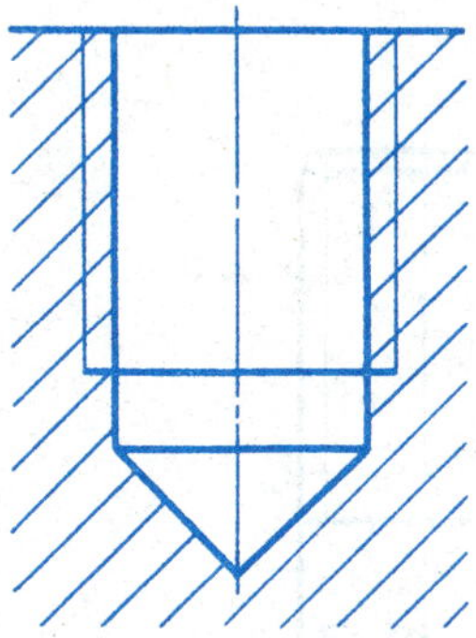

4.

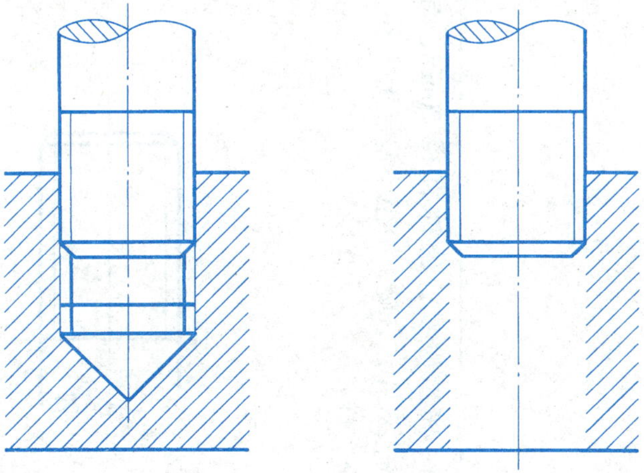

5.

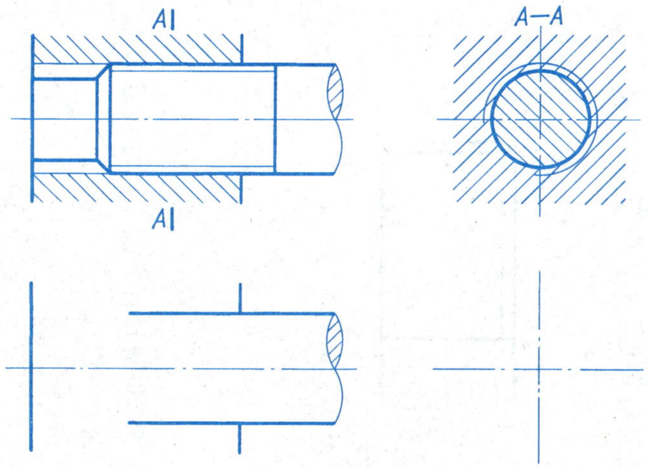

班级　　　　　　姓名　　　　　　学号

7-4 根据给定的螺纹要素，按规定进行标注。

1. 普通螺纹，大径 16mm，右旋，中径、顶径公差带代号 6g，中等旋合长度。

2. 细牙普通螺纹，大径 18mm，螺距 1.5mm，左旋，中径、顶径公差带代号 6h，中等旋合长度。

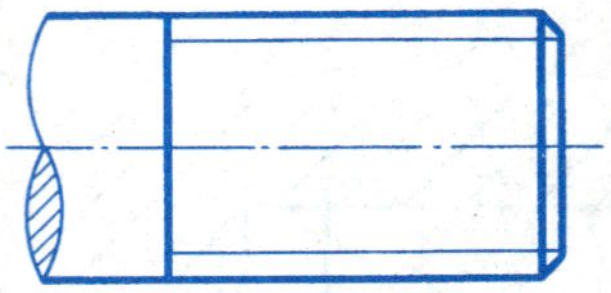

3. 55°非密封管螺纹，尺寸代号 3/4，左旋，公差等级 A。

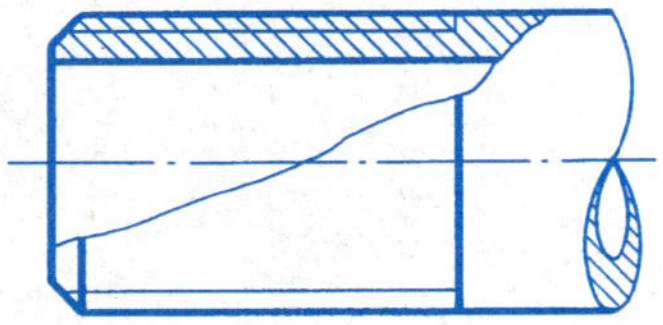

4. 55°密封管螺纹，尺寸代号 1/2，右旋。

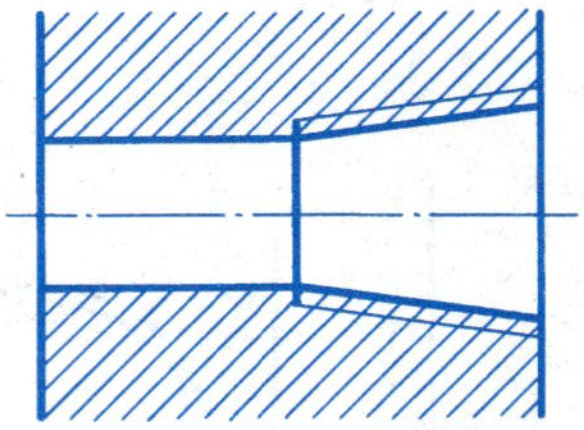

5. 梯形螺纹，公称直径 20mm，导程 8mm，双线，右旋，中径公差带代号 8e，长旋合长度。

6. 锯齿形螺纹，公称直径 38mm，螺距 7mm，左旋，中径公差带代号 7H，单线，中等旋合长度。

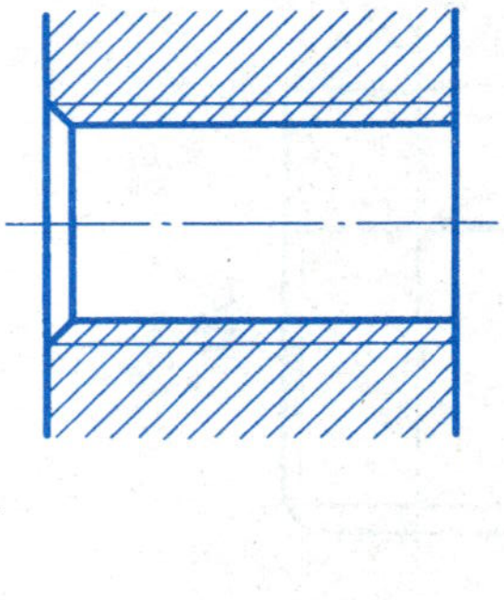

班级 姓名 学号

7-5 查表确定下列各联接件的尺寸，并写出规定标记。

1. 六角头螺栓—C 级。

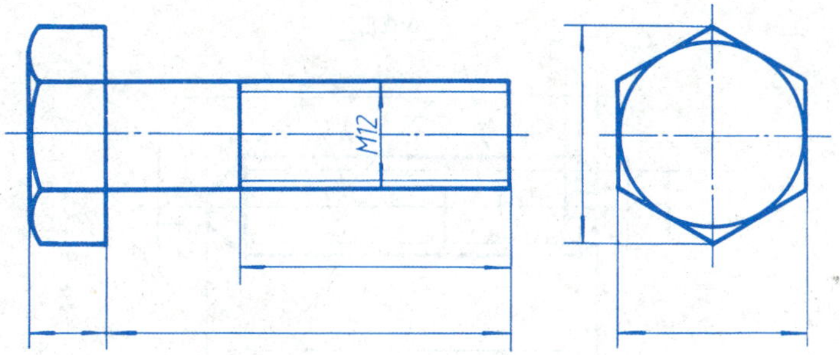

规定标记：________________

2. 1 型六角螺母—A 级。

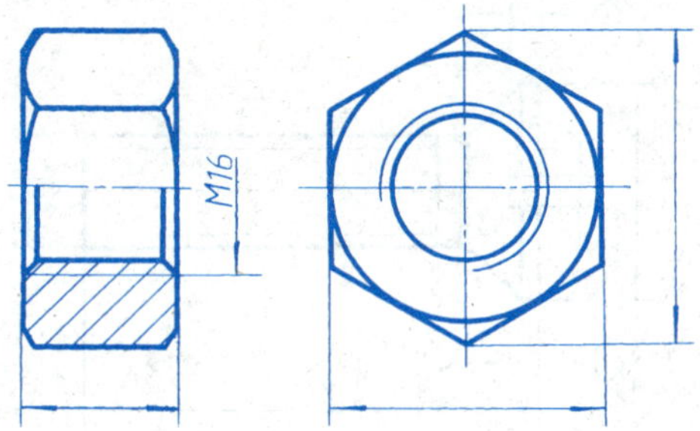

规定标记：________________

3. 双头螺柱（B 型，$b_m = 1.25d$）。

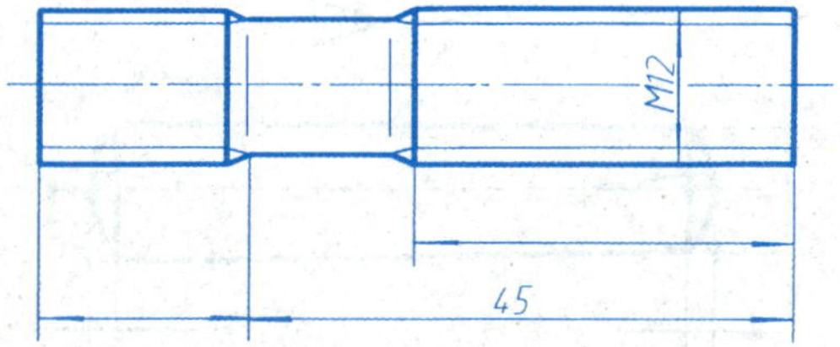

规定标记：________________

4. 平垫圈　倒角型—A 级。

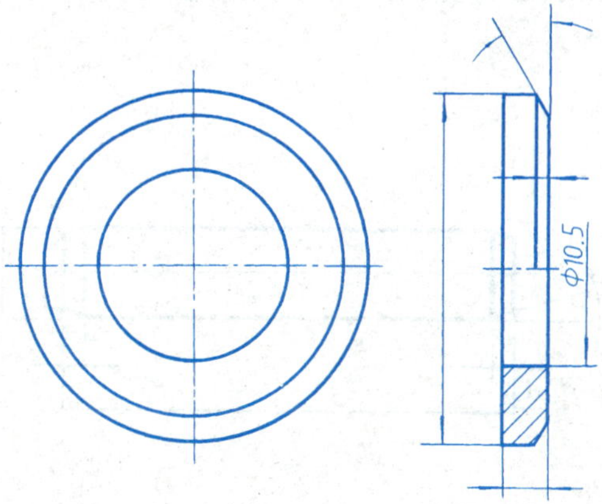

规定标记：________________

班级　　　　姓名　　　　学号

7-6 查表确定下列各联接件的尺寸，并写出规定标记。

1. 开槽沉头螺钉。

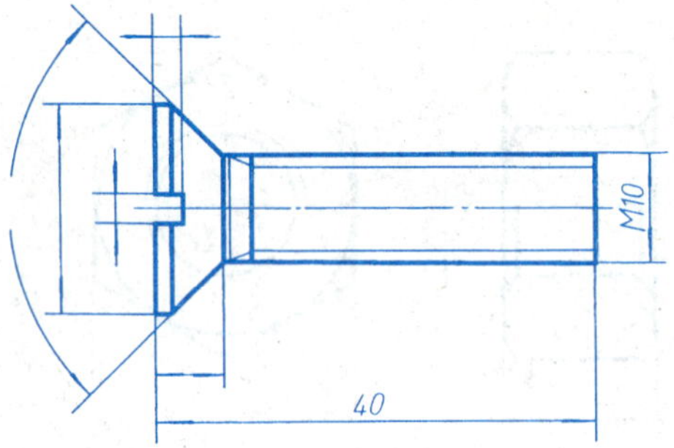

规定标记：____________________

2. 开槽锥端紧定螺钉。

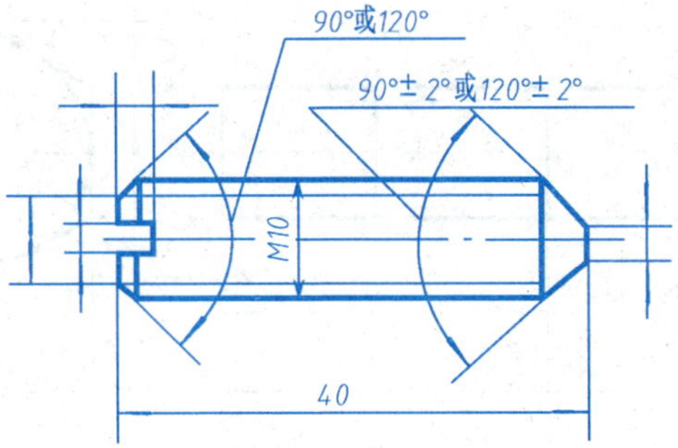

规定标记：____________________

3. 普通圆柱销(公称直径为 8mm,公称长度为 40mm,公差为 h8)。

规定标记：____________________

4. 圆锥销(A 型,公称直径为 8mm,公称长度为 40mm)。

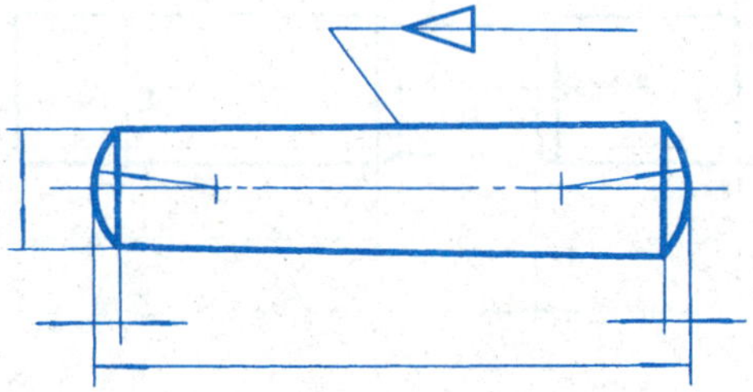

规定标记：____________________

班级　　　　姓名　　　　学号

7-7 螺栓联接与螺钉联接。

1. 补全螺栓联接三视图中所缺的图线。

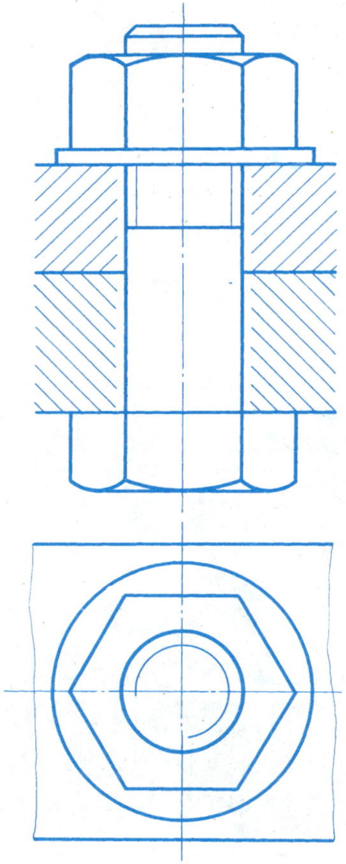

2. 分析螺钉联接两视图中的错误，将正确的图形画在右边。

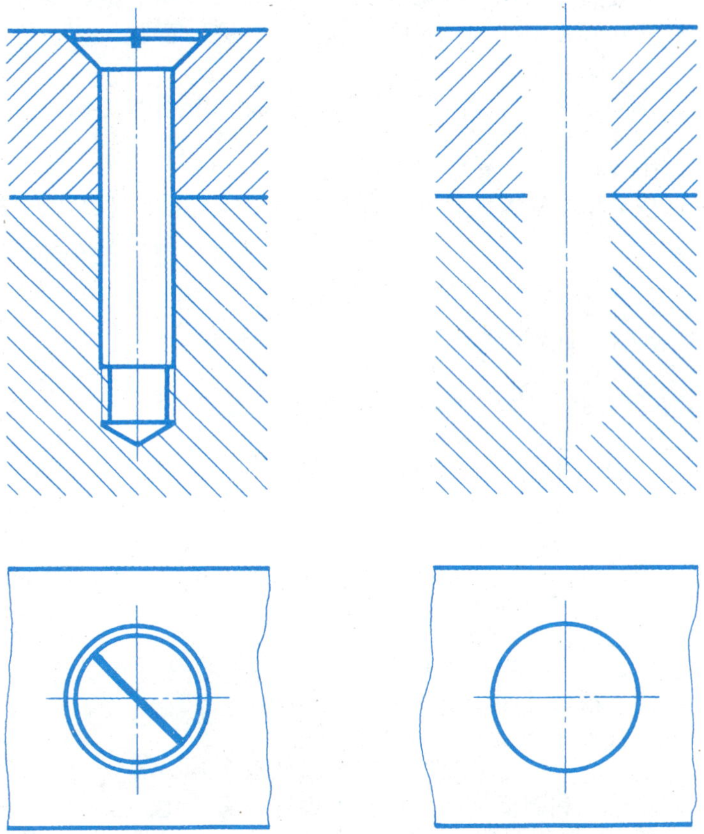

班级　　姓名　　学号

作业 7　螺 栓 联 接

（一）作业内容

用近似画法画出螺栓联接的三视图和双头螺柱联接的两视图。

1）已知螺栓 M20、螺母 M20、平垫圈 20、被联接件厚 $t_1=20\text{mm}$、$t_2=30\text{mm}$。

2）已知双头螺柱 M16、螺母 M16、弹簧垫圈 16、被联接件厚 $t_1=25\text{mm}$、$t_2=50\text{mm}$，螺孔零件材料为铸铁。

（二）作业目的

巩固所学螺纹联接件知识，掌握螺纹联接的作图方法。

（三）作业要求

1）用 A3 图纸，建议采用 1∶1。

2）按给出的螺纹大径和被联接件厚度等资料，计算出画图所需的尺寸，合理布图。

作业 8　直齿圆柱齿轮测绘（应在做完直齿圆柱齿轮习题之后进行）

（一）作业内容

根据实物（或轴测图）测绘一标准直齿圆柱齿轮。

（二）作业目的

了解齿轮测绘的一般方法和步骤。

（三）作业要求

先画草图，再用 A4 图纸画出齿轮工作图。

（四）测绘步骤

1）对齿轮的结构形状进行观察、分析。

2）测量齿顶圆直径、数出齿数、计算齿轮模数后，取标准模数。

3）计算轮齿的各基本尺寸。

4）画出齿轮的草图。

5）测量尺寸，将计算及测得的尺寸数字记入图中。

6）认真检查草图，确认无误后，画成工作图。

（五）注意事项

1）测绘时要注意排除齿轮结构上的缺陷和磨损。

2）轮毂孔和键槽尺寸，均应查表进行标准化。

3）图中应注出模数 m、齿数 z 和压力角 α，应填写在右上角的参数表中。

（六）图例

见右图，轮毂、轮缘斜度为 1∶20，轮齿、轮毂孔倒角为 C2，齿轮材料为 HT150。

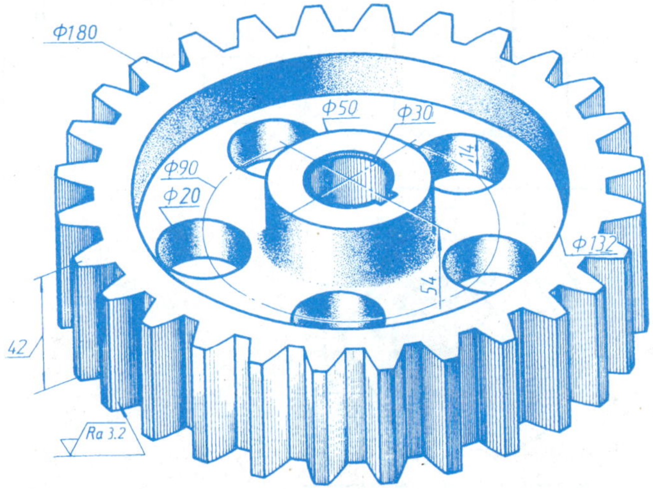

班级　　　　姓名　　　　学号

7-9　已知直齿圆柱齿轮 $m=5mm$、$z=40$，轮齿端部倒角 $C2.5$，完成齿轮两视图(比例为 1∶2)，并注出齿顶圆和分度圆的直径尺寸。

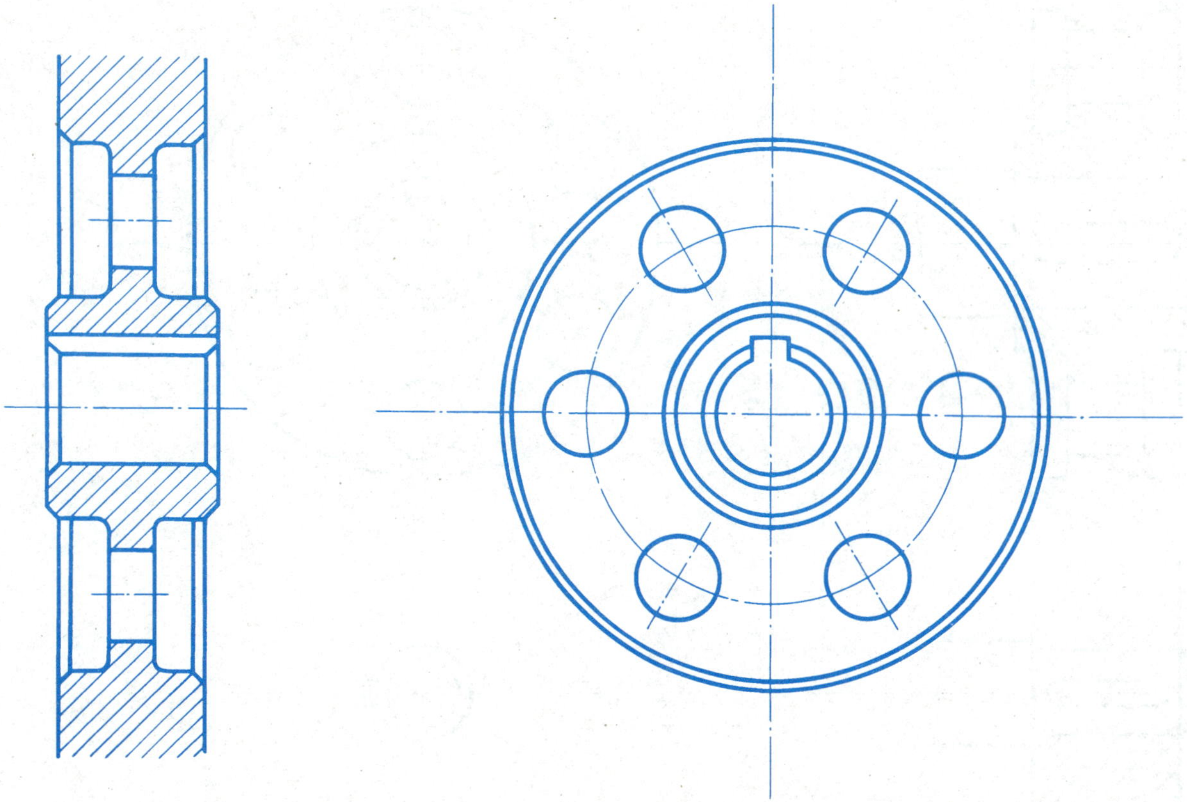

班级　　　　姓名　　　　学号

7-10　已知直齿圆柱大齿轮 $m=4mm$、$z_2=40$，两齿轮中心距 $a=120mm$，试计算齿轮的基本尺寸(填入表中)，按 1：2 完成啮合图。

小齿轮	z_1	
	d_1	
	d_{a1}	
	d_{f1}	
大齿轮	z_2	
	d_2	
	d_{a2}	
	d_{f2}	

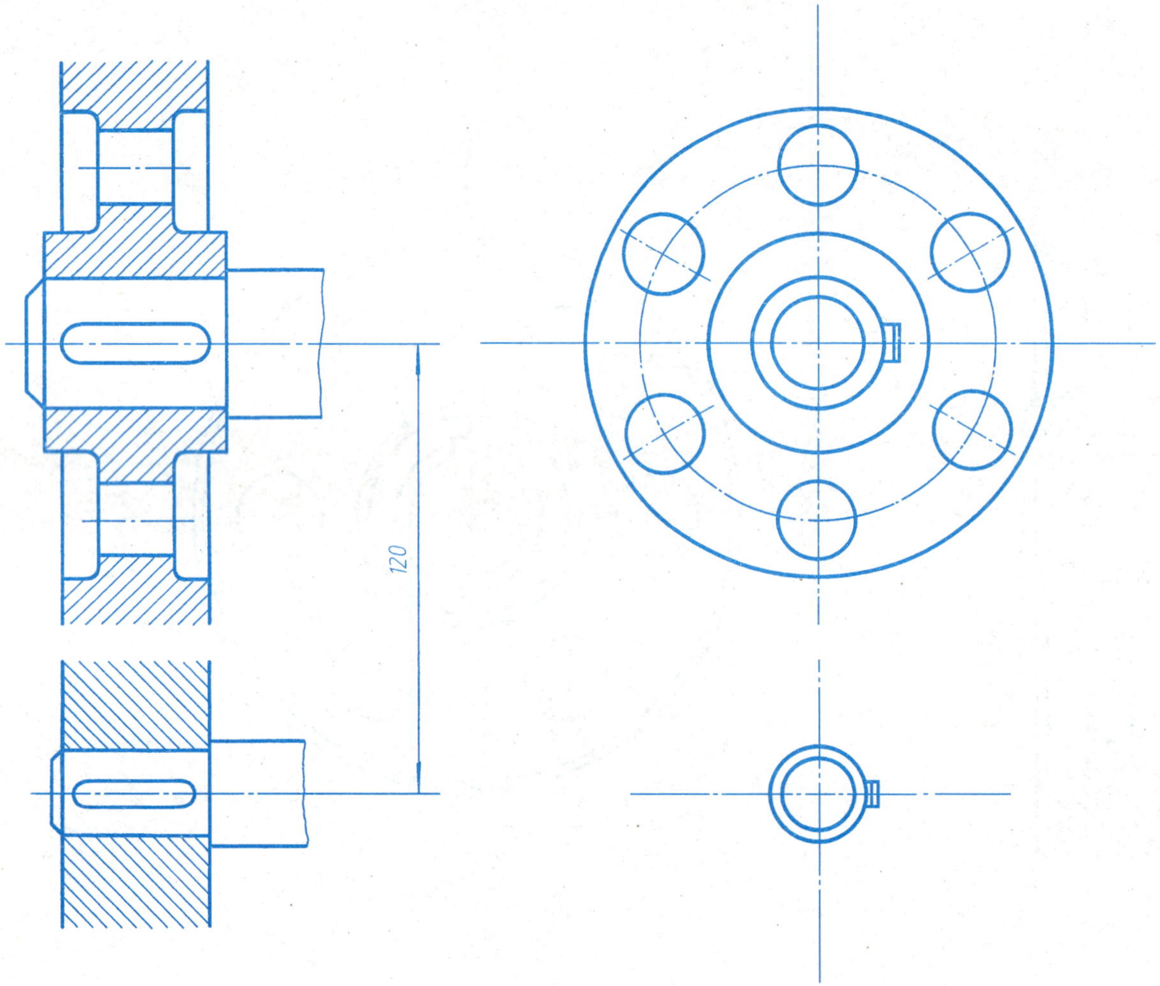

班级　　　　姓名　　　　学号

7-11 键及键联结。

已知轴和齿轮，用 A 型普通平键联结。轴、孔直径为 25mm，键长为 25mm。

1. 按 1 : 1 的比例完成轴和齿轮的图形，并标注轴、孔及键槽尺寸（键宽 b、键高 h，轴的键槽深度 t_1、齿轮的键槽深度 t_2 等尺寸查配套教材附表 12）。

（1）轴

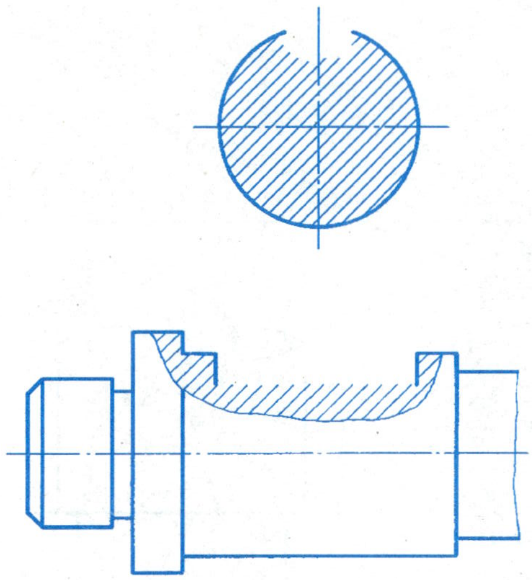

（2）齿轮

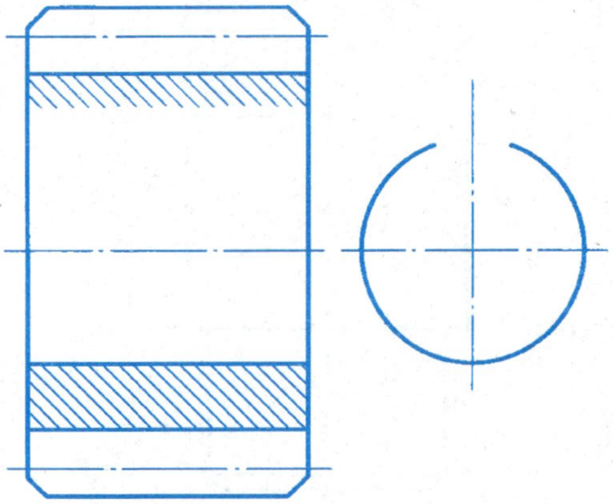

2. 写出键的规定标记。

规定标记：________________。

3. 用键将轴和齿轮联结起来，试完成其联结图。

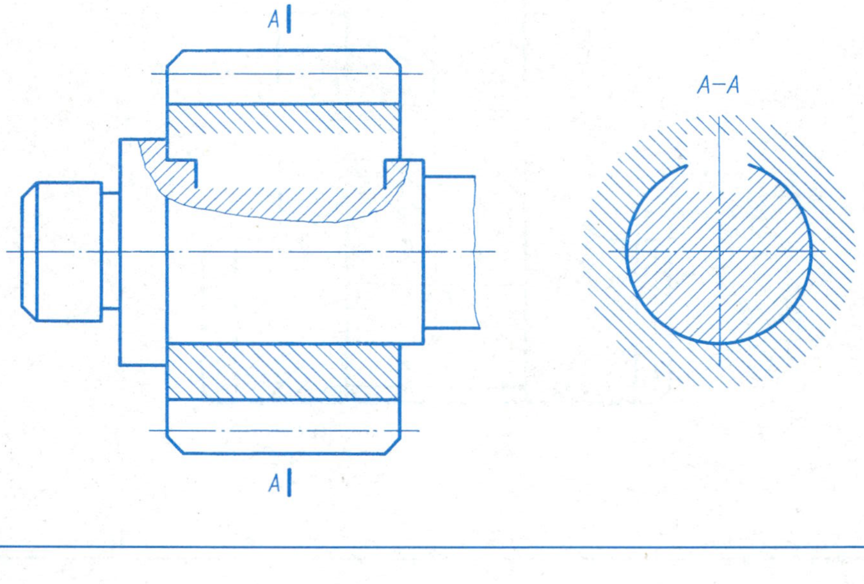

班级

姓名

学号

1. 齿轮与轴用直径为 10mm 的圆柱销联接，完成下图，比例为 1∶1，并写出圆柱销的规定标记。

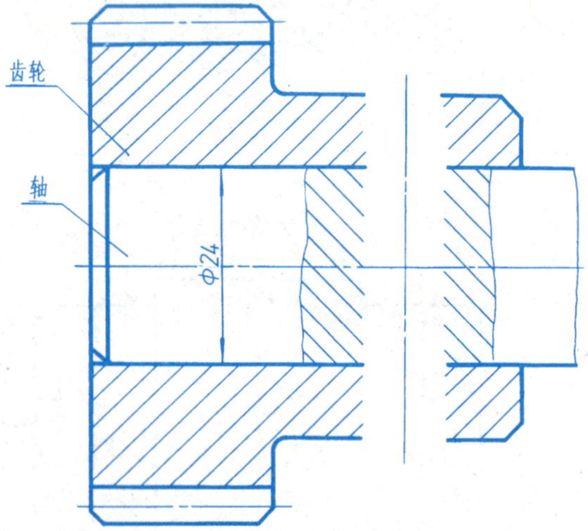

销的规定标记____________________。

2. 用规定画法完成深沟球轴承(6205)在轴端上的装配图。

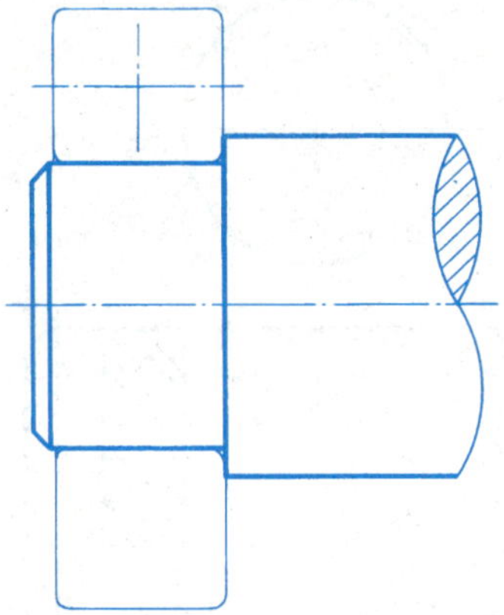

3. 已知圆柱螺旋压缩弹簧的簧丝直径为 5mm，弹簧中径为 40mm，节距为 10mm，弹簧自由长度为 76mm，支承圈数为 2.5，右旋。试画出弹簧的全剖视图。

4. 用规定画法完成圆锥滚子轴承(30205)在轴端上的装配图。

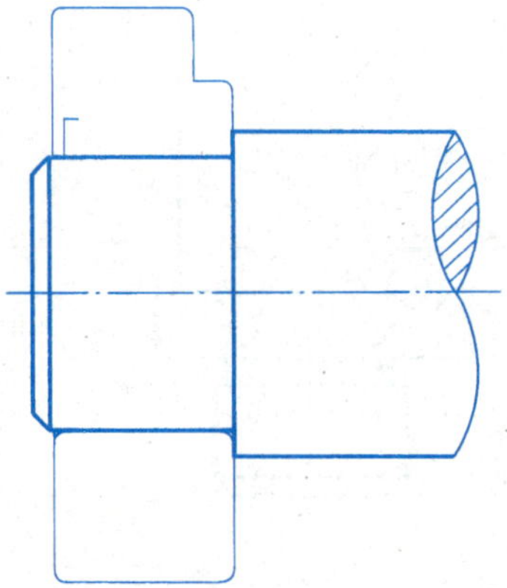

班级 姓名 学号

本章内容特点　　编排作业思路　　完成作业方法

掌握零件图的看图、画图方法，是学习机械制图的两大主要任务之一。

前七章我们已画了很多图，但因图中很少涉及实际知识，所以还不能直接用于生产。本章将重点介绍与生产实际密切相关的知识，所研究的零件图为生产中所需的图样，其主要内容如下：

（1）零件图的视图选择。首先应明确，要把表示物体信息量最多的那个视图作为主视图，通常是物体的工作位置或加工位置或安装位置，其目的是在设计绘图时，使视图基准、尺寸基准、工艺基准、检测基准、安装基准及实现零件功能的工作位置尽可能相一致，以保证质量目的的实现。其他视图(包括剖视图和断面图)的选择，从画零件图开始，则必须遵循第六章“章首寄语”中所述的原则。

（2）零件图的尺寸标注。对零件图中的尺寸标注，要把“正确、完整、清晰、合理”的要求统一考虑。本章主要是研究标注尺寸的合理性问题：①恰当地选择尺寸基准，重要的尺寸要从基准出发单独标注；②所注尺寸应符合工艺要求(按加工顺序标注尺寸，按加工要求标注尺寸，按测量要求标注尺寸)；③避免注成封闭的尺寸链。

（3）零件结构的合理性。如铸造工艺方面的铸造圆角、起模斜度、过渡线、铸件壁厚结构；加工工艺方面的倒角和倒圆、退刀槽和砂轮越程槽、凸台和凹坑、钻孔和沉孔结构等。

（4）零件图中技术要求的注写。它们主要是对零件的加工和检测提出具体的质量要求。如需注出零件各个表面的粗糙程度(表面粗糙度)；尺寸的精确程度、两零件结合时的松紧程度(极限与配合)；零件上加工平面的“平”的程度、相互平行两平面的平行程度(几何公差)等。

可见，零件图与此前的图之间的关系似乎可以这样比喻：先前的图好比已建起的民宅主体，虽可遮风挡雨，但还不能入住；零件图好比在此基础上装上电气、煤气、暖气、给排水系统，并予以得体的装修，才能成为实用的住房。明确了主攻方向，就应在原有图形的基础上，再精心地“添砖加瓦”，使其尽善尽美。

了解了本章的内容特点，就应采用相应的学习方法和完成作业的方法。

（1）将完成作业与实战演练结合起来。做作业，纸上谈兵，有错就改。工作时，图样出错则要追究责任。因此，做作业时应以“图纸脱手就要负责”的态度看懂图、画好图，不要敷衍了事，要将完成作业当作实战演练。这样既可检验知识的掌握程度，又可提高学习效果。

（2）将独立完成作业与开展讨论结合起来。看、画较复杂的零件图对谁都非易事，何况初学者。看懂图需要的是耐心、细致。作业一定要独立完成。有问题要请教书本，察看图例，然后再与同学进行讨论：从形体表达到尺寸标注；从零件的功用到技术要求的注写；既要分析设计者的意图，又要考虑加工者的方便；既要保证质量，又要有经济观念。这样，才能集思广益，收到良好的学习效果。

（3）将新知识与旧知识有机地结合起来。本章有许多知识是在旧知识的基础上提出的。因此，只有将新旧知识加以综合、融会，运用起来才能奏效。譬如，零件图的尺寸标注只重点提出一个合理性问题，其实前面所述标注尺寸的正确性、完整性、清晰性也非常重要。这就应有意识地复习旧知识，将新旧知识编织成网，按类别或系统分别构建起知识体系。这是一种极为有效的学习方法，它会培养你具有居高临下分析问题、解决问题的能力。

（4）将书本知识与实践知识结合起来。看、画零件图需要书本知识，更需要实践知识。有制图理论的人，有时看图没有实践经验丰富的老工人来得快，或者看后心里没底，不敢放手，就足以说明这个问题。因此，我们应利用一切机会(如认识实习、生产实习等)学习、积累实践知识。此外，还要与后续课程的学习结合起来。至于现时看图、画图可能尚达不到生产实际要求的问题，随着实践经验的增长是完全可以解决的。

班级　　　　姓名　　　　学号

8-2 根据轴测图画零件图，并标注尺寸，比例为 1：2(可根据教学进度分阶段完成)。

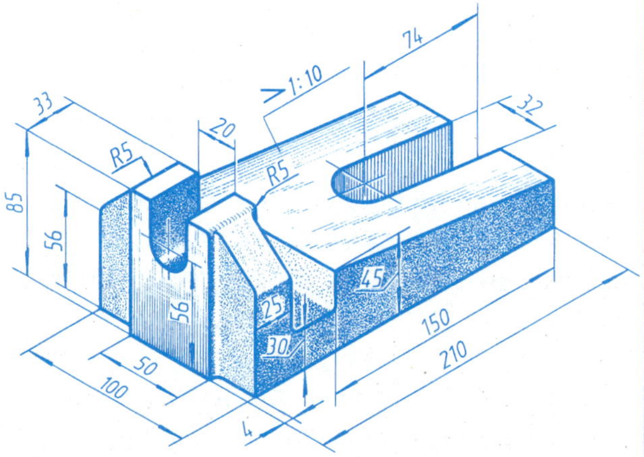

名称：底座

材料：HT200

班级 姓名 学号

调理思路 **解疑释惑**

前面提及的尺寸是仅就一个孤立的件，单纯从反映其各部分大小和相对位置的角度出发标注的。零件图中的尺寸应在此基础上，将零件归入机器整体之中通盘考虑，即把零件在机器中的位置、作用及与相邻零件的配合、连接关系表示出来，这就必然涉及尺寸基准的选择问题。然而，选好尺寸基准并非易事。因其分类较乱、种类较多且有些相混，难以准确地掌握，所以初学者选择基准时，往往有难以下手之感。为此，有必要就此和标注尺寸的有关问题，再以问答形式简述如下：

(1) 什么是尺寸基准？基准是标注尺寸的起点。它是指零件上的几何元素——面(加工面、对称面等)、线(回转体轴线等)或点(本节未涉及)。

(2) 为何要选择尺寸基准？选择基准是为了更准确地确定零件在机器中的位置，或零件上几何元素之间的位置，也是为了确定在制造、加工零件时测量尺寸的起点位置。总之，选择尺寸基准是为了使零件既符合设计要求，又便于加工和测量，以提高零件的制作精度和机器的装配质量。

(3) 尺寸基准有哪些？它们之间有何关系？根据使用场合和作用的不同，尺寸基准可分为设计基准和工艺基准。根据重要程度的不同，尺寸基准可分为主要基准和辅助基准，它们一般是在零件长、宽、高三个方向上加以区分的，即当同一方向上具有多个尺寸基准时，其中最重要的基准为主要基准，其余基准为辅助基准(主要基准和辅助基准之间必须直接有尺寸相联系)。

在一般情况下，设计基准既是主要基准，也是工艺基准。工艺基准多为辅助基准，有的也是设计基准，这就是基准统一原则。

(4) 怎样选择尺寸基准？应优先选择设计基准，以使零件符合设计要求；其次选择工艺基准，以便于零件的加工、定位、测量和装配。最好是将两者统一起来，同时满足两者的要求。如不能统一，应各自独立，即重要尺寸从设计基准引出，其他尺寸由工艺基准引出。

(5) 标注尺寸的关键是什么？“重要尺寸单独注出”是标注尺寸的关键。因为尺寸单独注出，只有一次加工误差，尺寸精度容易得到保证，进而保证其装配质量和机器的性能，以达到设计要求。此外，只要将重要尺寸单独标注出来，就会很少出现封闭的尺寸链。

重要尺寸一般占尺寸总数的10%~20%，其余为一般尺寸(满足零件的强度和刚度要求，对误差要求不严)和不重要尺寸(对零件精度、工作性能以及强度、刚度的影响不大，允许有较大误差)。鉴此，重要尺寸应尽量从设计基准出发单独标注，一般尺寸多从工艺基准出发标注，不重要的尺寸则往往作为尺寸链中的开口环，不注尺寸。

初学者标注尺寸常犯的毛病是，不分主次，见“缝”就拉线，凡尺寸皆从基准出发，其结果好似排列整齐的电线杆。这样标注，一无必要，二难测量。再者，都以底面为基准，则无法同时保证那些要求较高的尺寸的精度，故应避免。

(6) 标注尺寸的方法和步骤是什么？

1) 分析零件在机器中的作用、装配连接关系，并根据其结构特点和加工过程选择尺寸基准。

2) 按设计要求标注重要尺寸，其中最重要的尺寸要从设计基准引出。

3) 考虑工艺要求，注出其他尺寸。

4) 用形体分析法检查尺寸(补全遗漏尺寸，去掉多余尺寸)。尺寸的配置要清晰，注法应符合标准规定。

总之，对零件图尺寸标注总的要求是正确、完整、清晰、合理。若注得合理，就得选好尺寸基准。但目前不要对“基准”咬文嚼字，刻意追求。因为真正理解其含意，必须具备较多的设计、工艺知识。这就要在专业课的学习及生产实践中不断积累，以逐步达到标注尺寸的合理性要求。

班级　　　　姓名　　　　学号

8-4 看懂一对轴承座、盖的零件图，并补画所缺的尺寸(注意相关尺寸的一致性)。

1.

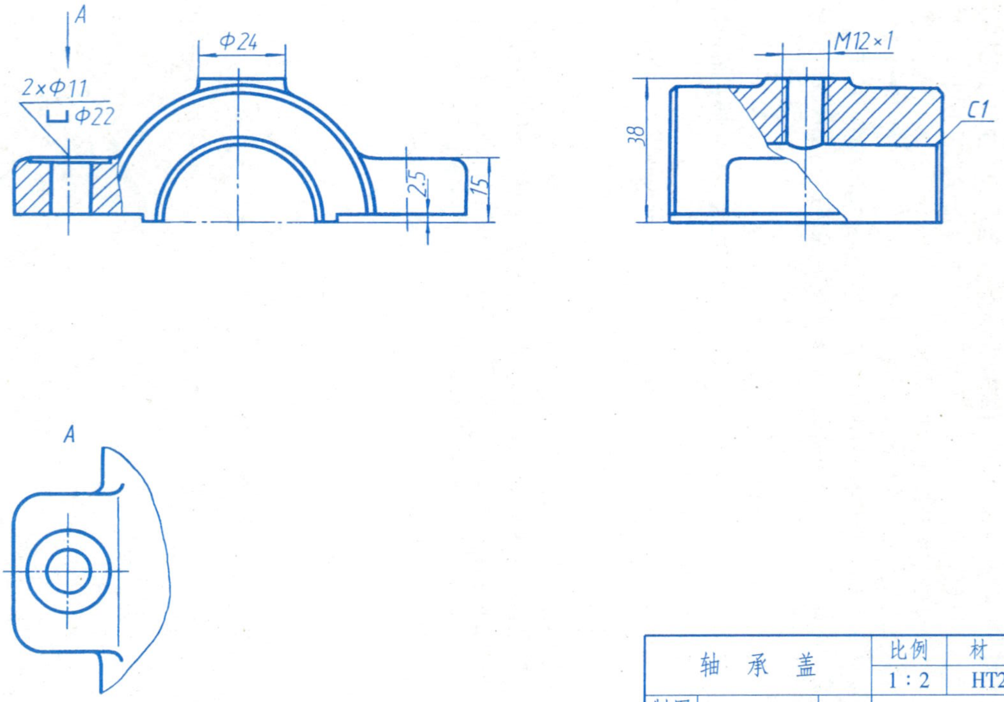

轴　承　盖			比例	材　料	图号
			1∶2	HT200	
制图					
审核					

2.

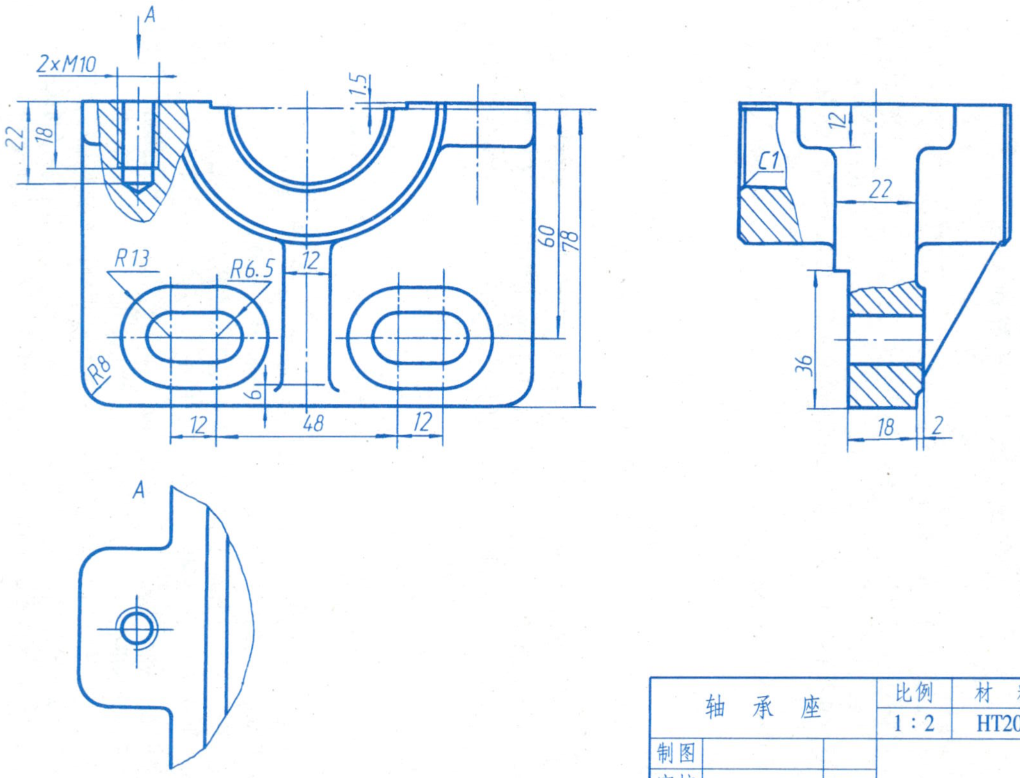

轴　承　座			比例	材　料	图号
			1∶2	HT200	
制图					
审核					

8-5　表面粗糙度（参数 *Ra* 的数值均为上限值，单位为 μm，后同）。

1. 在下图的各个表面上均标注同一表面粗糙度代号（*Ra* 值为 1.6）。

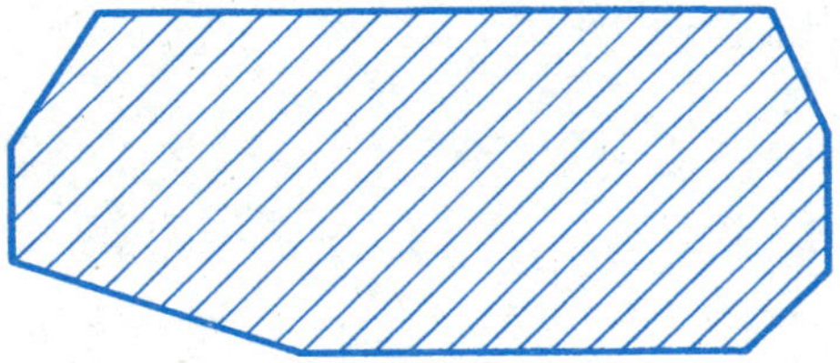

2. 按要求标注零件的表面粗糙度代号。

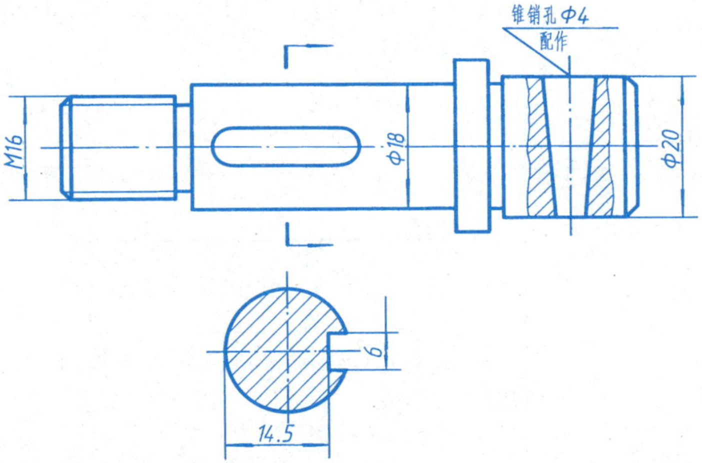

（1）φ20、φ18 圆柱面的 *Ra* 值为 1.6。
（2）M16 螺纹工作表面的 *Ra* 值为 3.2。
（3）锥销孔内表面的 *Ra* 值为 3.2。
（4）键槽两侧面的 *Ra* 值为 3.2；
键槽底面的 *Ra* 值为 6.3。
（5）其余表面的 *Ra* 值为 12.5。

3. 按要求标注零件的表面粗糙度代号。

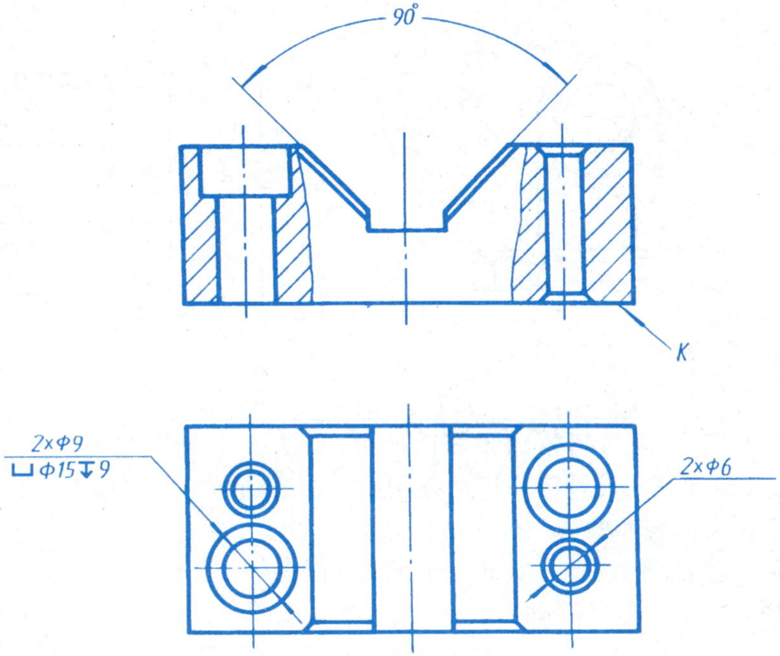

（1）90°V 形槽两工作面的 *Ra* 值为 0.8。
（2）底面 *K* 的 *Ra* 值为 1.6。
（3）两个 φ6 销孔，*Ra* 值为 3.2。
（4）两组 φ9 圆柱头沉孔，各表面的 *Ra* 值为 25。
（5）其余表面的 *Ra* 值为 12.5。

班级　　　　姓名　　　　学号

8-6　按要求标注零件的表面粗糙度代号。

1. 表面结构要求的 *Ra* 值：ϕ30 孔为 3.2μm，ϕ9 孔为 25μm，底面为 12.5μm，其余为铸造表面。

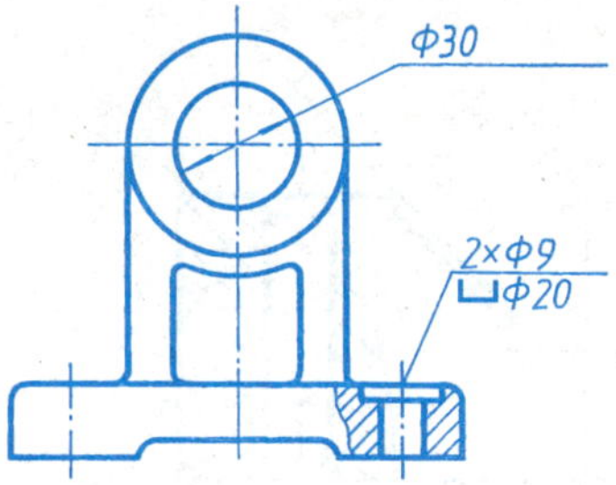

2. 圆柱、圆孔表面及螺纹工作表面的 *Ra* 值均为 6.3μm，其余表面为 12.5μm，用简化注法标注。

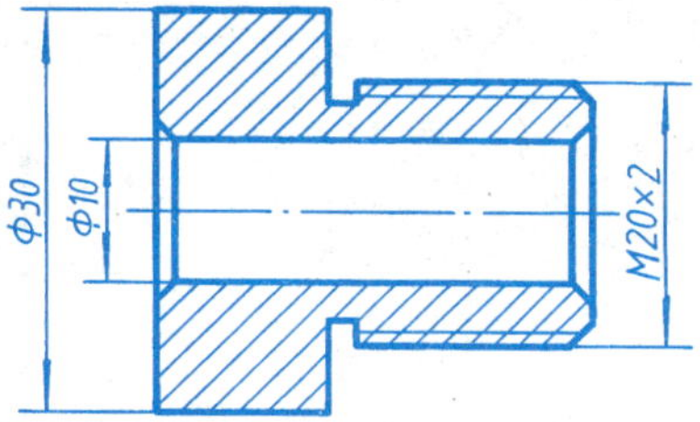

3. 下图成封闭轮廓各表面的 *Ra* 值为 3.2μm，试用代号将其标注在图上。如果零件全部表面的 *Ra* 值均为 6.3μm，试用简化注法将其标注在图的下面（一图两用）。

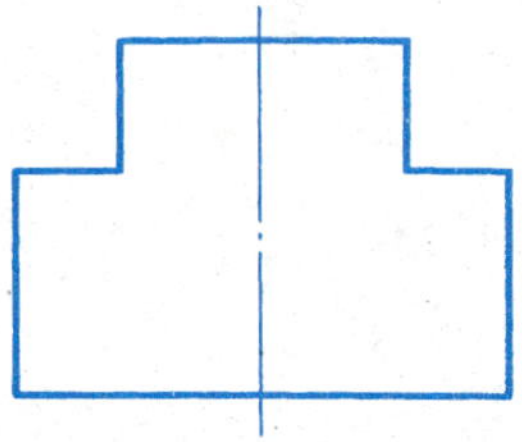

4. 燕尾槽工作表面的两侧面和上表面需铲刮，铲刮后 *Ra* 值为 3.2μm。

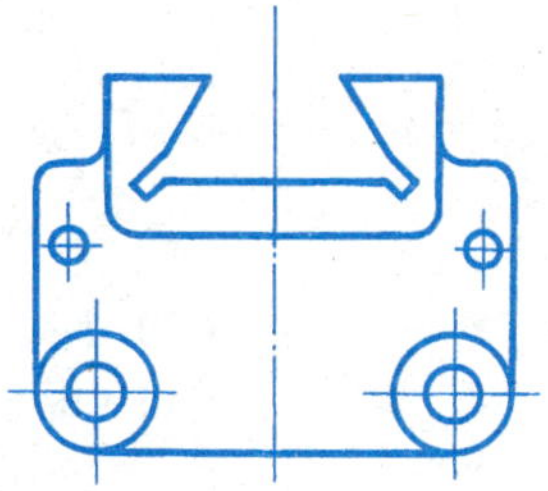

5. 按要求对给出表面注写表面粗糙度代号。

（1）去除材料，单向上限值，*Ra* 为 6.3μm。

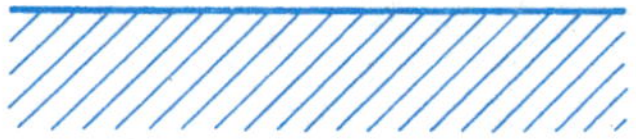

（2）去除材料，单向上限值，表面粗糙度最大高度的最大值为 0.8μm。

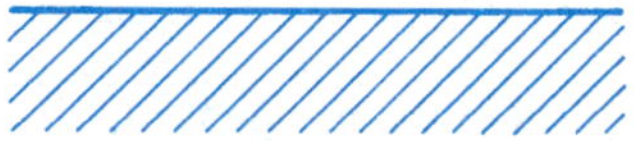

（3）不允许去除材料，双向极限值。上限值：*Ra* 为 6.3μm；下限值：*Ra* 为 1.6μm。

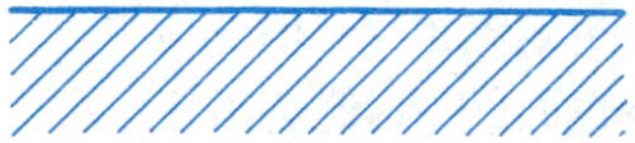

班级　　　　姓名　　　　学号

8-7　极限与配合基本知识练习。

1. 根据下图中的标注，填写右表（只填其数值）。

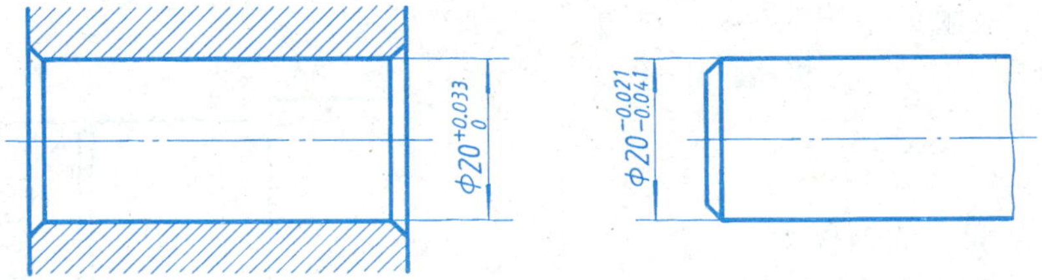

名称＼孔或轴	孔	轴
公称尺寸		
上极限尺寸		
下极限尺寸		
上极限偏差		
下极限偏差		
公　差		

2. 根据孔、轴的极限偏差，直接判定其配合类别；画出其公差带图（孔画剖面线、轴涂黑、长度相等）；列式计算出最大、最小间隙或过盈。

孔：$\phi120^{+0.087}_{0}$

轴：$\phi120^{-0.120}_{-0.207}$

（　　　）配合

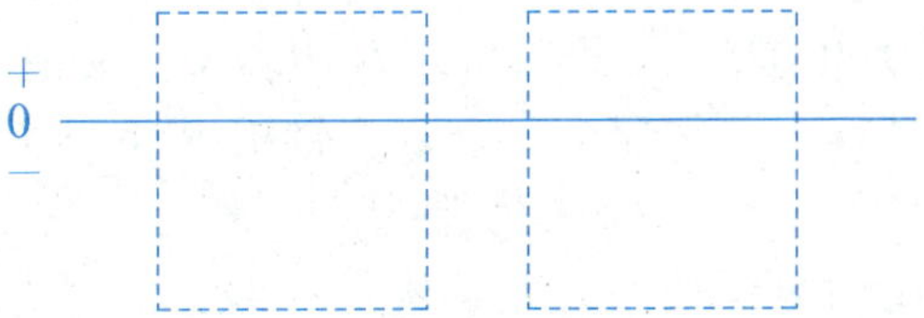

最大（间隙、过盈）=

最小（间隙、过盈）=

孔：$\phi50^{+0.025}_{0}$

轴：$\phi50^{+0.018}_{+0.002}$

（　　　）配合

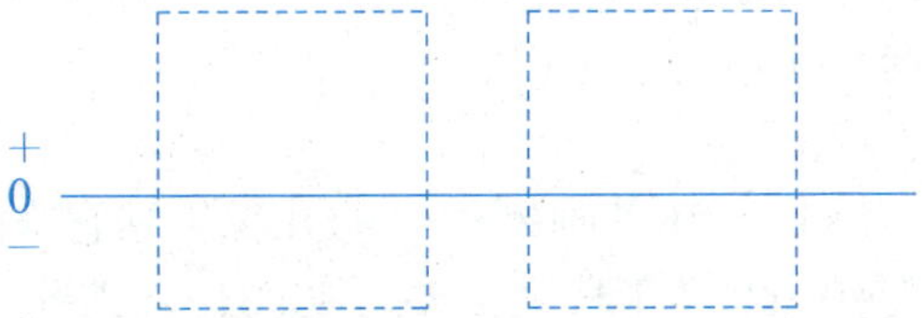

最大（间隙、过盈）=

最大（间隙、过盈）=

孔：$\phi100^{-0.058}_{-0.093}$

轴：$\phi100^{0}_{-0.022}$

（　　　）配合

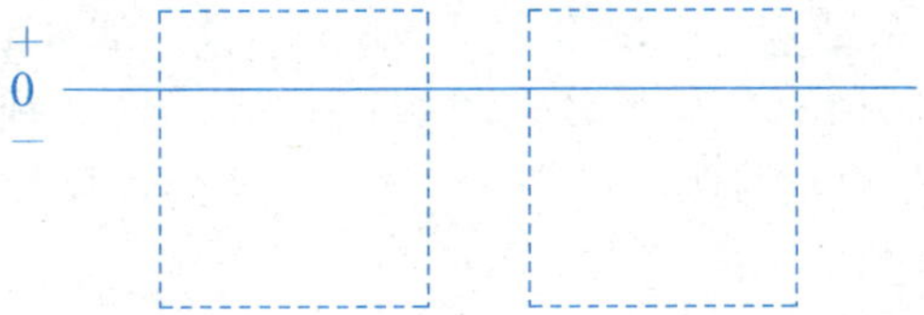

最大（间隙、过盈）=

最小（间隙、过盈）=

班级　　　　　　　　姓名　　　　　　　　学号

1. 改错，将正确注法填写在尺寸线上。

（1）$\phi40_{-0.05}$

（2）$\phi50\left(^{-0.025}_{-0.050}\right)$

（3）$\phi30_{\pm0.008}$

（4）$\phi30^{+0.021}_{0}$（H7）

2. 查表，将极限偏差数值填入括号内。

（1）$\phi30$H8（　　　　　）

（2）$\phi60$JS7（　　　　　）

（3）$\phi25$m6（　　　　　）

（4）$\phi40$f7（　　　　　）

3. 查表，将公差带代号填在规定处。

孔 $\phi70$　（±0.015）

孔 $\phi20$　$\left(^{+0.006}_{-0.015}\right)$

轴 $\phi30$　$\left(^{-0.020}_{-0.041}\right)$

轴 $\phi35$　$\left(^{+0.018}_{+0.002}\right)$

4. 填空回答下列问题。

（1）基孔制配合的孔称为__________，代号为____，上极限偏差值为____，下极限偏差值为____，____极限尺寸等于____________。

（2）基轴制配合的轴称为__________，代号为____，上极限偏差值为____，下极限偏差值为____，____极限尺寸等于____________。

（3）已知基孔制配合的轴，上极限偏差为-0.025，下极限偏差为-0.050，则轴、孔是________配合。查表：轴的基本偏差代号为____，标准公差为____级。通常，孔比相配合轴的公差等级低一级，故可判定配合代号为________________（公称尺寸自选）。

（4）已知基轴制配合的孔，上极限偏差为+0.006，下极限偏差为-0.015，则孔、轴是________配合。查表：孔的基本偏差代号为____，标准公差为____级。通常，轴比相配合孔的公差等级高一级，故可判定配合代号为________________（公称尺寸自选）。

5. 根据零件图的标注，在装配图上注出配合代号，并回答问题。

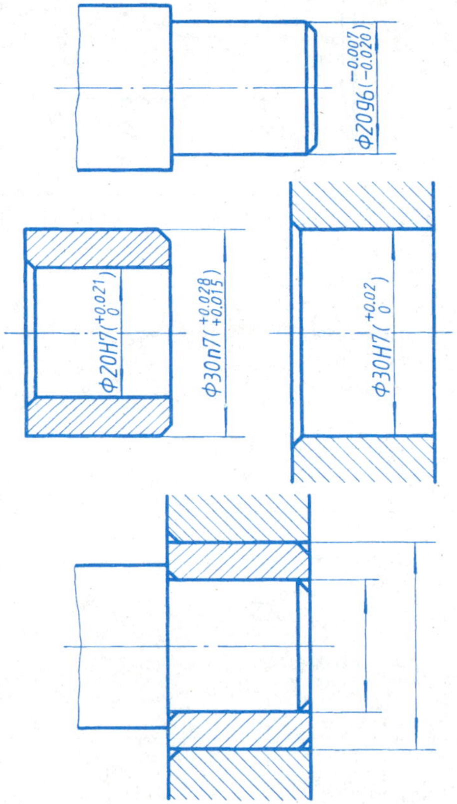

答：轴与轴套孔是______制______配合；

轴套与零件孔是______制______配合。

班级　　　　　　　　姓名　　　　　　　　学号

8-9　极限与配合的标注。

1. 根据孔、轴的极限偏差，查表确定其公差带代号(写在公称尺寸后的空白处)，并标注(在零件图上分别按三种形式标注，在装配图上只注配合代号)。

孔：$\phi120$ ______ $\left({}^{+0.087}_{0}\right)$

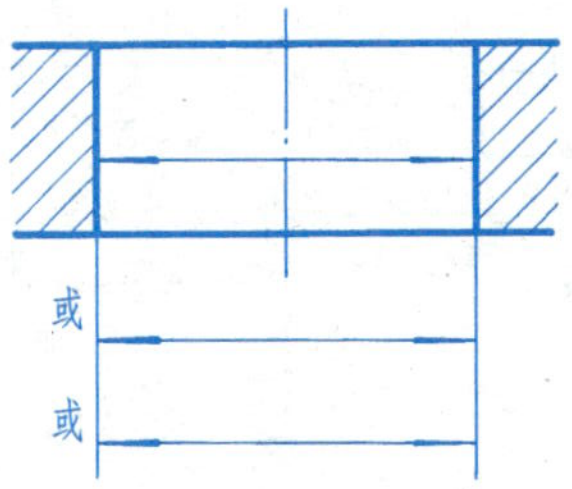

孔：$\phi50$ ______ $\left({}^{+0.025}_{0}\right)$

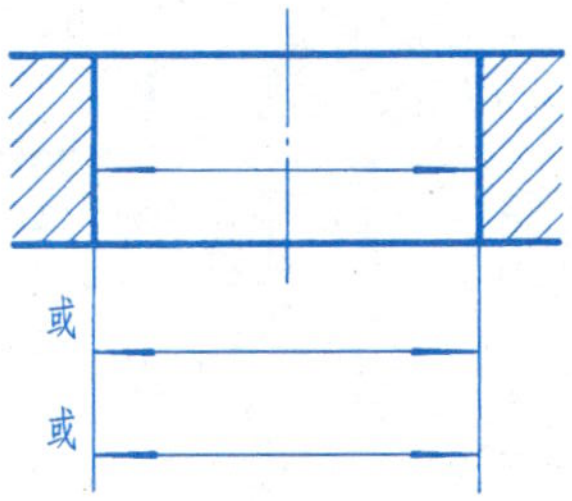

孔：$\phi100$ ______ $\left({}^{-0.058}_{-0.093}\right)$

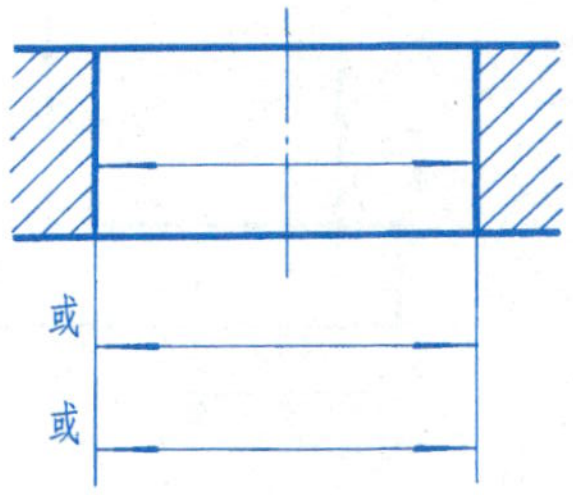

轴：$\phi120$ ______ $\left({}^{-0.120}_{-0.207}\right)$

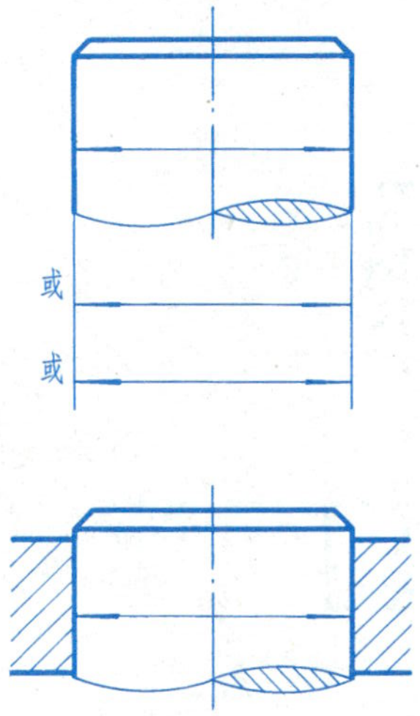

轴：$\phi50$ ______ $\left({}^{+0.018}_{+0.002}\right)$

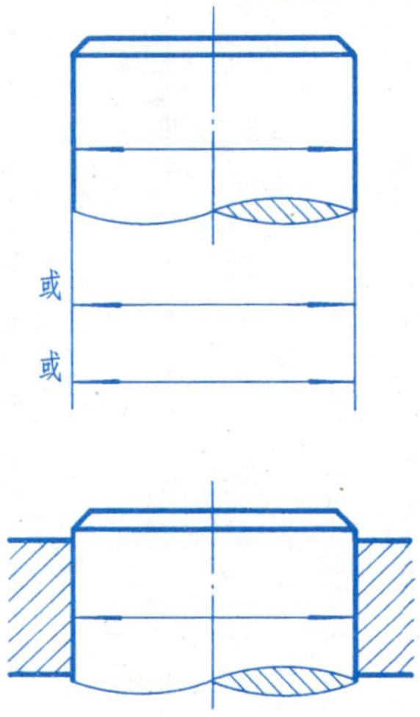

轴：$\phi100$ ______ $\left({}^{0}_{-0.022}\right)$

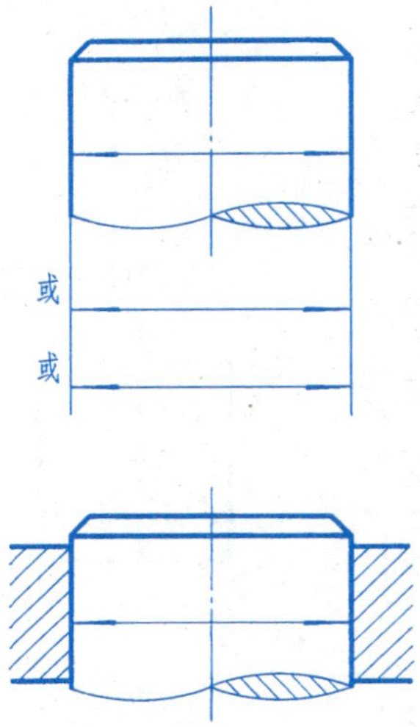

2. 分析上面孔、轴公差带之间的关系，再与下面的配合示意图对号入座(将其配合代号填在括号内)，然后与8-7中的2题对照分析，并回答问题。

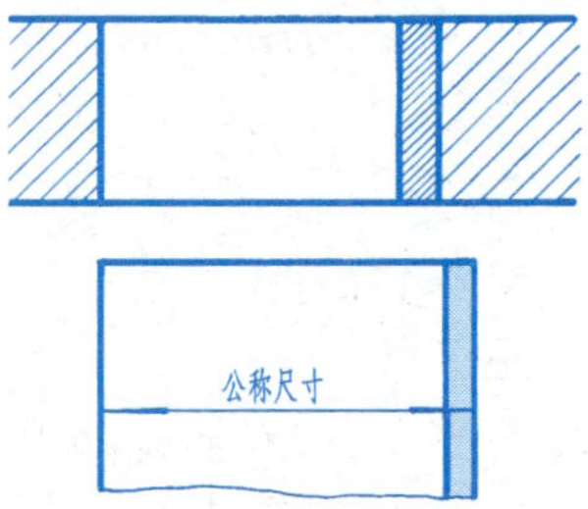

(　　　　　)

答：______制______配合。

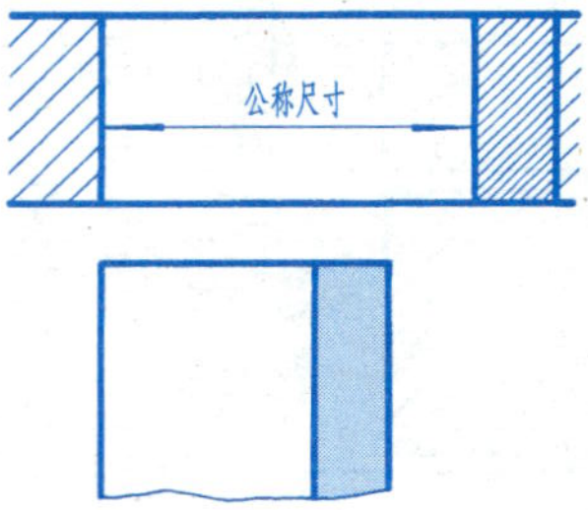

(　　　　　)

答：______制______配合。

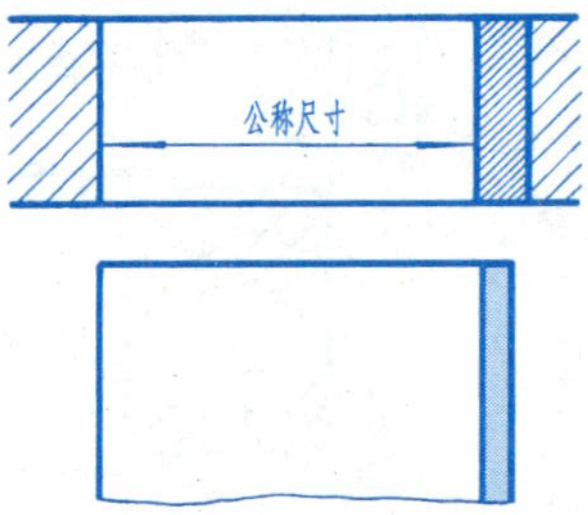

(　　　　　)

答：______制______配合。

8-10 说明几何公差的含义。

1. 填空解释下图中所注几何公差的含义。

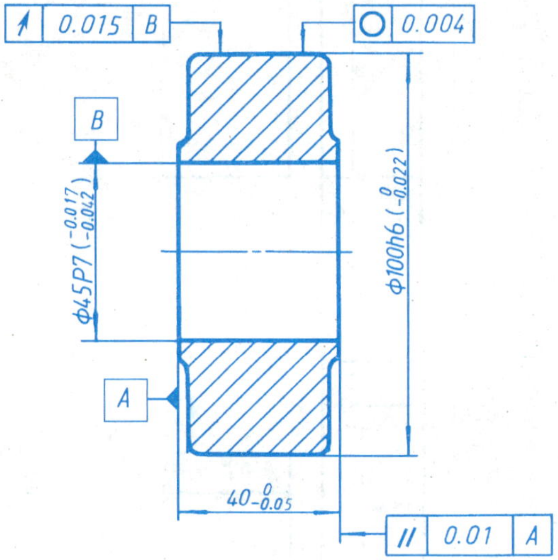

[↗ 0.015 B]：表示提取 φ100h6 实际______面对以 φ45P7 圆孔______为______的______向______公差为__________。

[○ 0.004]：表示提取 φ100h6 实际______面的____________公差为__________。

[// 0.01 A]：表示提取高 40 实际圆柱______端面对以该圆柱______端面为______的____________公差为______。

2. 填空说明图中所注几何公差的含义。

(1)

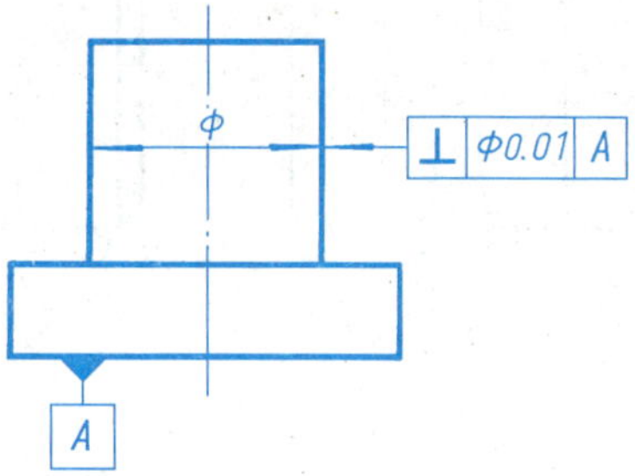

1）被测要素为____________；

2）基准要素 A 为________；

3）________公差为________。

(2)

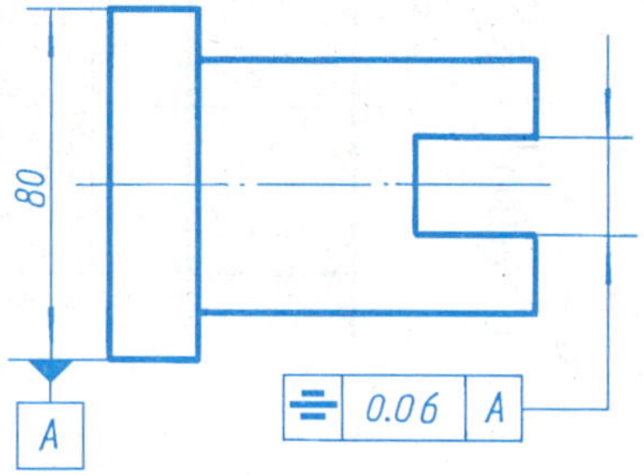

1）被测要素为________；

2）基准要素 A 为____________；

3）________公差为__________。

(3)

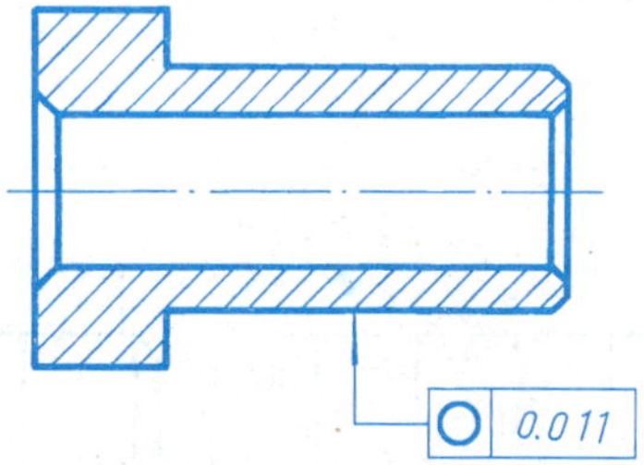

1）被测要素为________；

2）________公差为________。

(4)

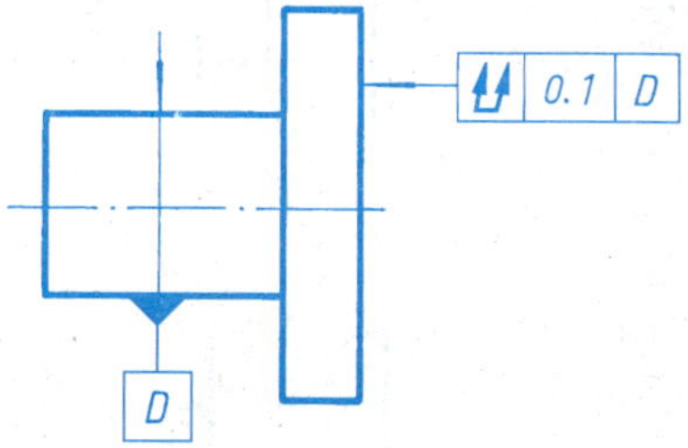

1）被测要素为________；

2）基准要素 D 为________；

3）______________公差为________。

8-11 标注几何公差。

1. ϕ50 圆柱面素线的直线度公差为 0. 012。

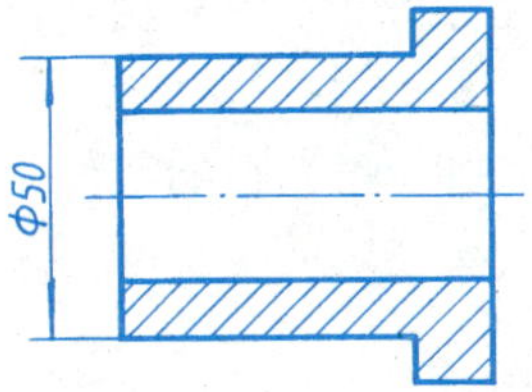

2. 顶面的平面度公差为 0. 05。

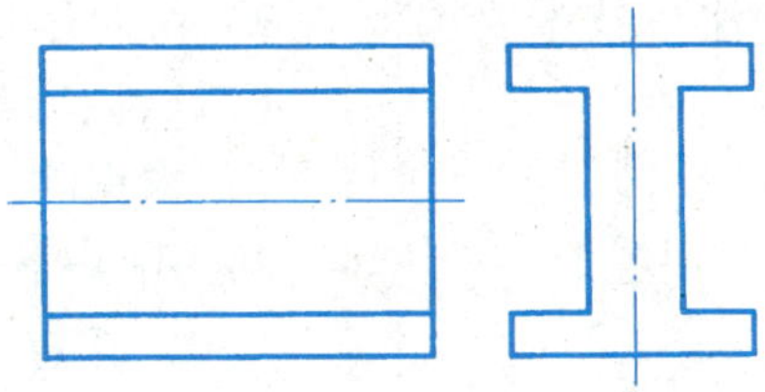

3. ϕ54 圆柱面的圆柱度公差为 0. 1。

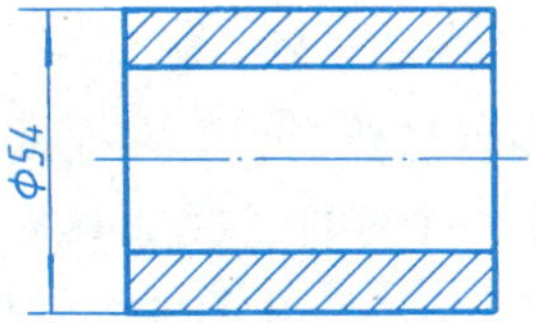

4. ϕ62 圆柱左端面对 ϕ45 轴线的垂直度公差为 0. 08。

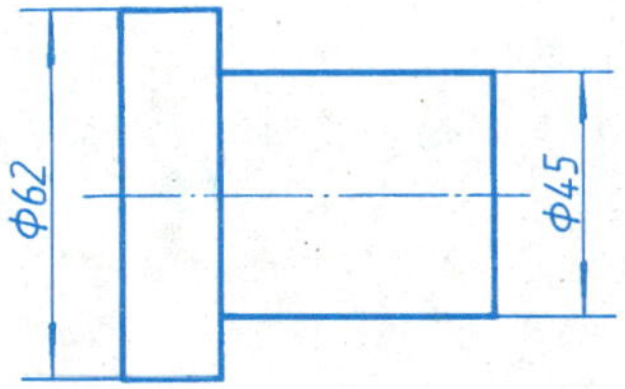

5. ϕ48 圆柱表面对两端 ϕ24 公共轴线的径向圆跳动公差为 0. 05。

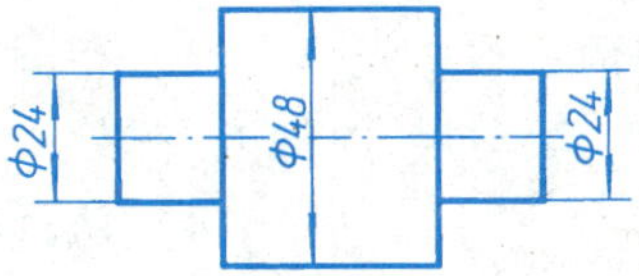

6. ϕ20 孔中心线对底面的平行度公差为 0. 08。

班级　　　　姓名　　　　学号

8-12 零件测绘。

作业9 零 件 测 绘

（一）作业目的

1）熟悉和掌握零件测绘的方法和步骤。

2）训练独立选择零件的表达方案、标注尺寸和注写技术要求的能力。

（二）内容与要求

1）测绘一个零件，完成其零件草图。

2）草图应画在A3图纸或坐标纸上。

3）测绘的对象可为单个零件，也可选用后续部件测绘时所用部件中的某个零件。如没有，也可以下页的轴测图代替。

4）所绘草图内容完整、符合要求。

（三）注意事项

1）零件测绘应认真，不得潦草。

2）测绘步骤应清晰，选择视图、标注尺寸、注写技术要求应依次进行。

3）选择视图表达方案应在草稿纸上进行，最好多选几组方案，从中选优。

4）标注尺寸时，应先选定尺寸基准，再按形体分析法确定并标注定形、定位和总体尺寸；要注意与相关零件尺寸协调一致；先集中画出所有的尺寸线、尺寸界线和箭头，再逐一测量、填写尺寸数字。

5）零件上标准结构要素（如螺纹、键槽、销孔等），应查表予以标准化。

6）草图完成后要认真检查，及时纠正错、漏之处。

作业10 由零件草图绘制零件工作图

（一）作业目的

1）熟悉和掌握由零件草图绘制零件工作图的方法和步骤。

2）综合运用学过的知识，提高绘制生产中实用零件图的能力。

（二）内容与要求

1）根据测绘出的零件草图，绘制一张完整的零件工作图。

2）用A3图纸绘制。

（三）注意事项

1）作图时，要以所绘之图一经脱手即将投入生产的心态，严肃、认真、高度负责地进行。

2）全面调用已学的知识，综合加以应用。所绘的零件图：

① 要符合标准（如视图画法及其标注、尺寸的标注、技术要求的注写，标准结构的画法、标注以及查表进行标准化等）。

② 尽量符合生产实际（如工艺结构的合理性，所注尺寸应便于加工和测量，表面粗糙度、尺寸公差、几何公差的选用既能保证零件的质量，又能降低零件的制作成本等）。

为此，要对零件草图进行全面审视。对有问题的地方，要翻看教材、查阅标准中的相关知识或请教他人。

3）布图合理，图形简洁，尺寸完整、清晰，字迹工整，便于他人看图。

4）认真填写标题栏。

班级　　姓名　　学号

8-13　零件测绘作业题(零件材料:HT150)。

1. 底座

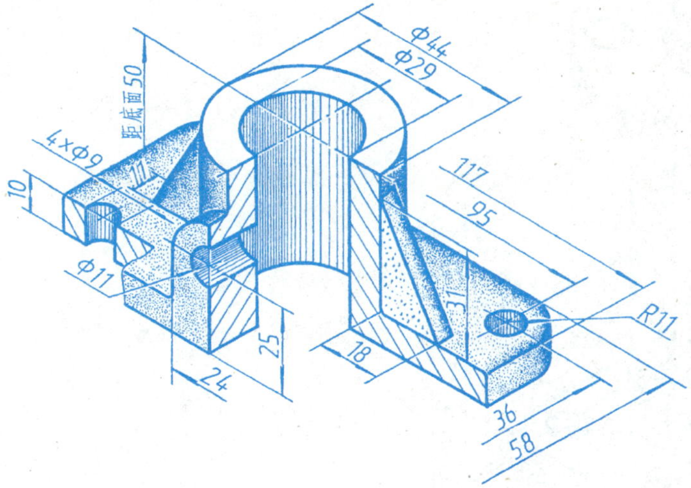

2. 闸阀盖

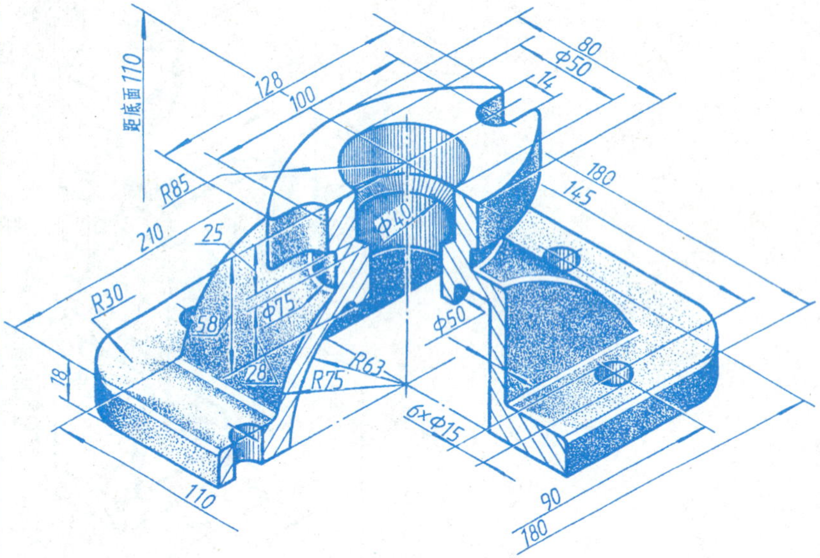

班级　　　　姓名　　　　学号

8-14 根据轴测图画零件图。

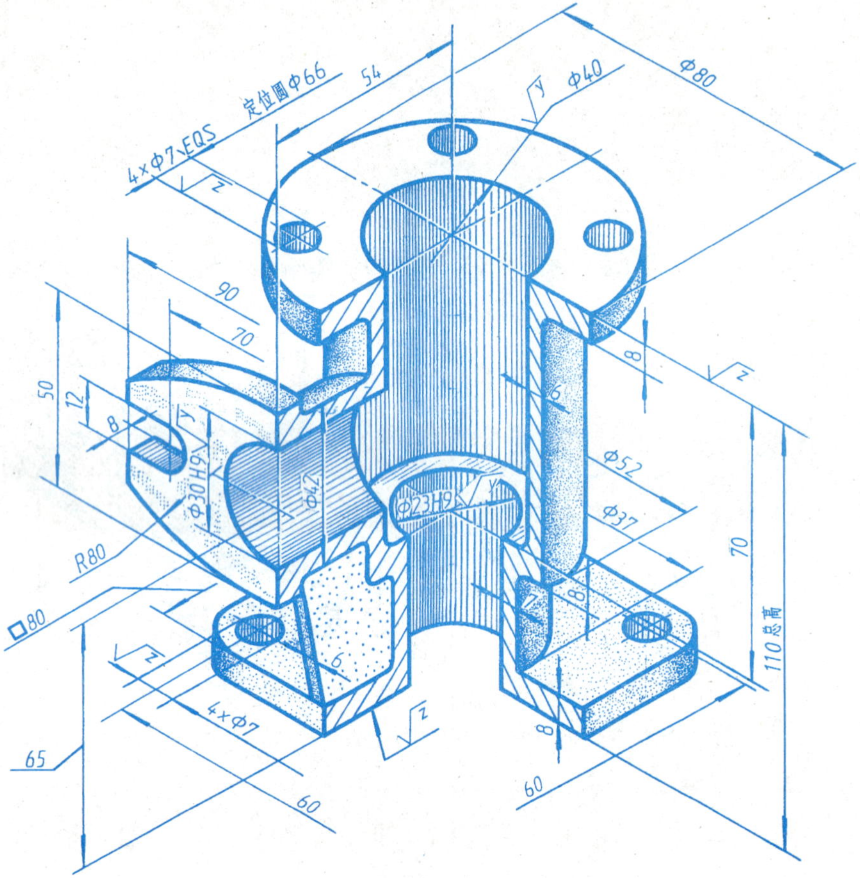

$\sqrt{y}$ = $\sqrt{Ra\ 3.2}$

$\sqrt{z}$ = $\sqrt{Ra\ 12.5}$

$\sqrt{}$ ($\sqrt{}$)

名称：阀体

材料：HT150

班级　　　　姓名　　　　学号

8-15　读轴承套零件图，并说明图上所注几何公差的含义（图中：指引线①、②分别表示平面）。

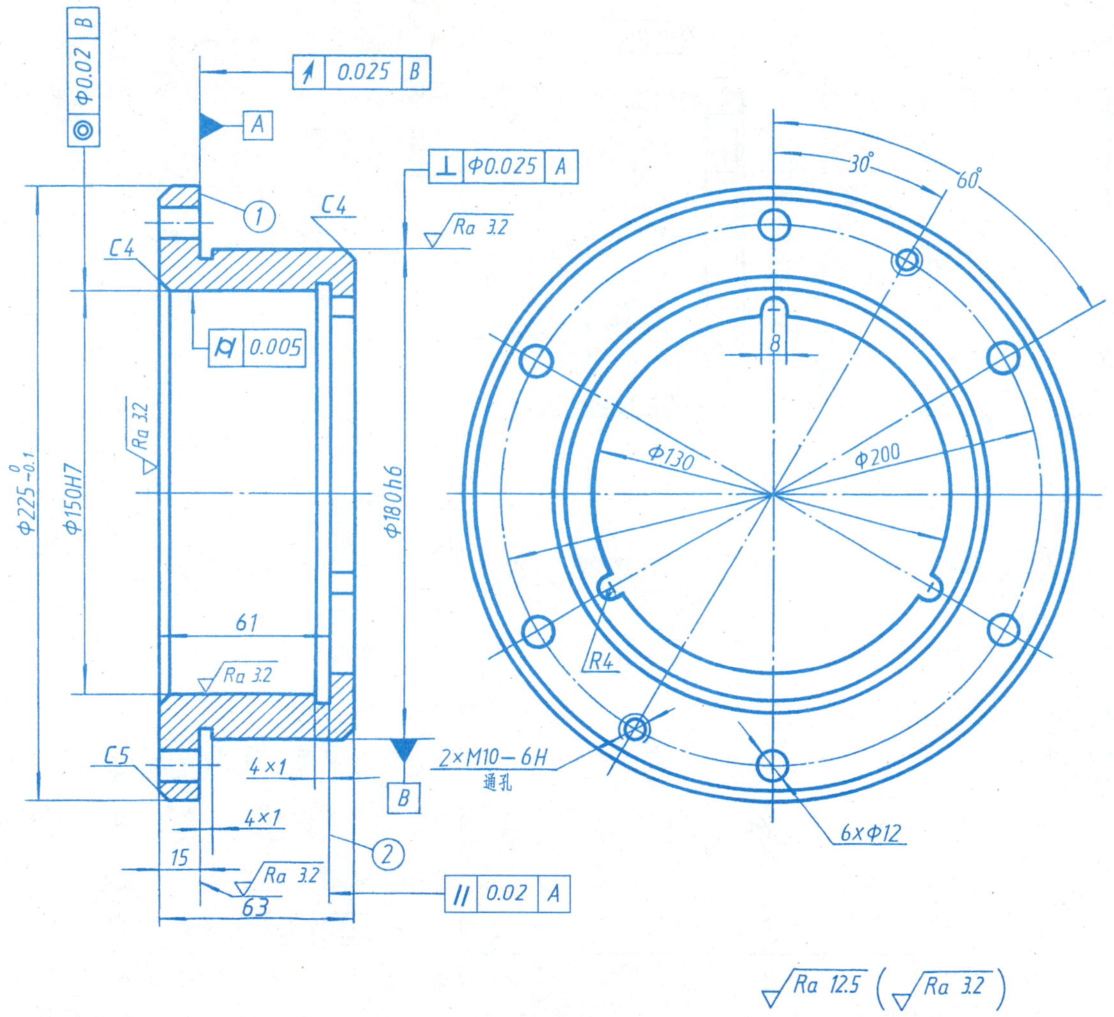

填空回答问题

1. ◎ Φ0.02 B 的含义：

① 被测要素为＿＿＿＿＿＿＿＿＿＿，

② 基准要素为＿＿＿＿＿＿＿＿＿＿，

③ 公差名称为＿＿＿＿＿＿＿＿＿＿，

④ 公差值为＿＿＿＿＿＿＿＿＿＿。

2. ↗ 0.025 B 的含义：

① 被测要素为＿＿＿＿＿＿＿＿＿＿，

② 基准要素为＿＿＿＿＿＿＿＿＿＿，

③ 公差名称为＿＿＿＿＿＿＿＿＿＿，

④ 公差值为＿＿＿＿＿＿＿＿＿＿。

3. ⊥ Φ0.025 A 的含义：

① 被测要素为＿＿＿＿＿＿＿＿＿＿，

② 基准要素为＿＿＿＿＿＿＿＿＿＿，

③ 公差名称为＿＿＿＿＿＿＿＿＿＿，

④ 公差值为＿＿＿＿＿＿＿＿＿＿。

4. // 0.02 A 的含义：

① 被测要素为＿＿＿＿＿＿＿＿＿＿，

② 基准要素为＿＿＿＿＿＿＿＿＿＿，

③ 公差名称为＿＿＿＿＿＿＿＿＿＿，

④ 公差值为＿＿＿＿＿＿＿＿＿＿。

5. ⌭ 0.005 的含义：

① 被测要素为＿＿＿＿＿＿＿＿＿＿，

② 公差名称为＿＿＿＿＿＿＿＿＿＿，

③ 公差值为＿＿＿＿＿＿＿＿＿＿。

轴　承　套		比　例	材　料	图号
		1∶2	45	
制图				
审核				

班级　　　　姓名　　　　学号

8-16 读座体零件图，并回答下列问题(选读题,零件轴测图参看 193 页)。

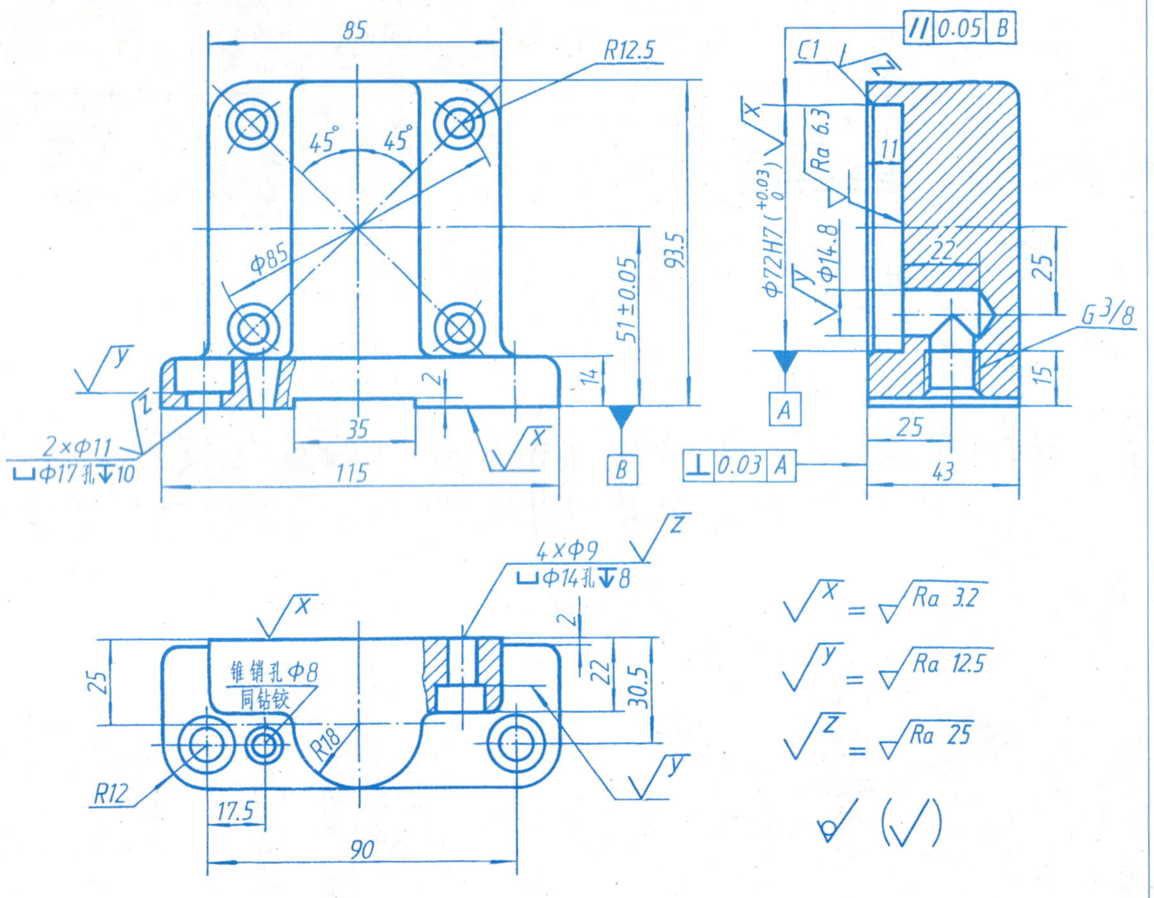

技 术 要 求

1. 铸件不准有砂眼及缩孔。

2. 未注铸造圆角 R3~R5。

座 体		比 例	材 料	图号
		1:2	HT150	
制图				
审核				

填空回答问题

1. 主视图和俯视图都采用了________，左视图采用了________剖视，试对其全剖视图进行完整标注。

2. 用指引线指出该零件图上长度、宽度和高度三个方向尺寸的主要基准。

3. 左视图中，代号 G3/8 的含义：

____

____

____。

4. 左视图中，尺寸 $\phi72H7(^{+0.03}_{0})$ 的含义：H 表示________，7 表示________，上极限尺寸为________，下极限尺寸为________，公差为________。

5. 俯视图中的“$\frac{4\times\Phi9}{⊔\Phi14孔↧8}$”，其定位尺寸为________。左视图中 ϕ72H7 的定位尺寸为________。

6. ⊥ 0.03 A 的含义：零件的________端面对以________轴线 A 为________的________公差为________。

班级 姓名 学号

8-17　读拨叉零件图(选读题,零件轴测图参看 193 页)。

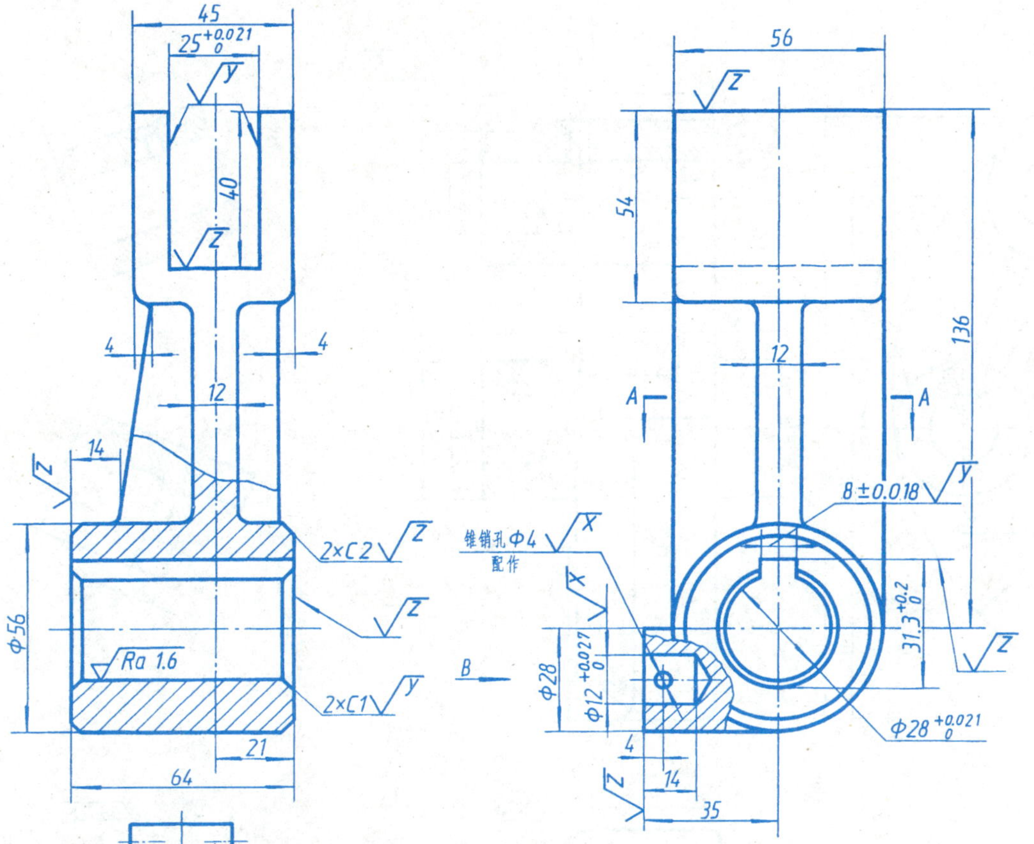

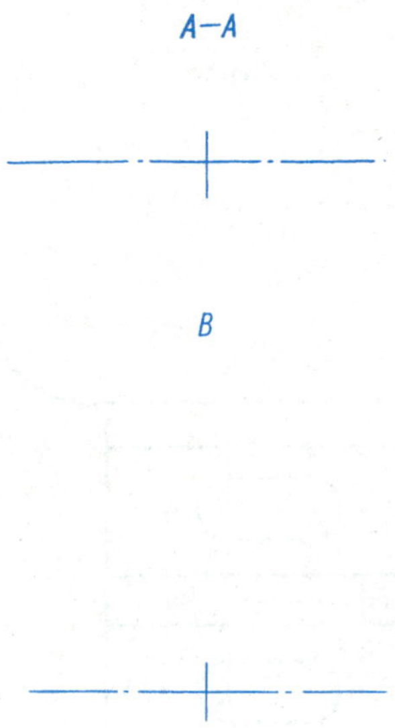

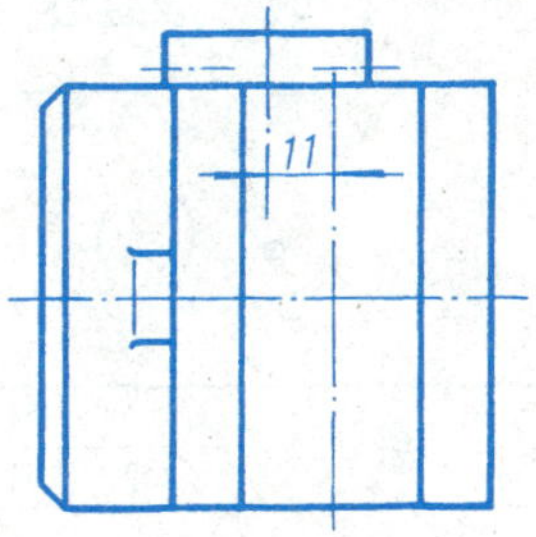

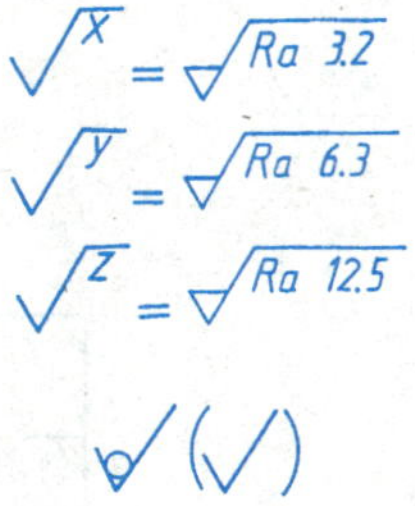

读 图 要 求

1. 画 A—A 断面图(如剖切符号注在主视图上,断面图方位有无变化? 比较一下,剖切符号注在哪个视图上便于看图)。

2. 在指定位置补画 B 局部视图(这是什么视图)。

技 术 要 求

未注圆角 R3。

拨　　叉	比　例	材　料	图号
	1 : 2	HT200	
制图			
审核			

班级　　　　姓名　　　　学号

8-18 读支架零件图：分析视图表达方法，想象出零件形状，熟悉各种标注方法(选读题,零件轴测图参看 193 页)。

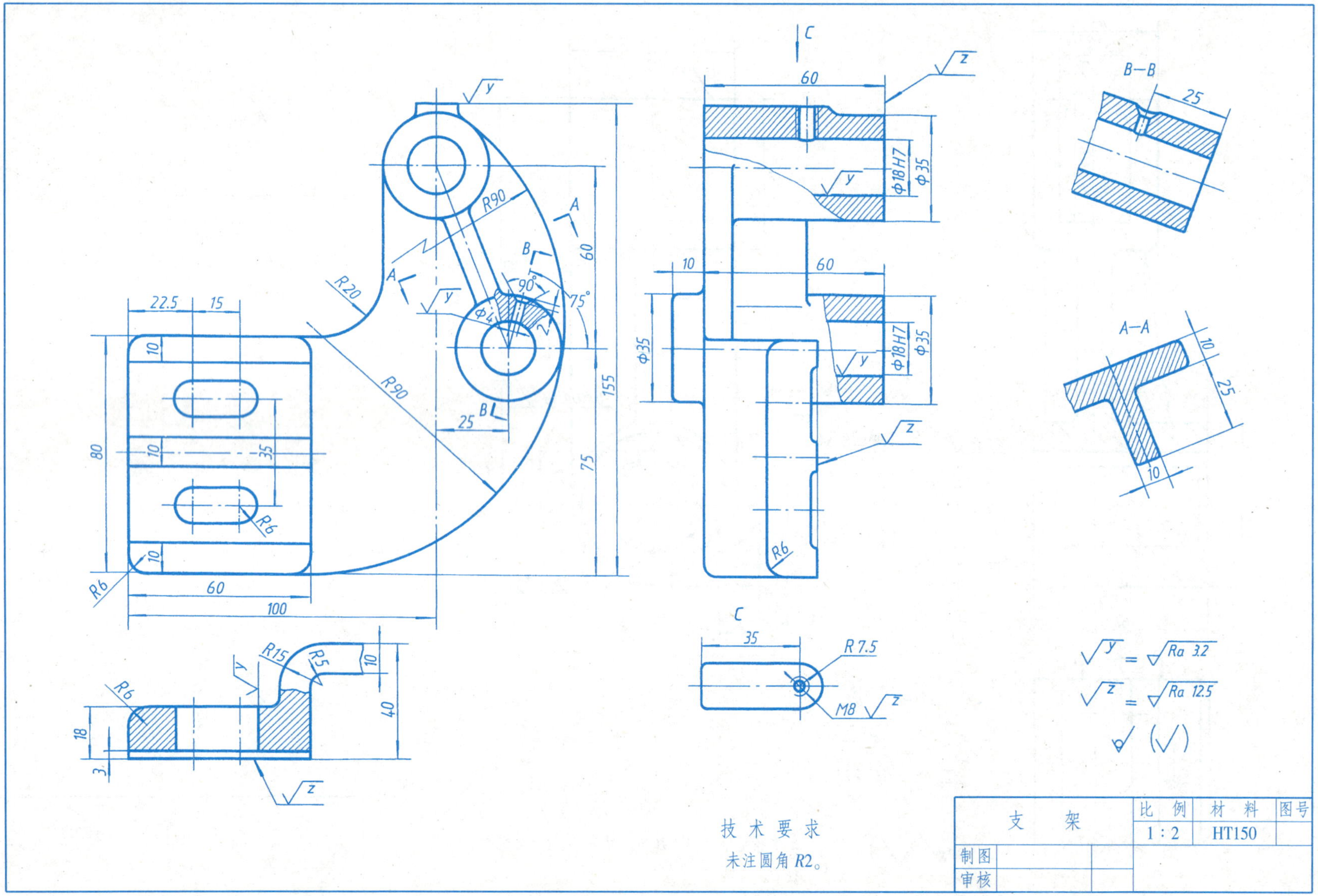

班级 姓名 学号

8-19 读托架零件图(选做题,零件轴测图见 194 页)。

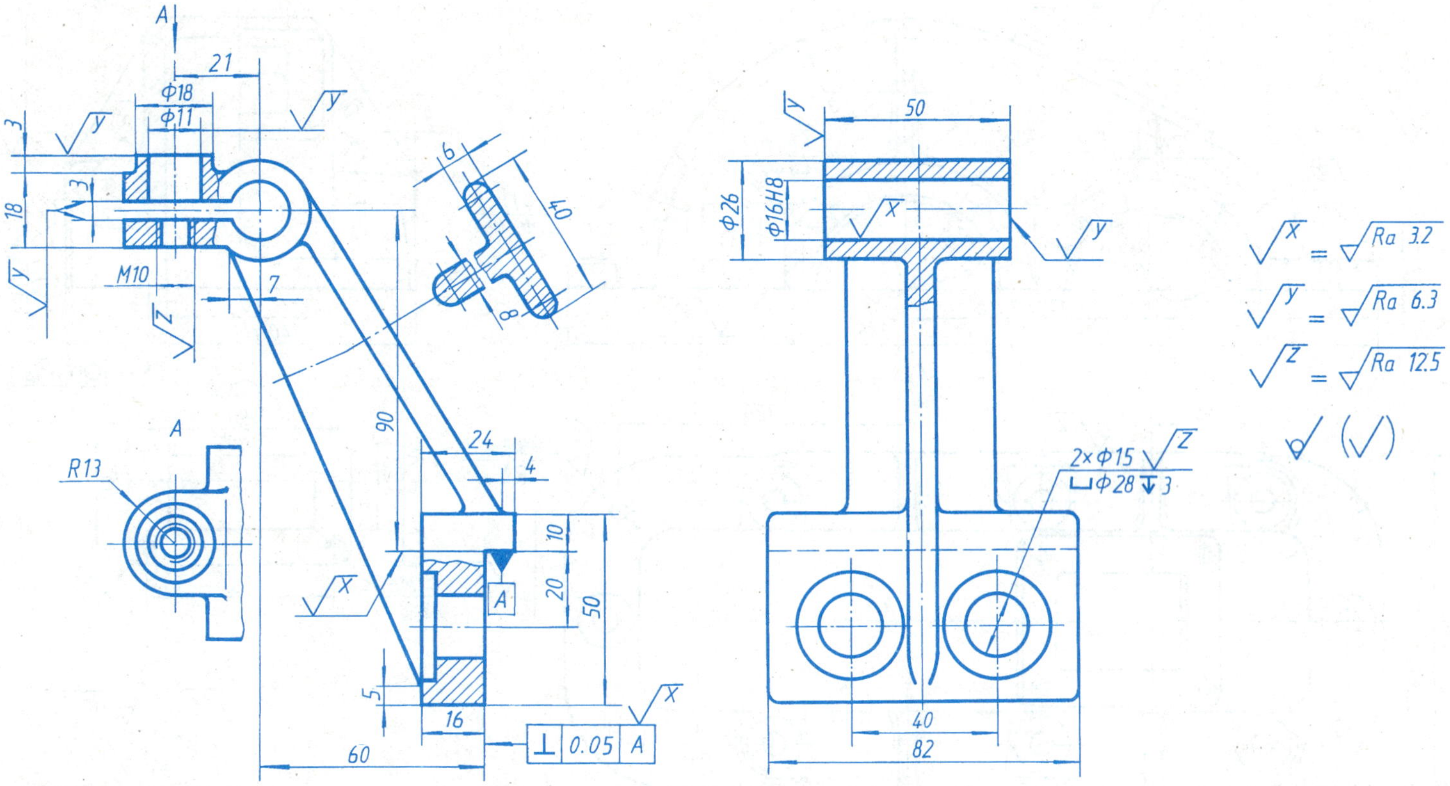

技 术 要 求

未注圆角 R2~R3。

读 图 要 求

1. 试述该图的表示特点。

2. 说明几何公差的含义。

托 架		比 例	材 料	图号
		1:2	HT200	
制图				
审核				

班级 姓名 学号

8-20 读减速机机盖零件图(要求:与下页图配合起来识读,并注意盖、座相关结构和尺寸的一致性;选读题,零件轴测图见 195 页)。

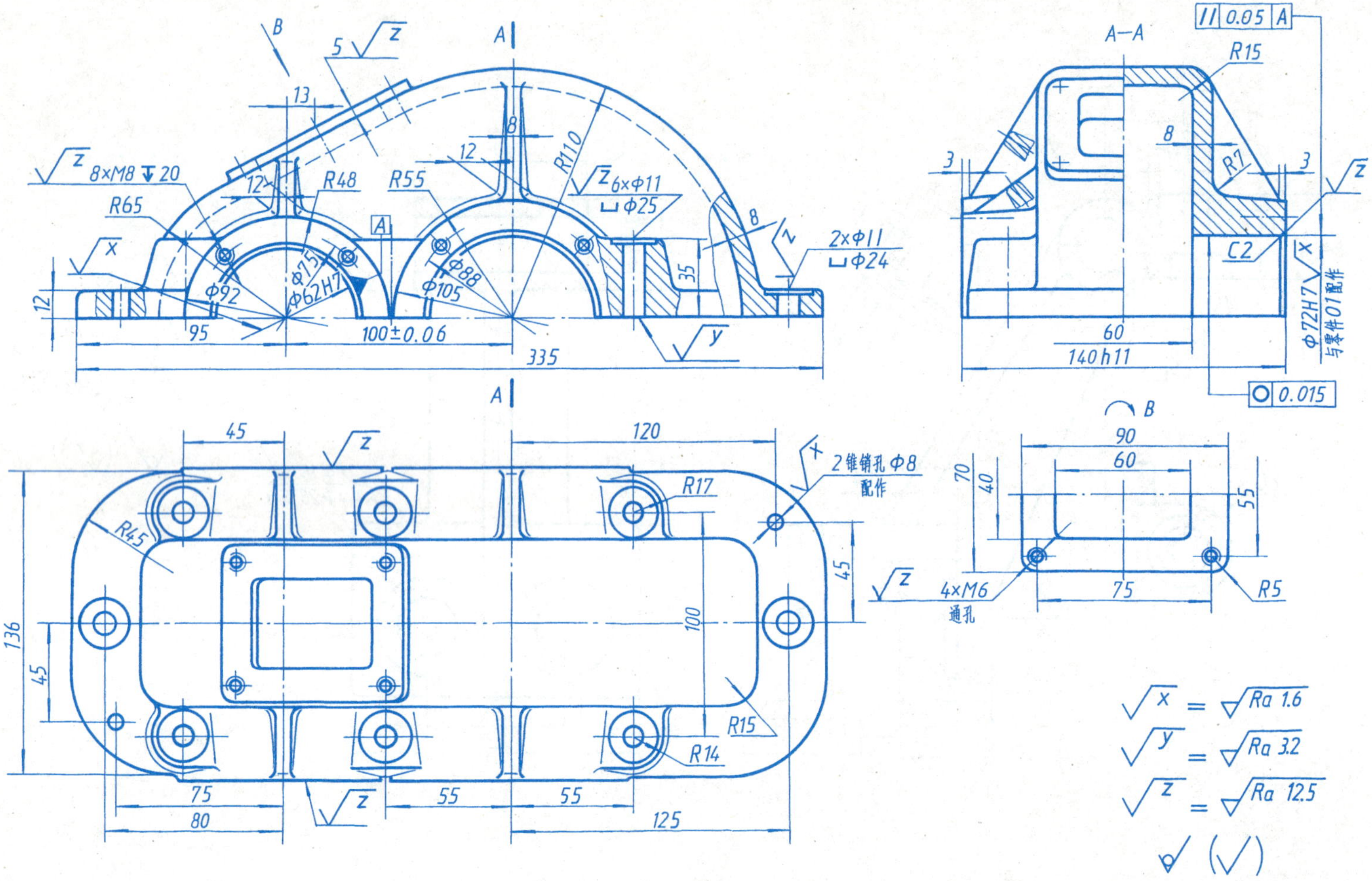

技 术 要 求

1. 铸件需经时效处理，消除内应力。

2. 未注铸造圆角 R3。

减速机机盖	比 例	材 料	图号
	1 : 2	HT150	03
制图			
审核			

班级 姓名 学号

8-21 读减速机机体零件图（要求：与上页图配合起来识读，注意相关结构、尺寸的一致性；选读题，零件轴测图见 195 页）。

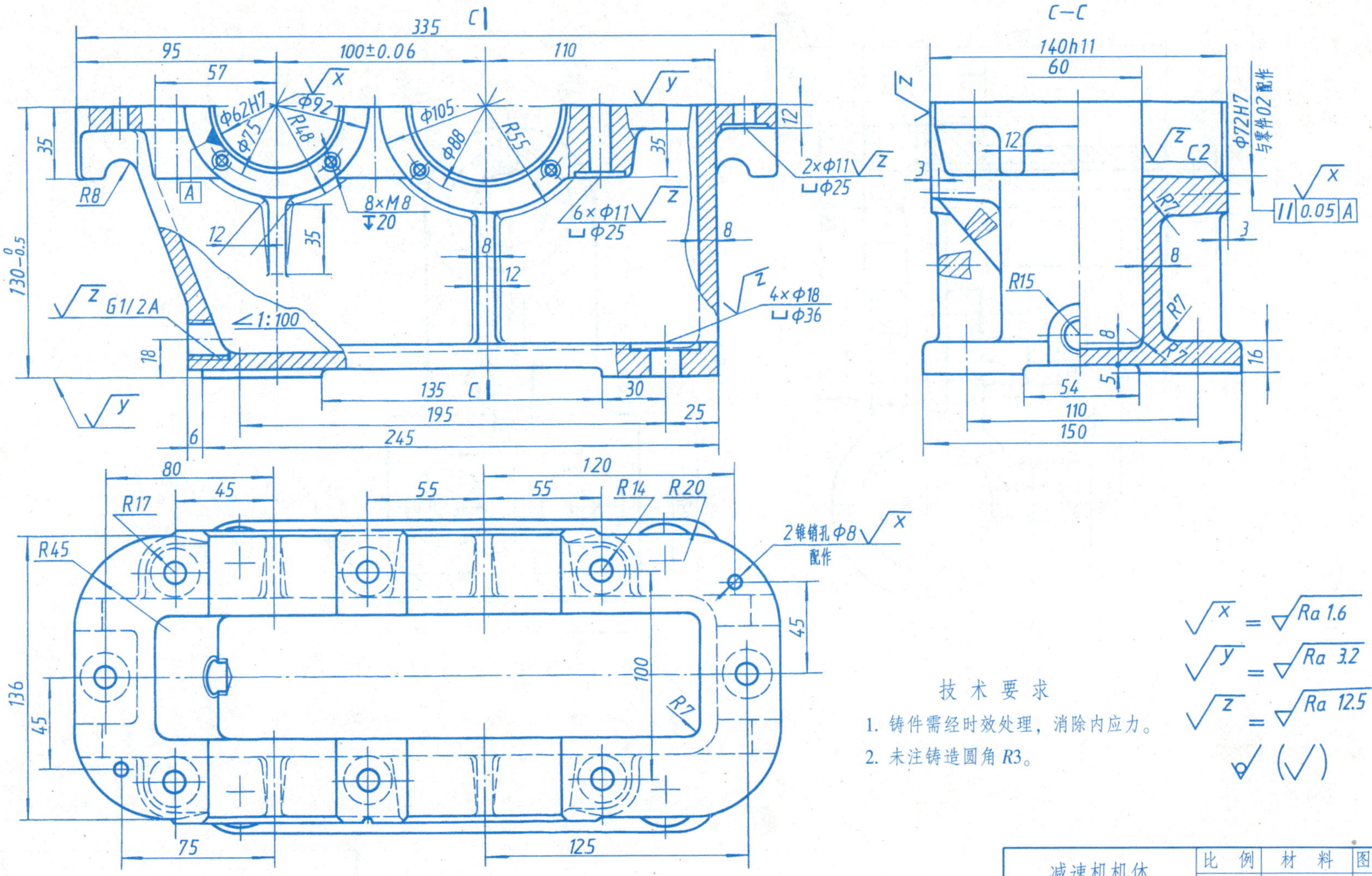

技术要求

1. 铸件需经时效处理，消除内应力。
2. 未注铸造圆角 R3。

$\sqrt{x} = \sqrt{Ra\ 1.6}$

$\sqrt{y} = \sqrt{Ra\ 3.2}$

$\sqrt{z} = \sqrt{Ra\ 12.5}$

减速机机体	比例	材料	图号
	1:2	HT150	04
制图			
审核			

班级 姓名 学号

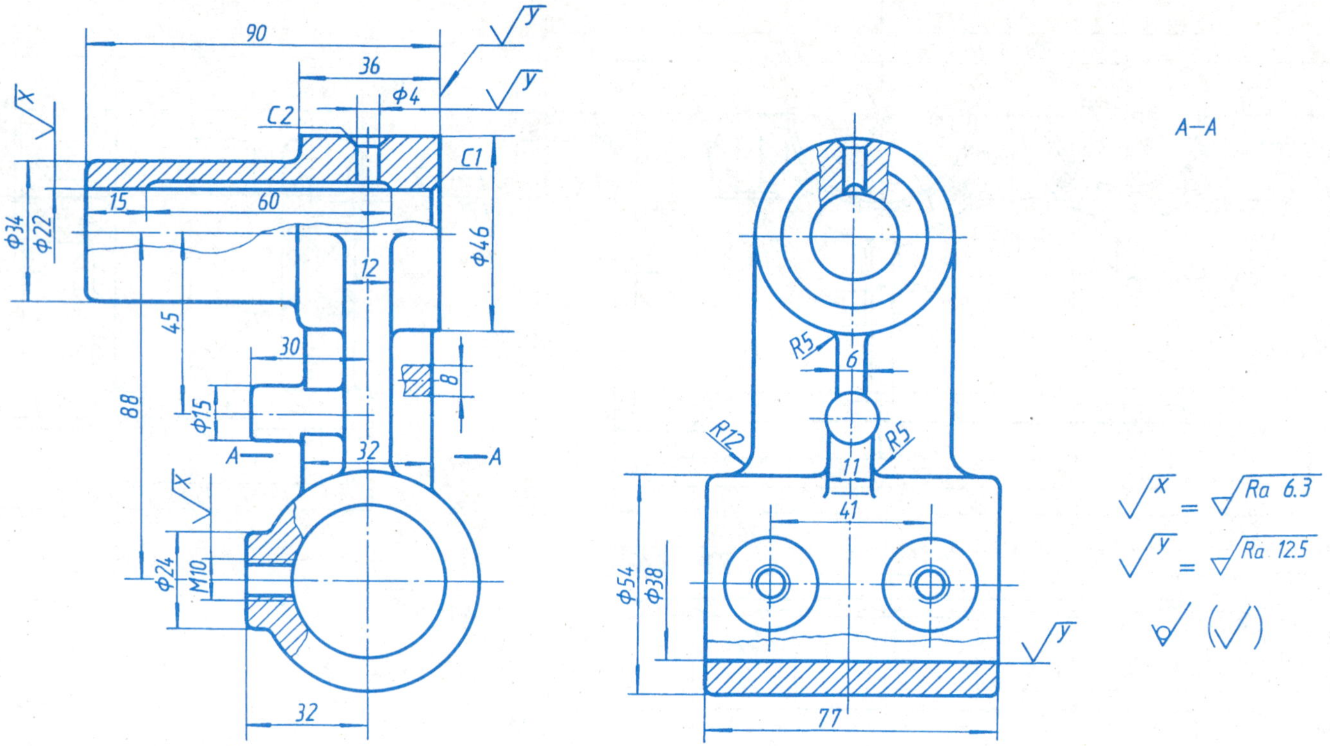

技 术 要 求

未注圆角 $R2 \sim R3$。

读 图 要 求

1. 试述该图的剖切特点，并分析为什么要这样剖?
2. 在指定位置作 A—A 移出断面图(注其尺寸——从练习的角度标的)。

十字接头		比例	材料	图号
		1:2	HT200	
制图				
审核				

班级　　　　姓名　　　　学号

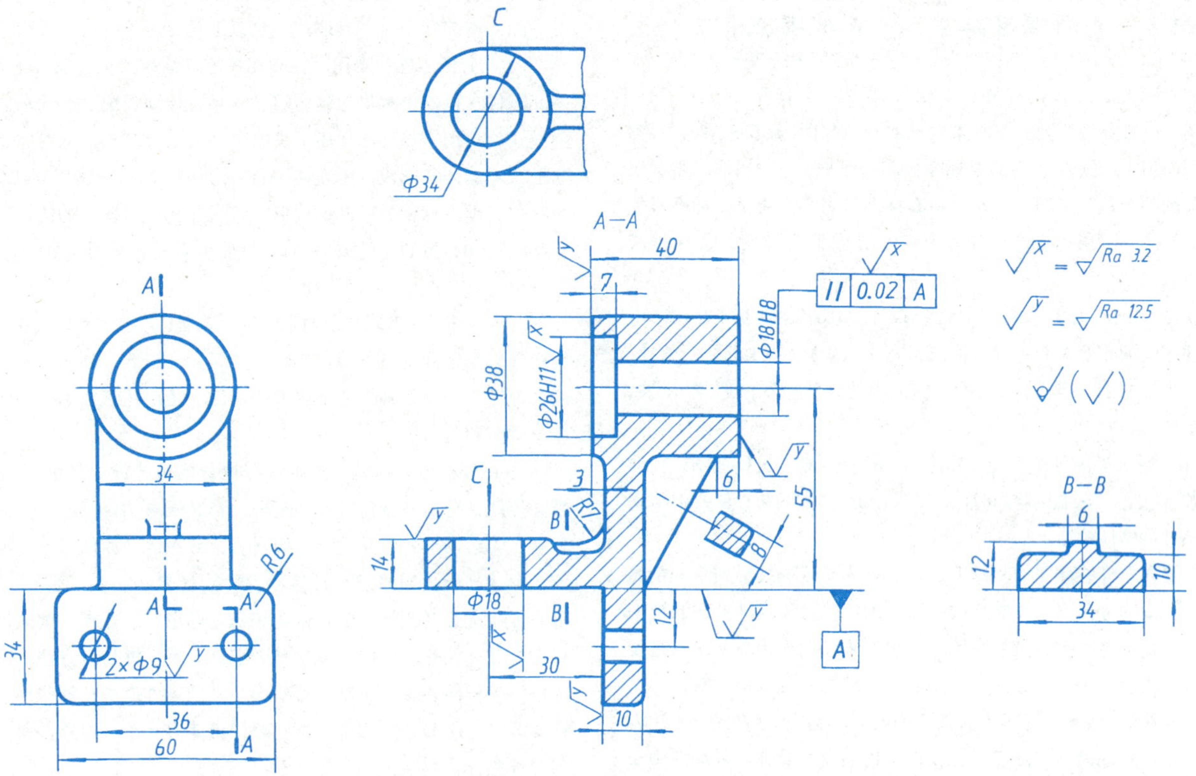

读 图 要 求

1. 图中的五个图形分别为＿＿＿＿＿＿＿＿＿＿＿＿＿＿。

2. 主视图采用的是＿＿＿＿剖视，其中剖切平面与物体接触但未画剖面线的两处空白区域，表示的结构为＿＿＿＿。

3. 在指引线上用“○”标明长、宽、高方向的主要尺寸基准。

4. | // | 0.02 | A | 表示：ϕ18H8 的＿＿＿＿对基准平面＿＿＿＿的＿＿＿＿公差不大于＿＿＿＿。

技 术 要 求

1. 铸件需经时效处理。

2. 未注圆角 $R3$。

支 架		比例	材 料	图号
		1:2	HT150	
制图				
审核				

班级　　　　姓名　　　　学号

汇总知识　**调理思路**　**点拨要点**

掌握装配图的画图和看图方法，是学习《机械制图》的两大主要任务之二。

设计机器时，绘制图样的程序通常是：先画整台机器的装配图(总装配图)，再画机器各组成部分的装配图(部件装配图)，最后绘制零件图。可见，一台机器一般都应具有总装配图、部件装配图和全部零件图，以及含所有标准件名称、规格、标准号等明细栏在内的按序排列、编号彼此对应的一整套图样，以供生产中使用、存档或查询。

(1) 装配图的画法。表达机器或部件的图示方法与零件的图示方法基本相同。由于装配图是侧重表达零件之间的相互关系，画装配图又有了三条新规定(剖面线的异、同,接触面之间的线,实心零件的剖与不剖)和六种特殊的表达方法(拆卸、假想、夸大、展开、简化、单独表达某零件)。

(2) 看装配图与拆图。看装配图可按下述步骤进行：概括了解；分析视图、传动路线和工作原理；分析装配关系、装配结构和连接方式；分析零件的主要结构和用途；归纳总结，想象出部件的整体构造。

由装配图拆画零件图要在看懂装配图的基础上进行。首先要依据投影关系和剖面线把所要拆画的零件从装配图中分离出来，然后按照零件图的表达要求来考虑其视图选择。对于装配图中没有表达清楚的零件结构形状，可根据零件的作用和要求进行设计，并用向视图等表达方法表示出来，装配图中省略的零件结构必须补齐。对因拆去前面的零件而暴露出的一些图线(或被其他零件遮挡的图线)，要正确地补画。标注零件图的全部尺寸和技术要求。拆图时，分离零件，零件结构的设计及补画装配图中未暴露出的图线，是本章内容的另一个重点，且是难点。

(3) 理顺“图”与“图”之间的关系。“图”与“图”之间的关系，泛指总装配图与部件装配图、部件装配图与零件图、零件图与零件图相互之间的关系。

装配图是绘制零件图的依据，零件图是制作零件的依据。零件能否顺利地装配，机器能否正常地运行，其中很重要的一条，就是看两者之间的关系是否匹配。可见，装配图与零件图是一脉相传、相辅相成的。既然如此，无论是画、看装配图或拆图，还是画、看零件图或测绘零件，图与图之间都应互相照应，做到“你中有我，我中有你”，相互映衬(生产实际中,锥齿轮虽然只坏一个,但往往要测绘、加工、更换与之啮合的一对,这就反映出零件与零件之间的互相依存关系)。

画、看装配图时，具体应注意以下几点：

(1) 分析零件的功用，核查相关零件结构、尺寸及技术要求的协调与一致性。每一个零件在机器中都将起到包容、支承、传动、配合、安装、定位、密封和防松等一项或几项功用。零件的功用，决定零件的主要结构。只有将不同零件的结构互相联系起来，才能使其形成一个整体(机器或部件)，从而发挥其功效。因此，在画、看或拆图时，必须注意相关零件结构形状、尺寸和技术要求的协调与一致，并将其分别体现在装配图和有关的零件图中(可以齿轮油泵的装配图及泵体、左右端盖的零件图为例进行分析)。

(2) 分析装配体的装与拆，检查零件工艺结构和装配结构的合理性。零件的工艺结构和装配结构是影响装、拆的重要因素。因此，画图、看图时，既要分析装配结构的合理性，也要核查工艺结构的协调性，还要注意技术要求的特殊说明等，以确保按序、顺利地装与拆。

(3) 分析传动路线，核查机器运行的可靠性。任何机器，凡工作必将“动”起来。因此，分析清楚传动路线是画、看装配图的首要任务。具体可从以下几方面进行分析：①运动形式。从动力来源入手，分析运动如何传递，哪些零件运动，哪些零件不动，运动形式如何(转动、移动、摆动、往复……)。②配合关系。凡是配合的零件，都要弄清配合基准制、配合性质和公差等级等。③连接和紧定方式。各零件之间是用什么方式连接和固定的，连接是否牢靠，装、拆是否方便。④定位与调整。零件如何定位，怎样防止轴向窜动，哪些面与其他零件接触，哪些地方需要调整，用什么方法调整等。对于复杂的部件，传动路线可能有几条，每条都要如此分析，以确保机器的各部和整体运行可靠。

总之，要掌握画、看装配图的知识和技能，必须多画、多看，同时，还要加强实践，学习与机械设计和制造有关的各种知识。

班级　　　　姓名　　　　学号

作业 11 画 装 配 图

（一）作业目的

1）熟悉和掌握装配图的内容和装配图的表达方法。

2）了解绘制装配图的方法。

（二）内容与要求

1）按教师指定的题目，根据零件图绘制 1~2 张装配图。

2）图幅由教师确定。

（三）注意事项(画图步骤)

1）初步了解。根据名称和装配示意图，对装配体的功能进行粗略分析，并将其与零件图的相应序号相对照，区分一般零件和标准件，并确定其数量，分析装配图的复杂程度及大小。

2）详读零件图。依据示意图详读零件图，进而分析装配顺序、零件之间的装配关系、连接方法，弄清传动路线、工作原理。

3）确定表达方案，选择主视图和其他视图。

4）合理布图。先画出各视图的作图基准线(主要装配干线、对称线等)。

5）拟定画图顺序。画剖视图时，一般从装配干线入手，由内向外逐个画出各个零件的投影(也可酌情由外向内绘制)。

6）注意相邻零件剖面线的画法。标注尺寸，填写技术要求，编好序号。

7）作图后，应按装配图的内容，认真做一次全面检查和修正。

千斤顶装配示意图

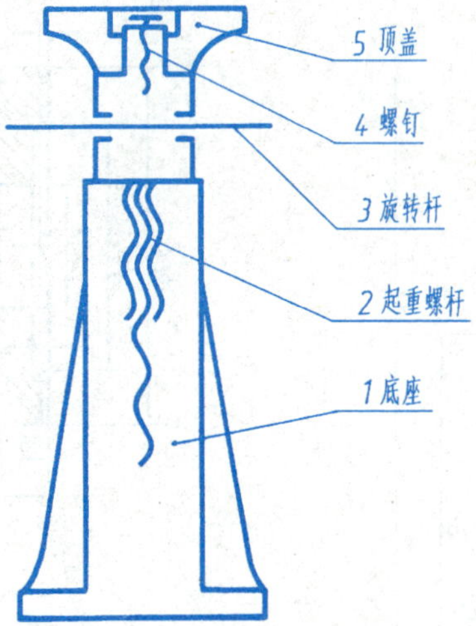

千斤顶工作原理

千斤顶是顶起重物的部件。使用时，须按逆时针方向转动旋转杆 3，使起重螺杆 2 向上升起，通过顶盖 5 将重物顶起。

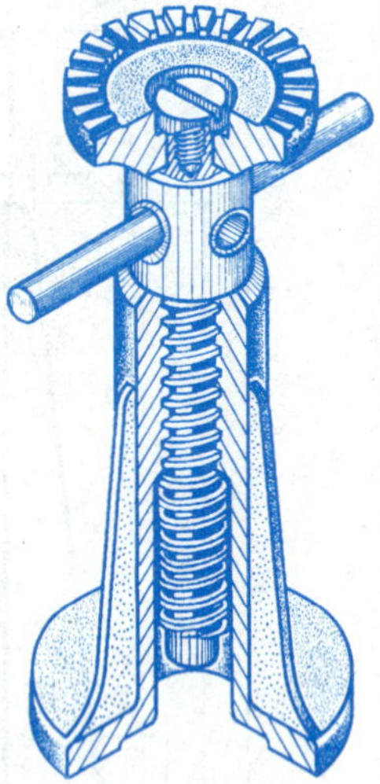

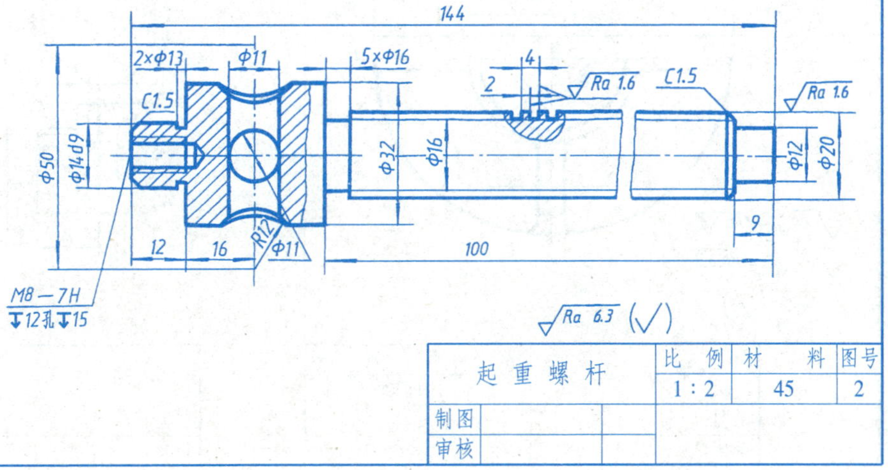

9-3 千斤顶零件图。

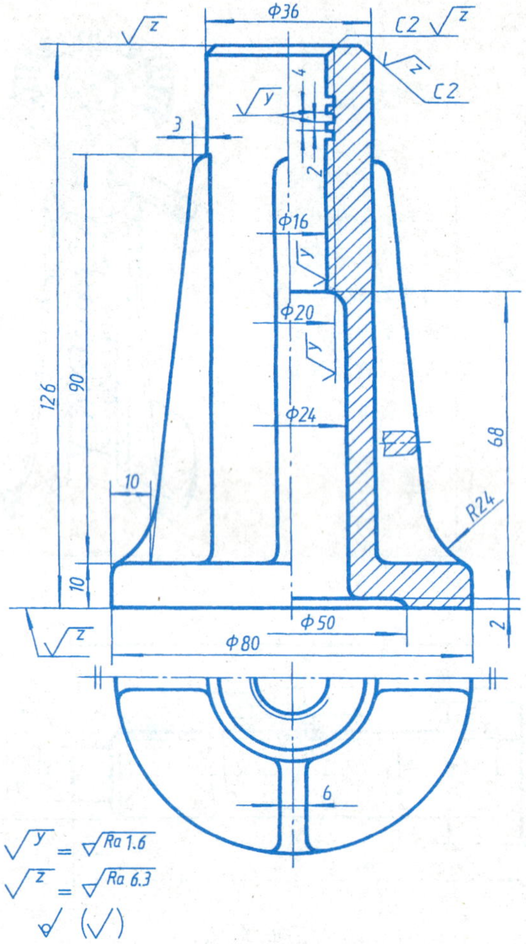

底　　座		比　例	材　　料	图号
		1∶2	HT300	1
制图				
审核				

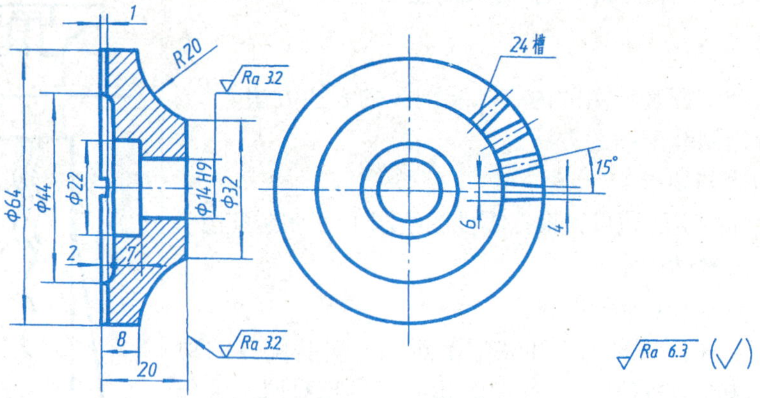

顶　　盖		比　例	材　　料	图号
		1∶2	45	5
制图				
审核				

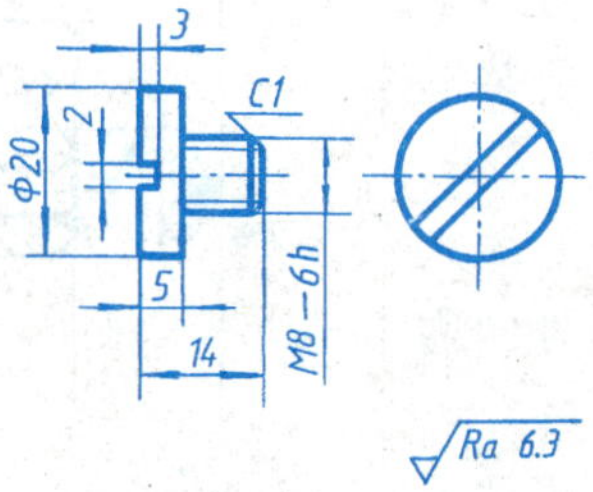

螺　　钉		比　例	材　　料	图号
		1∶2	30	4
制图				
审核				

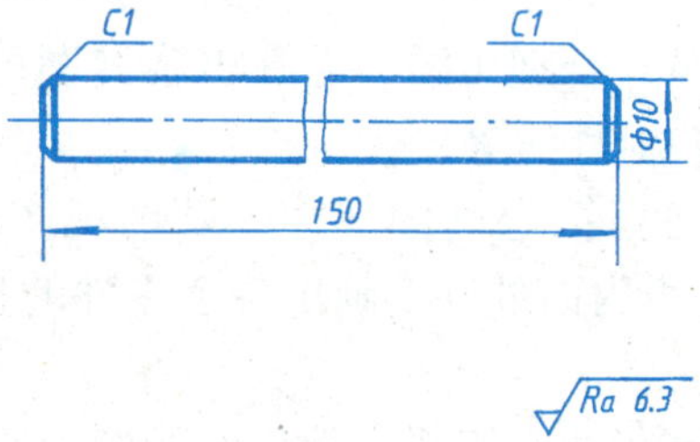

旋　转　杆		比　例	材　　料	图号
		1∶2	45	3
制图				
审核				

班级　　　　姓名　　　　学号

9-4　根据铣刀头的装配示意图和零件图，画装配图。

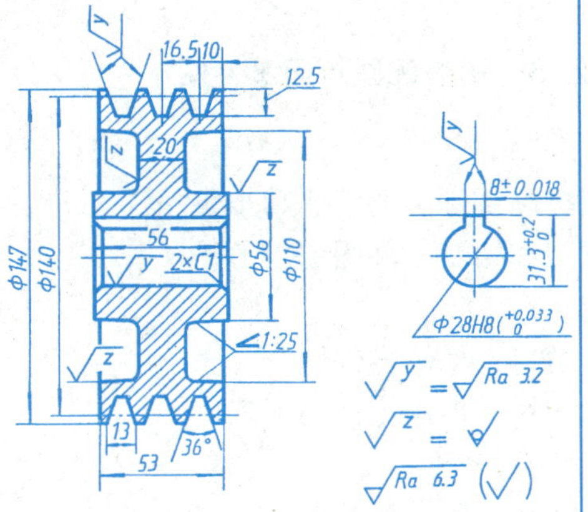

V 带轮	比　例	材　　料	图号
	1 : 2	HT150	
制图			
审核			

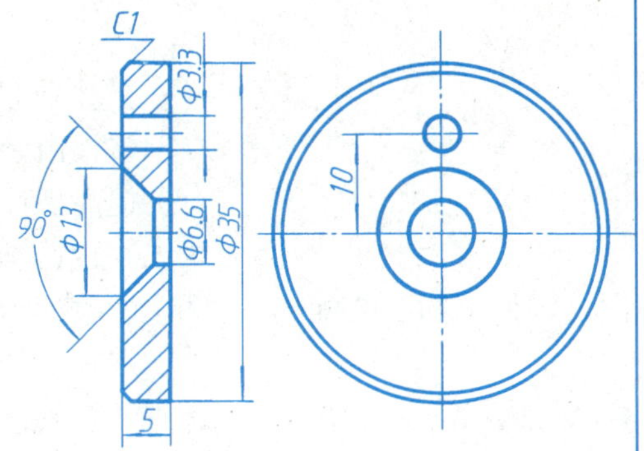

挡圈 A35	比　例	材　　料	图号
	1 : 1	35	
制图			
审核			

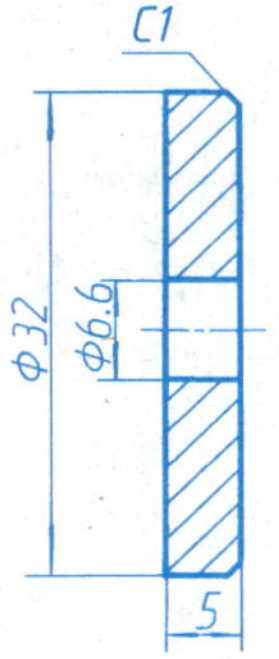

挡圈 B32	比　例	材　　料	图号
	1 : 1	35	
制图			
审核			

在配套教材中，铣刀头上的零件图还有轴 7(图 8-7)，端盖 11(图 8-8)，座体 8(图 8-12)。

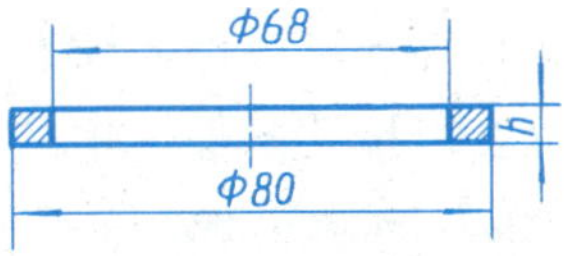

注：图中 h 根据装配时端盖与轴承之间的间隙而定。画图时，可按 $h\approx5$ 绘制。

调　整　环	比　例	材　　料	图号
	1 : 1	Q235A	
制图			
审核			

铣刀头装配示意图

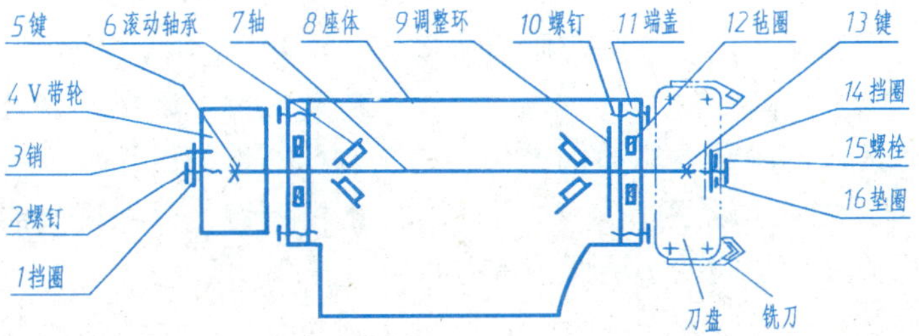

注：铣刀盘不属于该装配体。绘图时参照装配示意图，用细双点画线画出。

铣刀头中标准件明细栏

序号	名　称	数量	相关标准
1	挡圈 A35	1	GB/T 891—1986
2	螺钉 M6×18	1	GB/T 68—2016
3	销 3m6×12	1	GB/T 119.2—2000
5	键 8×7×40	1	GB/T 1096—2003
6	滚动轴承 30307	2	GB/T 297—2015
10	螺钉 M8×22	12	GB/T 70.1—2008
12	毡圈	2	FZ/T 25001—2012
13	键 6×6×20	2	GB/T 1096—2003
14	挡圈 B32	1	GB/T 892—1986
15	螺栓 M6×20	1	GB/T 5781—2016
16	垫圈 6	1	GB/T 93—1987

班级　　　　姓名　　　　学号

作业 12 装配体测绘

（一）作业目的

1）掌握装配体测绘的方法和步骤。

2）掌握装配图的绘制方法。

（二）内容与要求

1）按教师指定的装配体，绘制装配示意图、零件草图、装配图和部分主要零件的零件工作图。

2）零件草图画在 A3 图纸上，较小的零件，其草图可分格绘制。

3）将标准件集中记录在一张纸上，按序号分格记录其名称、数量、规格和标准号。

4）零件草图、装配图(含零件工作图)应分别按 A3 图纸横放，装订成册。

（三）注意事项

1）注意装配体的拆卸顺序，无法拆卸者不可硬拆，以防损坏零件。

2）装配示意图应按装配体的工作位置画出，并应与画装配图的主视方向相一致。

3）标准件应集中保管。对不能按比例画法绘制的标准件，查阅相应标准后也应画出其草图，为画装配图所备用。

4）应注意有装配、连接关系相关零件之间的协调性(如尺寸、表面粗糙度等)。

5）注意防漏问题(因反复拆、装,有些装配体上原有的密封件已丢失,绘图时不可遗漏)。

作业 13 由装配图拆画零件图

（一）作业目的

1）掌握由装配图拆画零件图的方法和步骤。

2）提高识读装配图和绘制零件图的能力。

（二）内容与要求

1）按教师指定的题目，拆画零件图。

2）按教师指定的题目，拆画零件草图。

（三）注意事项

1）拆画零件图应在基本读懂装配图、弄清其装配体工作原理的基础上进行。

2）装配图中所示的零件图形，结构形状往往不甚完整，尺寸尤其不全、技术要求又很有限。因此，拆图时，除了按画零件图的要求，使其具备完整的内容外，还要特别注意它与相关零件在结构形状、尺寸、表面粗糙度、极限与配合、几何公差、连接方式等方面的协调性或一致性。

3）充分考虑零件工艺结构的合理性和标准件的标准化。

4）拆画后，要负责地进行检查：以按此图加工出的零件组装成装配体，确保其功能的实现为尺度，重新审视、盘查所有零件和标准件的可靠性，综合考虑组装的可能性、合理性和相关零件的协调性，以保证机器能够有效地“动”起来。

班级　　　　姓名　　　　学号

9-6　读旋阀装配图，并拆画件 1 阀体的零件草图(画在右方)。

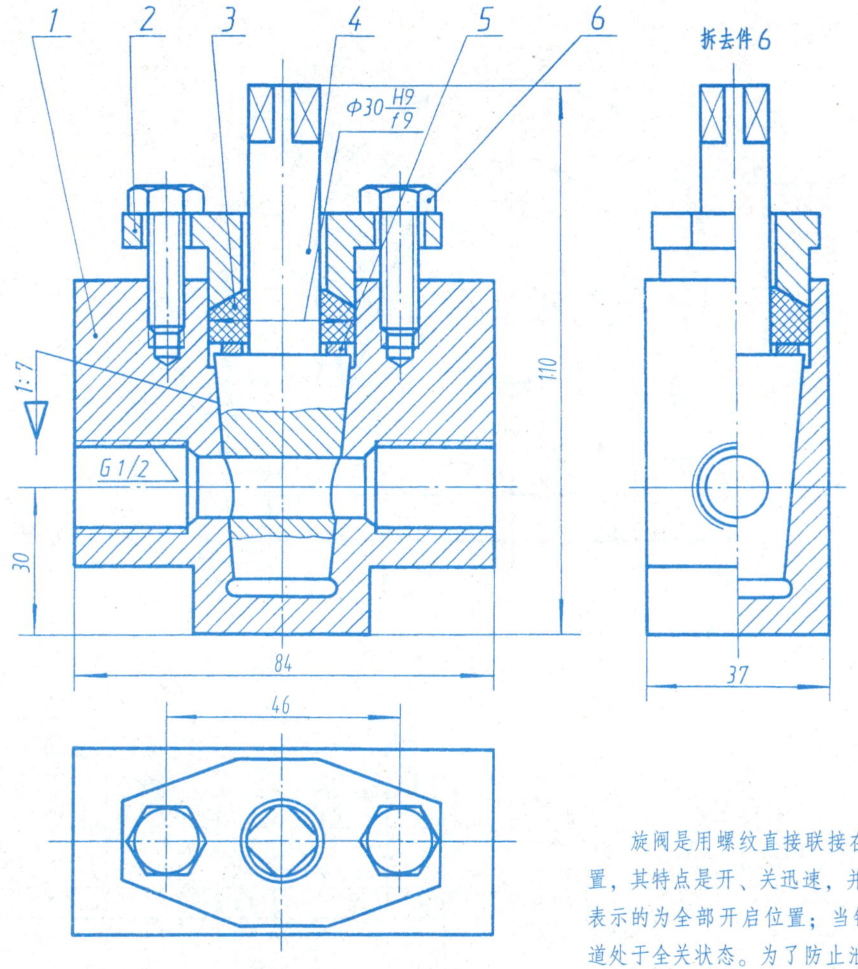

旋阀是用螺纹直接联接在管道上，作为开、关装置，其特点是开、关迅速，并可控制液体流量。图中表示的为全部开启位置；当锥形旋塞旋转 90° 后，管道处于全关状态。为了防止泄漏，在锥形塞与阀体之间缠绕石棉绳，并用压盖压紧。

序号	名　称	数量	材　料	备　注
6	螺栓 M10×40	2		GB/T 5783—2016
5	垫圈 10	1		GB/T 97.1—2002
4	阀杆	1	35	
3	填料	1	石棉绳	
2	填料压盖	1	35	
1	阀体	1	35	

旋　阀	比例	1:1	共 7 张	7-01
	重量		第 1 张	
制图				
设计				
审核				

班级　　　　姓名　　　　学号

9-7 读轴承托架装配图，并拆画件 1 托架、件 4 滑轮的零件图。

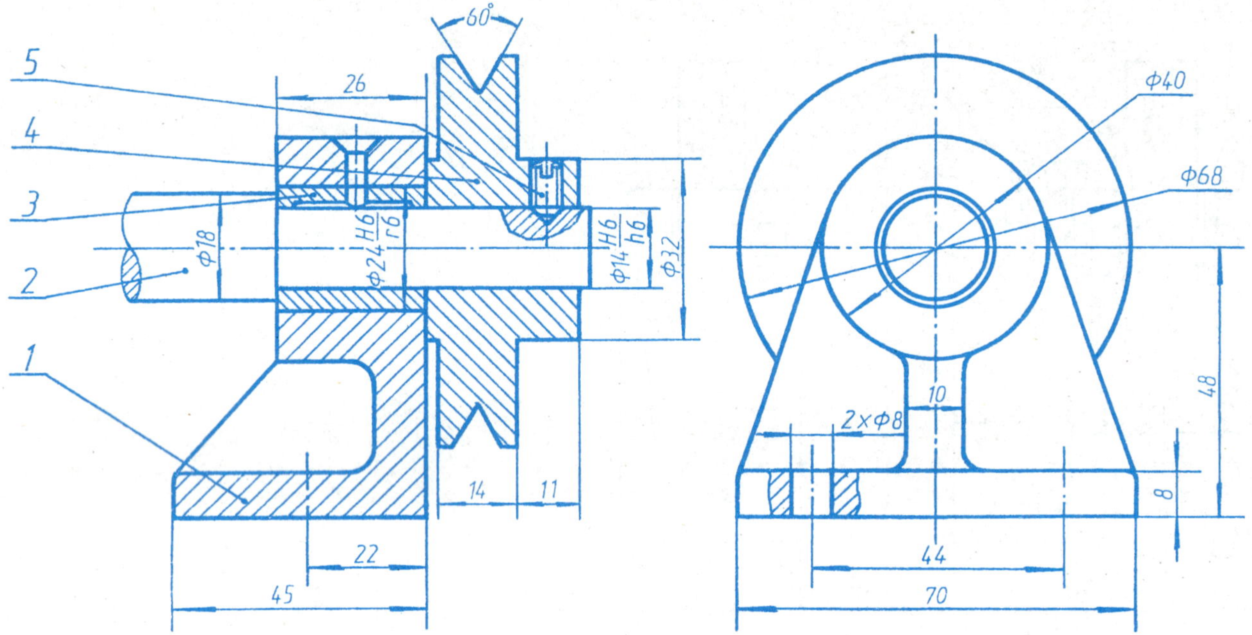

5	紧定螺钉	1	Q235A	GB/T 71—1985
4	滑轮	1	HT200	
3	衬套	1	QAL10-3-1.5	
2	轴	1	45	
1	托架	1	HT200	
序号	名 称	数量	材 料	备 注

轴承托架	比例	1:2	共 张
	重量		第 张
制图			
设计			
审核			

班级 姓名 学号

9-8 读导轮装配图，并拆画件 1 支架的零件图。

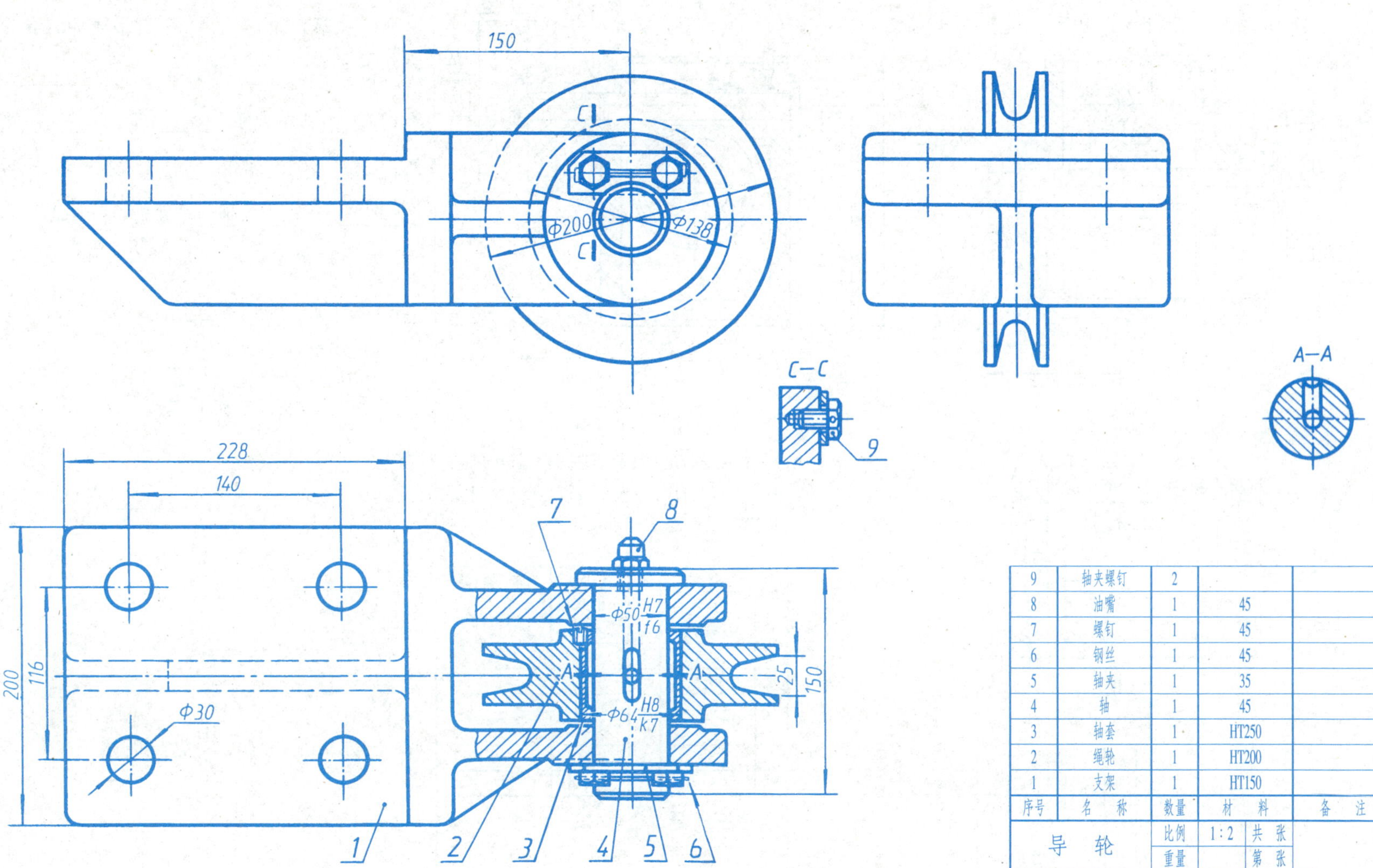

序号	名　称	数量	材　料	备　注
9	轴夹螺钉	2		
8	油嘴	1	45	
7	螺钉	1	45	
6	钢丝	1	45	
5	轴夹	1	35	
4	轴	1	45	
3	轴套	1	HT250	
2	绳轮	1	HT200	
1	支架	1	HT150	

导　轮	比例	1∶2	共　张	
	重量		第　张	
制图				
审核				

班级　　　　姓名　　　　学号

9-9 读蜗轮减速器装配图，并回答下列问题。

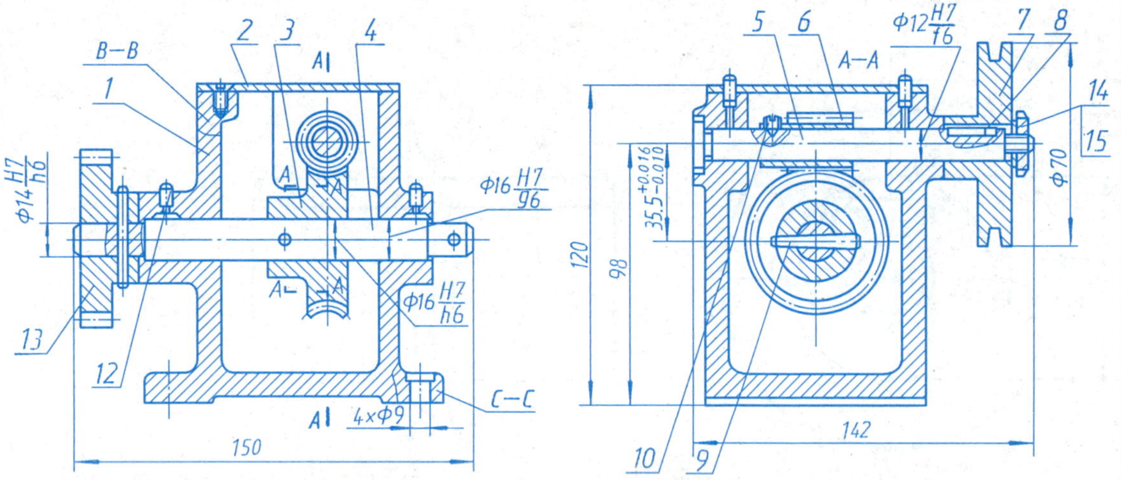

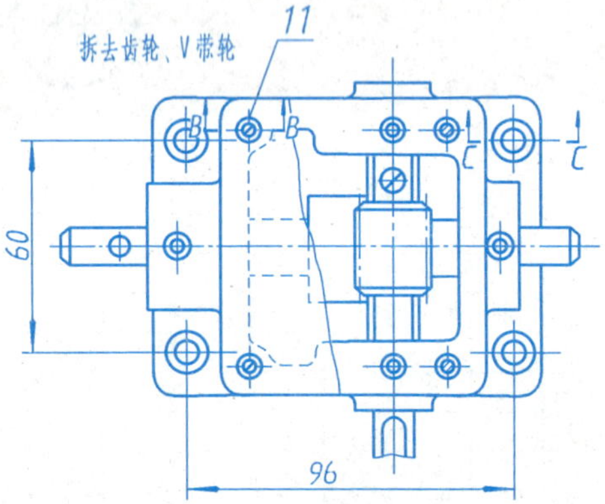

工作原理

蜗轮减速器是通过一对蜗杆、蜗轮的啮合传动达到减速的目的。动力由V带轮7输入，通过蜗杆轴和蜗杆带动蜗轮旋转，将动力传动给齿轮，从而带动别的机构旋转。

序号	名称	数量	材料	备注
15	垫圈 10	1	Q235A	GB/T 97.1—2002
14	圆螺母 M10×1	1	Q235A	
13	齿轮	1	45	
12	油杯	4		
11	沉头螺钉 M3×6	4	Q235A	GB/T 68—2016
10	紧定螺钉 M3×5	1	Q235A	GB/T 71—1985
9	圆锥销 3×28	2	Q235A	GB/T 117—2000
8	键 4×4×16	1	Q235A	GB/T 1096—2003
7	V 带轮	1	HT200	
6	蜗杆	1	40Cr	
5	蜗杆轴	1	45	
4	蜗轮轴	1	45	
3	蜗轮	1	ZCuSn10Pb1	
2	盖板	1	Q235A	
1	箱体	1	HT200	

蜗轮减速器	比例	1:2	共 张	
	重量		第 张	
制图				
设计				
审核				

回答下列问题

1. 装配图用____个图形表示，各图形的名称是____图，作____剖；____图，作____剖，____画法；____图，作____剖，它是用____的剖切平面剖切获得的。

2. 该装配体共有____种零件，其中标准件(含标准组件)共有____种。

3. 该箱体的盖板用____个____与箱体连接，它们的规格是____。

4. V带轮与蜗杆轴用____联接，它的规格是____，材料是____。

5. 装配图上的规格尺寸是____，装配尺寸是____，外形尺寸是____，安装尺寸是____。

6. 左视图上，$\phi 12\frac{H7}{f6}$的含义：____。

7. 拆画件1箱体、件5蜗杆轴的零件图(任选其一)。

班级　　　　姓名　　　　学号

9-10 读臼形轴承装配图，说明该轴承的拆、装顺序，并拆画件 1 底座、件 2 轴承箱的零件草图(画在右方)。

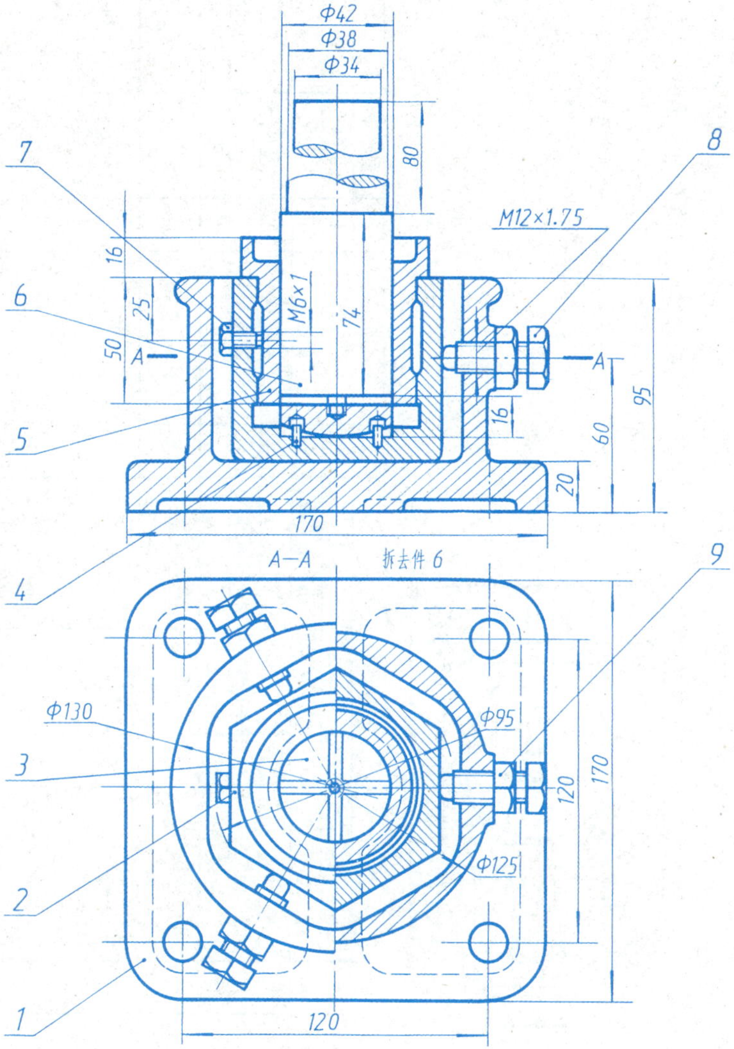

9	螺母 M12	3		GB/T 6170—2015
8	螺钉 M12×35	3		GB/T 85—1988
7	螺钉 M6×15	1		GB/T 85—1988
6	轴	1	45	
5	轴承套	1	ZCuSn5Pb5Zn5	
4	销 3m6×10	2		GB/T 119.1—2000
3	轴承衬	1	ZCuSn5Pb5Zn5	
2	轴承箱	1	HT200	
1	底　座	1	HT200	
序号	名　称	数量	材　料	备　注

臼　形　轴　承	比例	1 : 2	共 10 张
	重量		第 1 张
制图			
设计			
审核			

班级　　　　姓名　　　　学号

9-11 读三通阀装配图，并拆画零件图(由教师指定零件)。

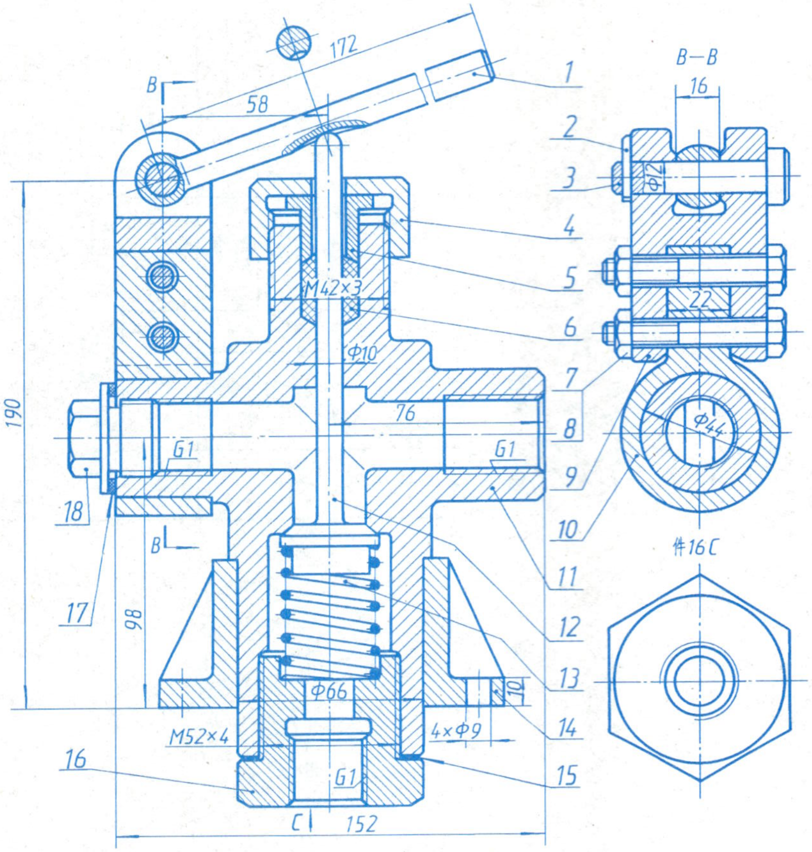

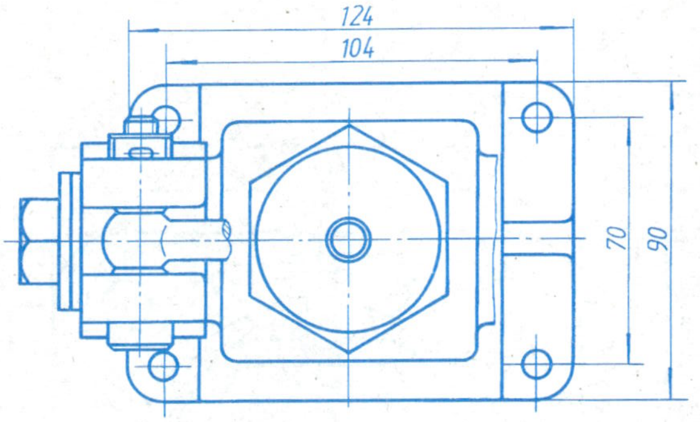

工作原理

三通阀用于控制管路的开与闭。阀体 11 的下方与进水管相连，左、右两端接出水管(也可堵住一个通道，只接一个水管，如图示)。按下手柄 1，阀门 12 克服弹簧 13 的弹力，打开管路，液体从下端流向右端出水管。放开手柄，由于弹簧的弹力作用，阀门 12 复位，通道即被堵死。

序号	名称	数量	材料	备注
18	螺塞	1	Q235A	
17	垫片	1	耐油橡胶板 3707	GB/T 5574—2008
16	管接头	1	Q235A	
15	垫片	1	耐油橡胶板 3707	GB/T 5574—2008
14	安装架	1	HT150	
13	弹簧	1	65Mn	
12	阀门	1	Q275	
11	阀体	1	HT200	
10	支架	1	30	
9	叉形架	1	Q235A	
8	螺栓 M10×65	2		GB/T 5781—2016
7	螺母 M10	2		GB/T 41—2016
6	填料		浸油石棉	
5	填料压盖	1	Q235A	
4	盖螺母	1	30	
3	小轴	1	Q275	
2	开口销	1		GB/T 91—2000
1	手柄	1	20	

三 通 阀	比例	1:2	共 8 张	8-1
	重量		第 1 张	
制图				
设计				
审核				

班级　　　　姓名　　　　学号

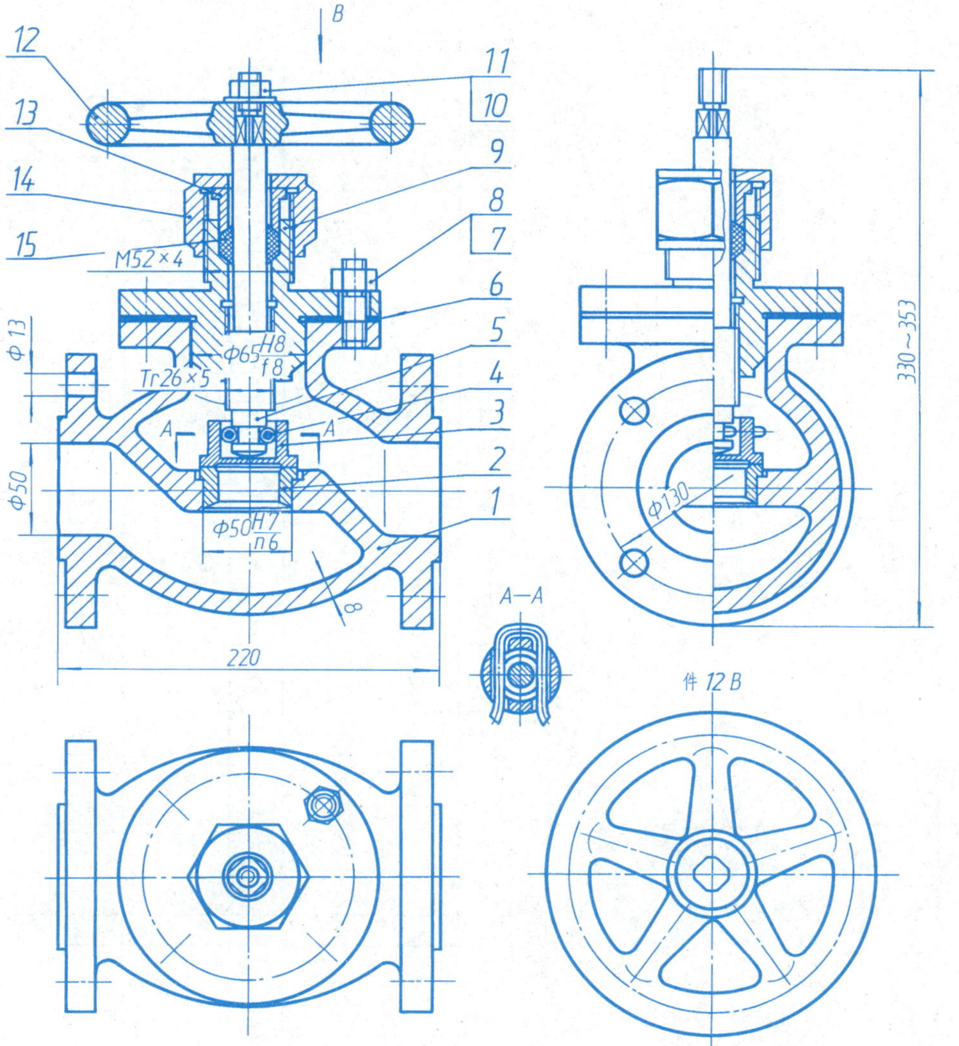

工 作 原 理

截止阀是控制输液管路中的一个启、闭装置，沿逆时针方向转动手轮 12，阀杆 5 随之转动，通过与阀盖 9 间螺纹的传动作用，使其上升，并由插销 4 带动阀盘 3 上升，管路接通，液体输入。沿顺时针方向转动手轮 12，阀盘下降，堵住通道，输液则停止。

技 术 要 求

1. 常用压力 p=1.57MPa。
2. 装配后进行水压试验和密封性试验。

序号	名称	数量	材料	备注
15	填料		浸油石棉	
14	盖螺母	1	ZCuSn5Pb5Zn5	
13	压盖	1	ZCuSn5Pb5Zn5	
12	手轮	1	HT150	
11	螺母 M12	1		GB/T 6170—2015
10	垫圈 12	1		GB/T 97.1—2002
9	阀盖	1	ZCuSn5Pb5Zn5	
8	螺母 M10	4		GB/T 6170—2015
7	螺柱 M10×30	4		GB/T 898—1988
6	垫片	1	软钢纸板	QB/T 2200—1996
5	阀杆	1	H96	
4	插销	1	Q215A	
3	阀盘	1	ZCuSn10Zn2	
2	阀座	1	ZCuSn10Zn2	
1	阀体	1	ZCuSn5Pb5Zn5	

截 止 阀	比例	1:2	共 张	02
	重量		第 张	
制图				
设计				
审核				

班级　　姓名　　学号

9-13 读减速机装配图（选读题，装配体轴测图见 195 页）。

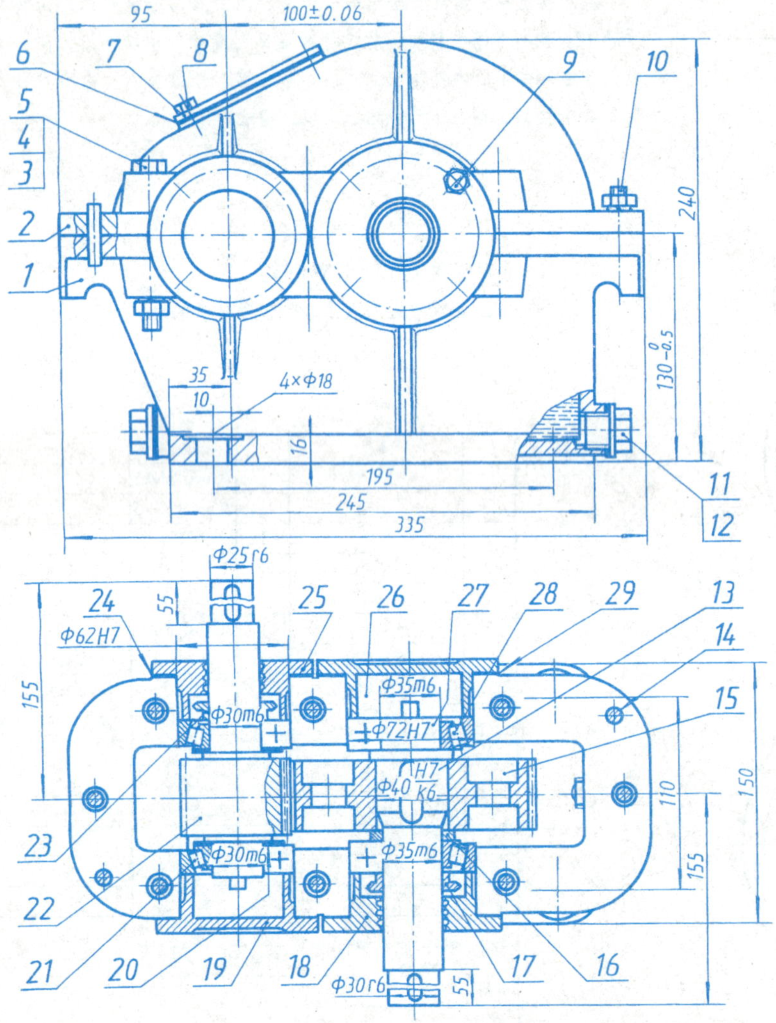

工 作 原 理

减速机是一种减速装置。动力从齿轮轴 22 的伸出端传入，齿轮轴带动大齿轮 15 旋转，并通过键 13 将动力传递到轴 27 上，从而将主动轴的高速转动，经齿轮传动降为从动轴的低速转动，以达到减速的目的。

序号	名　称	数量	材　料	备　注
29	调整垫片	2	08F	
28	滚动轴承 30207	2		
27	轴	1	45	
26	端盖	1	HT200	
25	可通端盖	1	HT200	
24	调整垫片	2	08F	
23	甩油环	1	Q235	
22	齿轮轴	1	38SiMnMo	
21	滚动轴承 30206	2		
20	挡油环	2	Q235	
19	端盖	1	HT200	
18	可通端盖	1	HT200	
17	甩油环	1	Q235	
16	定距环	1	Q235	
15	齿轮	1	35SiMn	
14	销 8m6×35	2	45	GB/T 119.1—2000
13	键 12×8×36	1	45	GB/T 1096—2003
12	垫圈	2	石棉橡胶纸	
11	螺塞	2	Q235	
10	螺栓 M10×40	2	Q235	GB/T 5782—2016
9	螺栓 M8×20	16	Q235	GB/T 5782—2016
8	螺栓 M6×16	4	Q235	GB/T 5782—2016
7	视孔盖	1	Q235	
6	垫片	1	石棉橡胶纸	
5	螺母 M10	8	Q235	GB/T 6170—2015
4	弹簧垫圈 10	8	65Mn	GB/T 93—1987
3	螺栓 M10×90	6	Q235	GB/T 5782—2016
2	机盖	1	HT200	
1	机体	1	HT200	

ZD10 减速机	比例	1 : 4	共 1 张
	重量		第 1 张
制图			
设计			
审核			

班级　　　　姓名　　　　学号

重要提示　　**操作指导**

作为一名工程技术人员应具有计算机绘图的基本技能，要尽快掌握 AutoCAD 2014 绘图软件的操作方法和实用技巧，准确、清晰、高效地绘制出机械图形，需要做到以下几点：

1. 熟悉界面

要熟悉 AutoCAD 2014 版本的用户界面，了解菜单栏、工具栏、状态栏的设置和命令栏快捷键等功能，要通过不断的练习，加深理解、熟练掌握命令的调用和数据的输入方法。

2. 多看提示

AutoCAD 2014 软件是一套比较人性化的软件，每一步操作都会有提示指导。就算某个命令你原来从未使用过，只要根据提示一步一步做下去，也能完成。

3. 巧用绘图命令

要反复练习 AutoCAD 2014 的常用绘图命令，逐步掌握一些绘图技巧。如绘制圆弧时，先画出该圆弧所在的完整的圆，然后根据需要对圆进行修剪，得到所需要的圆弧等。

4. 多用编辑命令

每一张图形最终都可归为由直线和圆组成，因此作图时只需先画圆或直线并确定其位置，然后进行一系列编辑操作，如复制、旋转、镜像、偏移、修剪等，即可完成图形的绘制。

在绘制图形时，一般来说，能用编辑命令完成的，就不要用绘图命令完成。在 CAD 软件的使用过程中，虽然一直说是画图，但实际上大部分都是在编辑图。因为编辑图元可以大量减少绘制图元不准确的概率，并且可以在一定程度上提高效率。

5. 运用精确作图

在绘图过程中输入数据时，应适时使用正交、对象捕捉和对象追踪功能，以使图形绘制得更准确、更快捷。

6. 多用鼠标右键快捷菜单

在绘图时，要注意鼠标右键快捷菜单的使用。快捷菜单中列出的是最常用的命令，它可以大大提高绘图速度。但必须注意的是，在不同命令状态下，快捷菜单中的项目是不一样的，在学习中要注意总结。

7. 慎用键盘

在 AutoCAD 2014 中，空格键和鼠标右键等同回车键，都是确认命令，因此不要随意按回车键和空格键。在命令状态下按回车键或空格键表示执行上一个命令，在有的命令执行中按回车键或空格键表示结束该命令操作。当正在执行命令的过程中，按〈Esc〉键可以中止命令的操作。

8. 注意 U 命令和放弃命令的不同

绘图时要注意 U 命令的使用，U↙在命令中使用表示取消上一次数据输入，U↙在命令状态下使用表示取消上一个命令的执行结果，效果等同于快速访问工具栏中的放弃命令。

9. 做好文字标注

标注文字时，要先设置文字标注样式，一般字母和数字与汉字应分别设置两种标注样式。

10. 善用快捷命令

快捷命令是 AutoCAD 为了提高绘图速度而定义的快捷方式，它用一个或几个简单的字母来代替绘图、编辑、设置等命令，其中常用的如下：

快捷命令	说明	快捷命令	说明
A	圆弧	M	移动
B	创建块	O	偏移
C	圆	P	平移
D	标注样式管理器	CO	复制
E	删除	MI	镜像
H	图案填充	TR	修剪
I	插入块	RO	旋转
L	直线	BR	打断

班级　　　　姓名　　　　学号

作业 14 作业指导书

（一）作业目的

熟悉 AutoCAD 的基本操作，学会使用 AutoCAD 常用绘图及编辑命令，能够绘出一般的平面图形。

（二）内容与要求

1）按右面绘制平面图形。

2）使用 A4 图纸竖放，比例为 1∶1。

3）不标注尺寸。

（三）作图步骤

1）启动 AutoCAD。

2）设置图幅、绘制图框及标题栏。

3）设置当前线型为 CENTER 线型，绘制细点画线。

4）设置当前线型为 CONTINUOUS 线型，绘制轮廓线。

5）设置当前线型为 DASHED 线型，绘制细虚线。

6）设置当前线型为 CONTINUOUS 线型，填写标题栏。

7）检查、修改无误后，存盘退出。

（四）注意事项

1）作图时，要使用“对象捕捉”等功能来保证图形定位的准确性。

2）使用“修剪”命令对图形进行编辑。

3）随时使用显示命令对图形进行缩放，以便详细观察，绘制图形细节情况。

1.

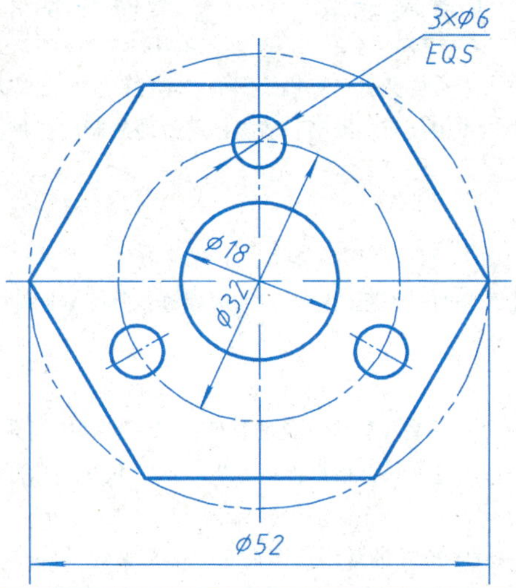

2.

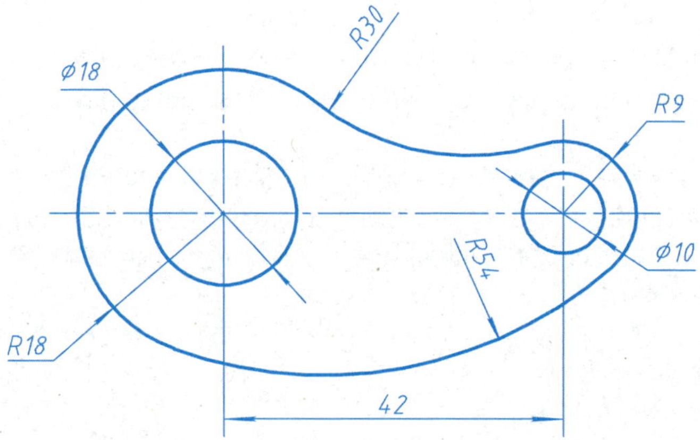

班级 姓名 学号

10-3　用 AutoCAD 绘制平面图形和三视图。

1.

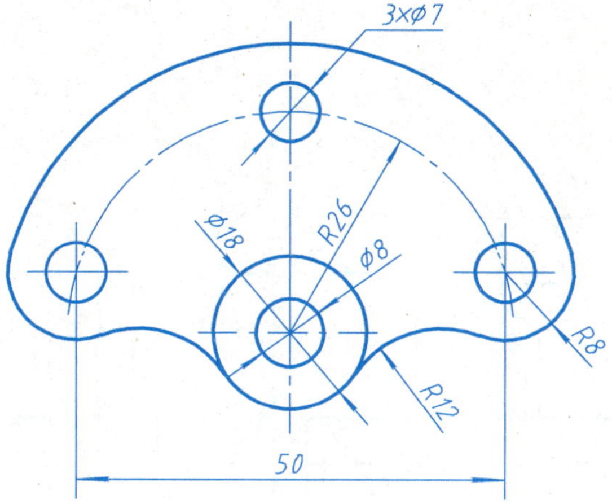

2.

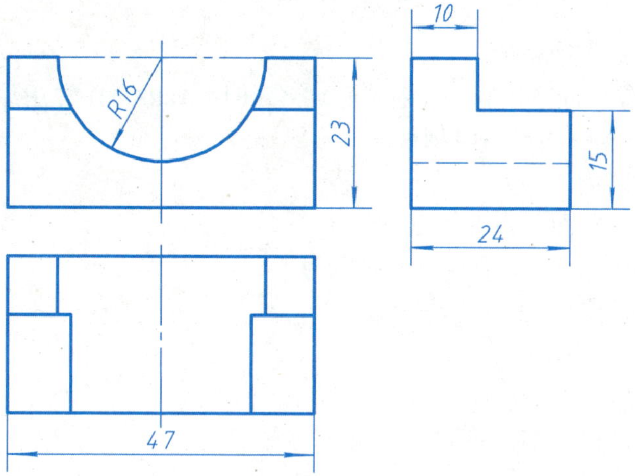

3.

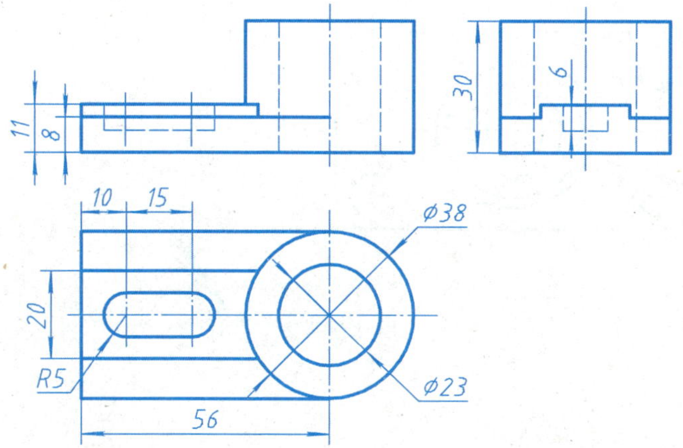

4.

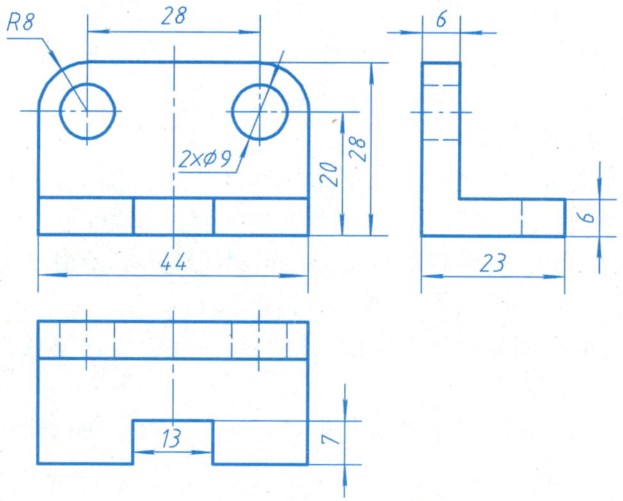

班级　　　　　　　　姓名　　　　　　　　学号

作业 15 作业指导书

（一）作业目的

熟悉 AutoCAD 的基本操作，学会使用 AutoCAD 常用绘图及编辑命令，能够绘出简单剖视图。

（二）内容与要求

1）按右面三视图绘制实体图。

2）使用 A4 图纸竖放，比例为 1∶1。

3）标注尺寸。

（三）作图步骤

1）启动 AutoCAD。

2）设置图幅、绘制图框及标题栏。

3）设置当前线型为 CENTER 线型，绘制细点画线。

4）设置当前线型为 CONTINUOUS 线型，绘制轮廓线。

5）绘制剖面线，剖面线间隔为 3mm，角度为 45°。

6）设置文字样式和标注样式，再进行尺寸标注与填写标题栏。

7）检查、修改无误后，存盘退出。

（四）注意事项

1）作图时，要使用“对象捕捉”和“对象追踪”等功能，以保证视图间的投影关系及图线间的连接关系和准确性。

2）剖面线的边界应是封闭的。当剖面线边界不封闭时，使用修剪、延伸命令进行编辑，封闭后再画剖面线。

3）随时使用显示命令对图形进行缩放，以便详细观察图形的细节情况。

4）作图过程中应经常对文件进行保存，以免在意外断电等情况下，丢失文件。

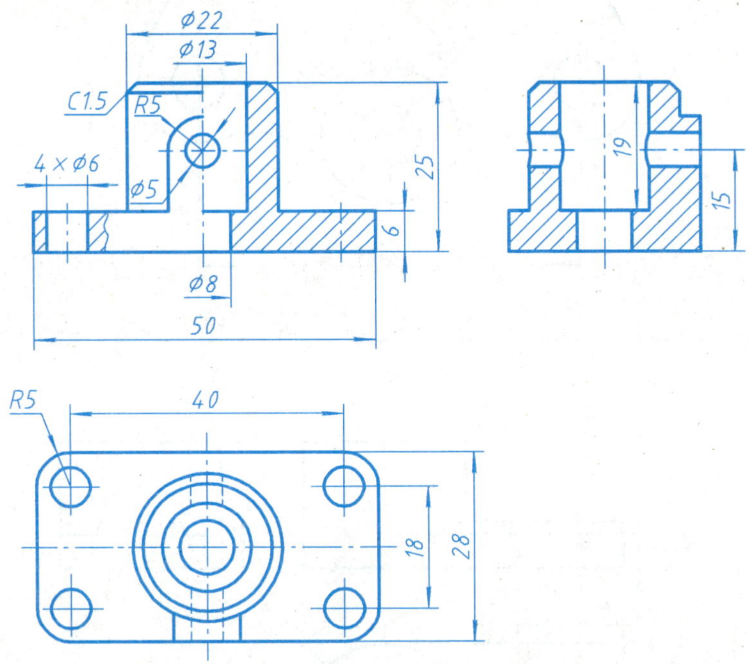

班级　　姓名　　学号

整合知识 点拨重点 引导学法

展开图是金属结构厂的专业图样，其画法需深入研究才能更好地掌握。由于在机械工厂中也会经常用到这种图，所以本书将其列为选学内容加以介绍。

本章所介绍的展开图画法是机械工程中最常用到的，故应很好地掌握。

1. 平面体的展开

平面体的表面都是多边形，因此，画平面体的展开图实际上就是画出平面体表面各多边形的实形。

2. 可展曲面的展开

可展曲面的相邻两素线是互相平行或相交的，能够展开成一个平面。因此，在画展开图时，可以将相邻两素线间的曲面当作平面来展开。由此可知，可展曲面的展开方法与棱柱、棱锥的展开方法相同。即将圆柱面看作为棱线无穷多的直棱柱面，将圆锥面看作为棱线无穷多的正棱锥面，也就是可用棱柱、棱锥的展开方法来作图。变形接头也属于可展曲面。

3. 不可展曲面的展开

工程中常见的不可展曲面有球面、螺旋面等。画它们的展开图，也就是将不可展曲面分成若干个部分，然后将每一部分近似地看成可展的柱面、锥面或平面来展开。

4. 画展开图应注意的几个问题

（1）画展开图首先要分析形体的表面是可展面还是不可展面，然后再确定用什么方法展开。画展开图的方法有三种，即平行线法(多用于棱柱和圆柱)、放射线法(多用于棱锥和圆锥)和三角形法(将形体表面分成若干个三角形,不可展曲面的展开常用此法)。

（2）画展开图时，应在投影图上分析清楚哪些线(或面)不反映实长(或实形)，并确定用什么方法(直角三角形法、旋转法、换面法)求出其实长或实形。

（3）凡属相交的两回转体，画展开图前，必须先在投影图上求出相贯线的投影，然后分别将两体的表面展开，并在展开图上定出相贯线上各点的位置，再依次连线，即画出展开图。

（4）实际画展开图时，还要考虑金属板制品的工艺问题，如板厚的处理、接口形式、预留咬缝余量、材料的合理利用，以及减少焊缝及其长度等。

1. 用直角三角形法求直线 *AB* 的实长。

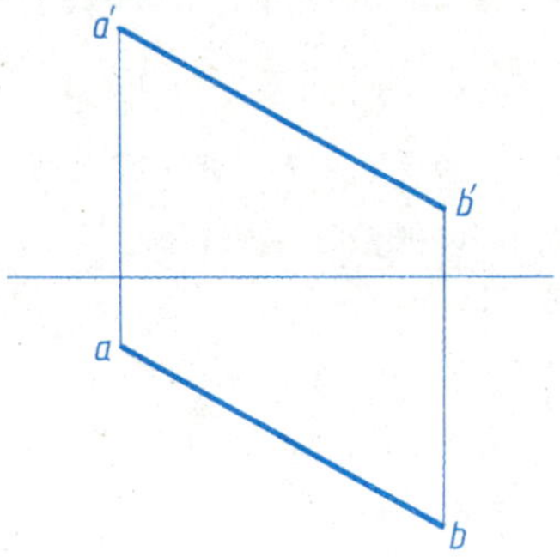

2. 用旋转法求直线 *AB* 的实长。

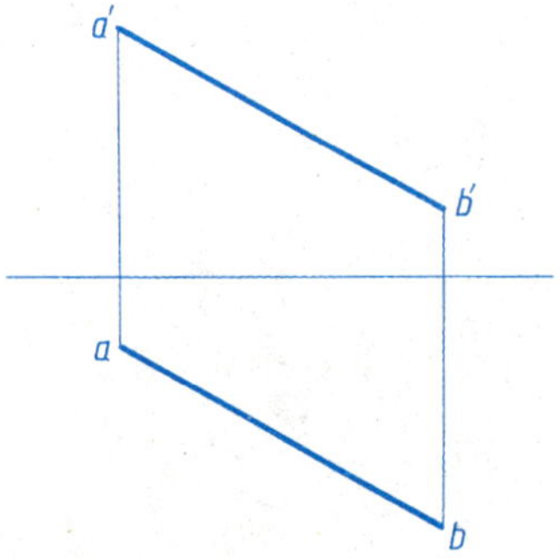

3. 用旋转法求棱线实长，画正四棱台的表面展开图。

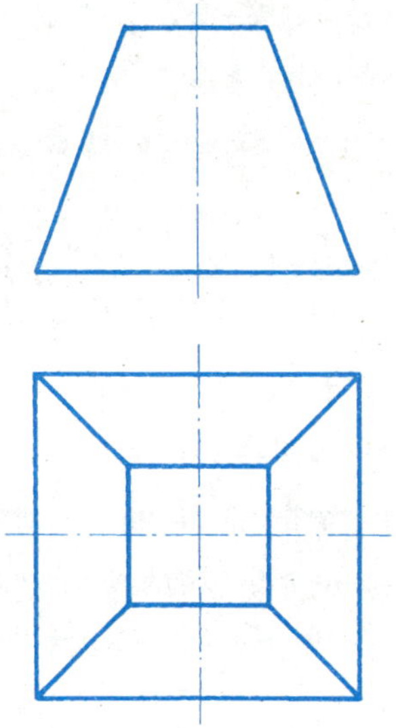

班级　　姓名　　学号

作业 16　制 作 纸 型

（一）作业内容

1）画组合制件的表面展开图。

2）制作“薄板制件”的纸模型。

（二）作业目的

通过制作纸模型，掌握展开图的画法。

（三）作业要求

1）用绘图纸画展开图（可用作过图的图纸背面绘制）。

2）比例为 1：1。

3）将展开图剪下，粘贴成纸型。

（四）注意事项

1）将制件按组合特点分解成若干部分。

2）相交的两体，应先在投影图上求出相贯线的投影，然后分别将两体的表面展开。

3）画展开图时要合理地利用图纸，避免超出图纸或图形重叠。

4）作图力求准确，可全部用细实线绘制。

5）粘贴组合时，应注意各部分接口的方位，制成的纸型必须与图示位置一致。

6）粘贴之前，请阅读“制作纸型注意事项”。

（五）图例（见右图）

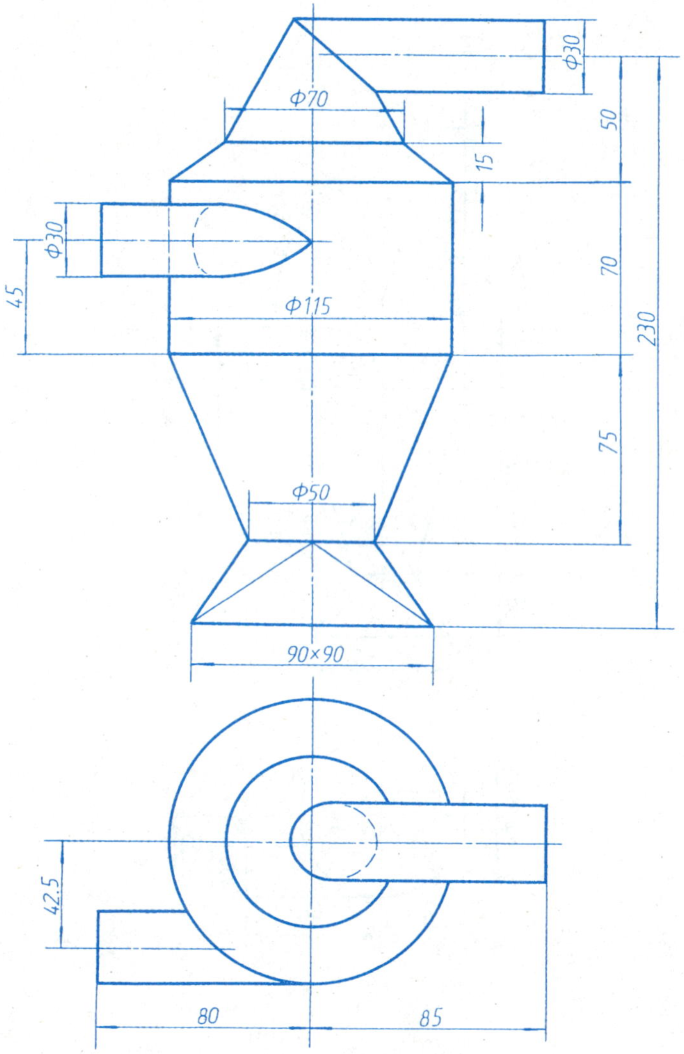

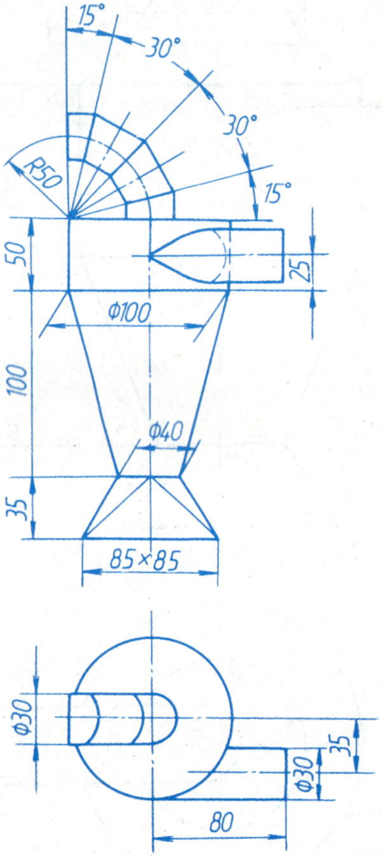

制 作 纸 型

可将制件的各部分展开图用剪刀剪下来，用胶带纸(或浆糊)进行粘贴组合，作成制件的纸型。

注意事项：

1）每一组成部分接缝处都要留出一定的余量(如下图的虚线部分)，以便于粘合。

2）各组成部分之间的接缝处，也要留出一定的余量，以便于相互粘合，如下图(虚线为剪口线)。

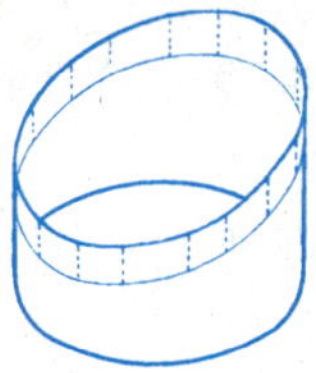

3）粘贴时要对齐，不要歪斜。发现展开图画得不够准确的地方，可做必要的修正。

　附录 1　选做题答案。

1.（100 页第 3 题答案）。

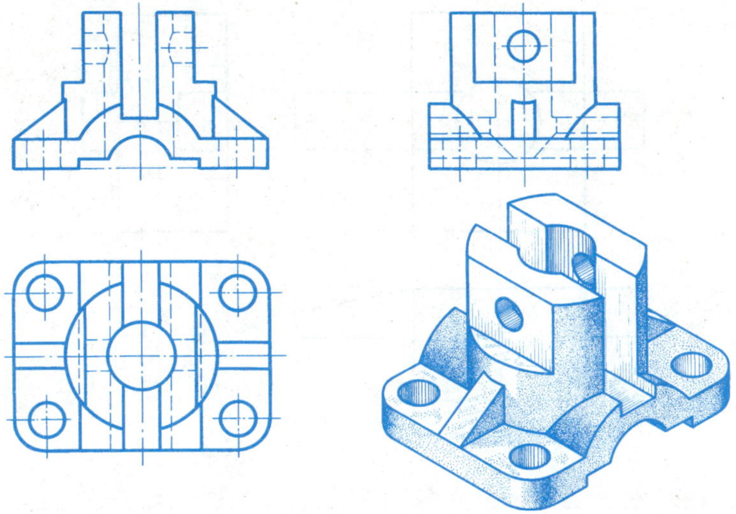

2.（100 页第 4 题答案）。

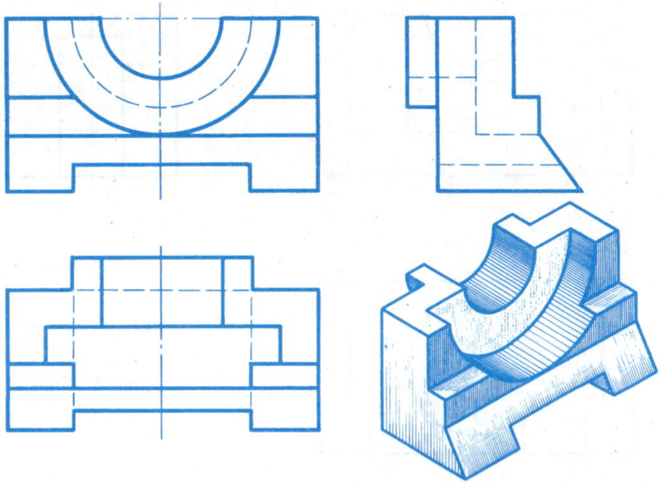

3.（103 页第 1 题答案）。

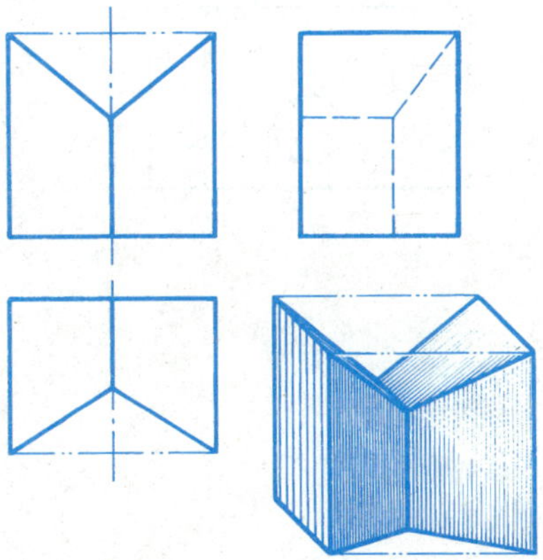

4.（103 页第 2 题答案）。

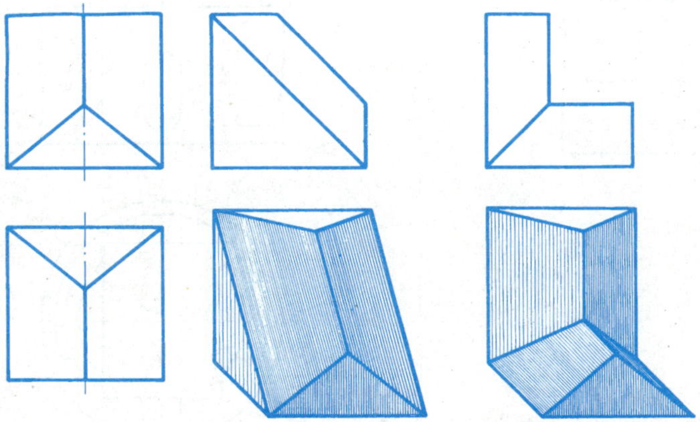

5.（103 页第 3 题答案）。

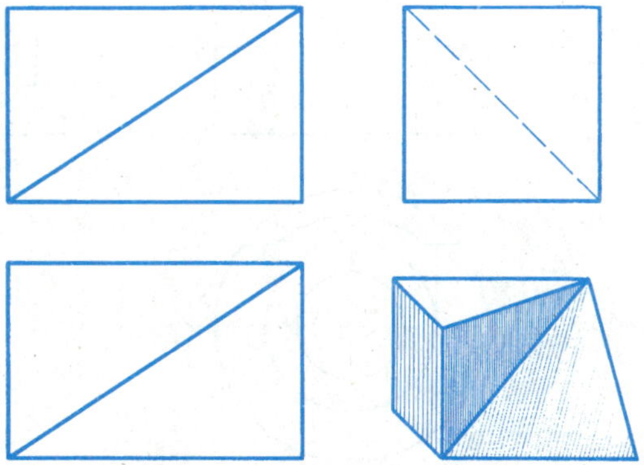

班级　　　　姓名　　　　学号

1.（101 页第 1 题答案，其轴测图在下页）。

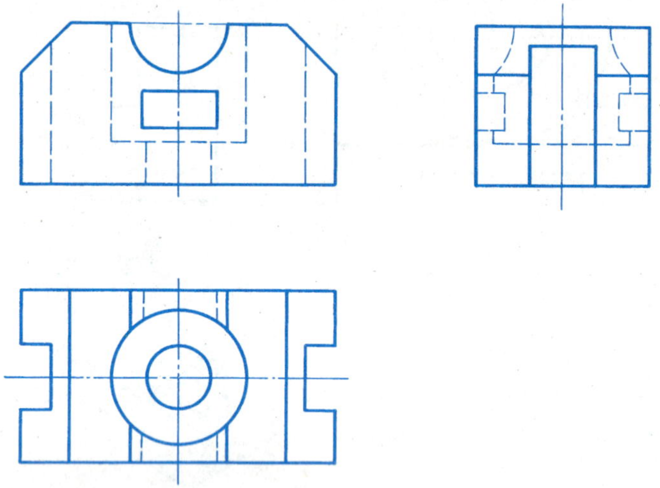

2.（101 页第 2 题答案，其轴测图在下页）。

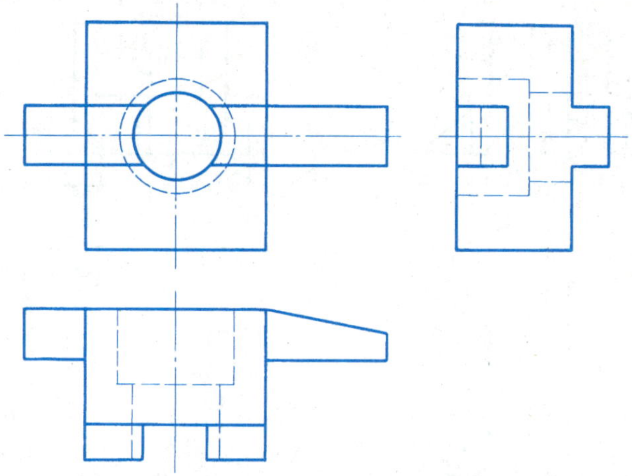

3.（102 页第 1 题答案，其轴测图在下页）。

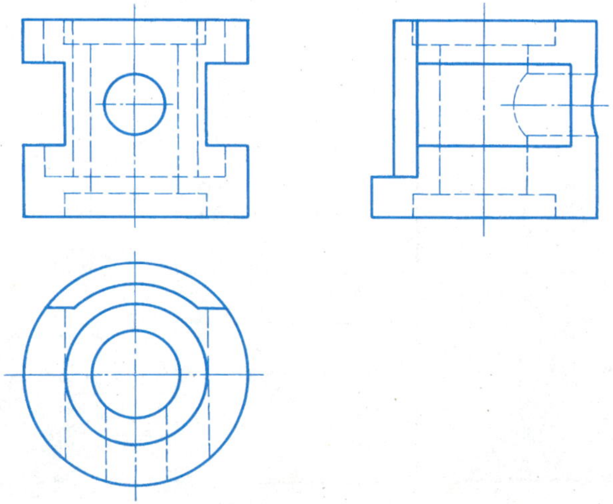

4.（102 页第 2 题答案，其轴测图在下页）。

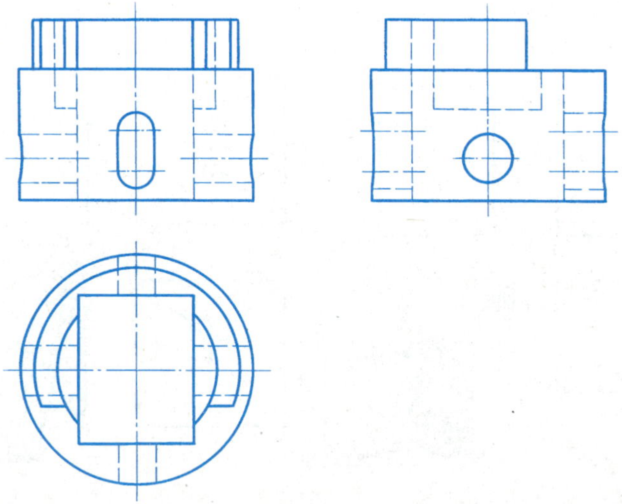

班级 姓名 学号

附录3 选做题答案。

1.（101页第1题的轴测图）。

2.（101页第2题的轴测图）。

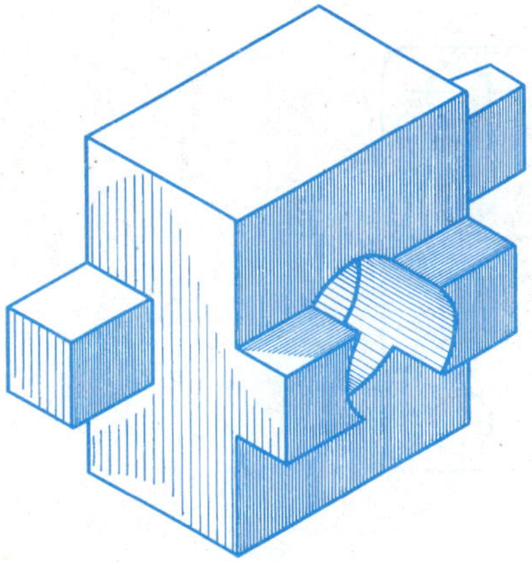

3.（102页第1题的轴测图）。

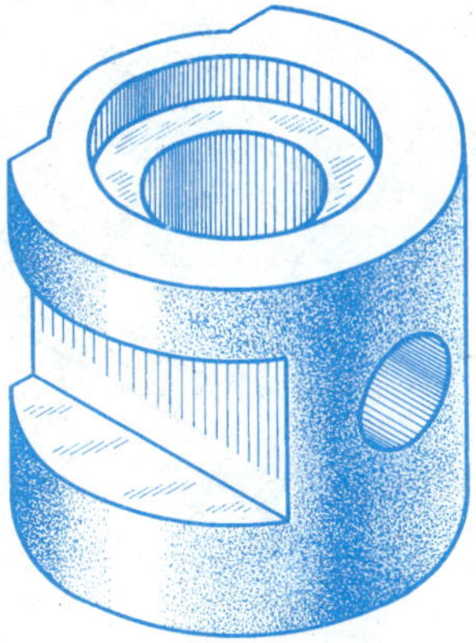

4.（102页第2题的轴测图）。

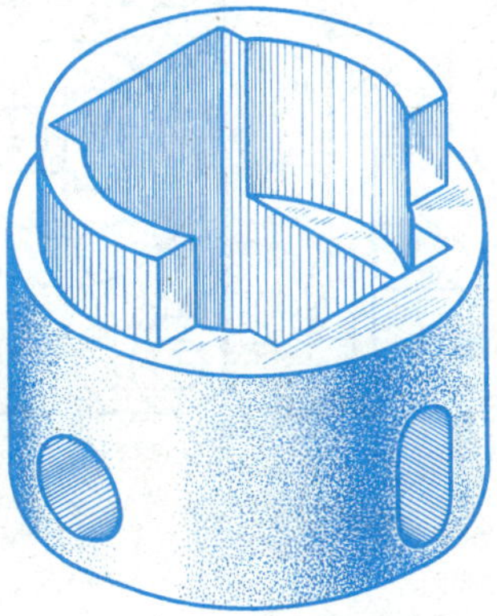

5.（130页第1题的轴测图）。

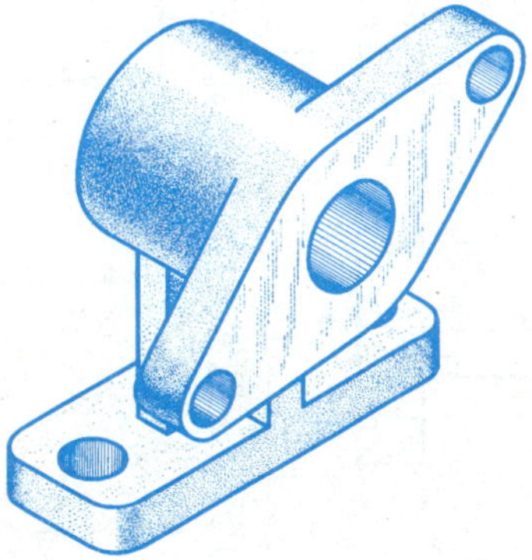

6.（130页第2题的轴测图）。

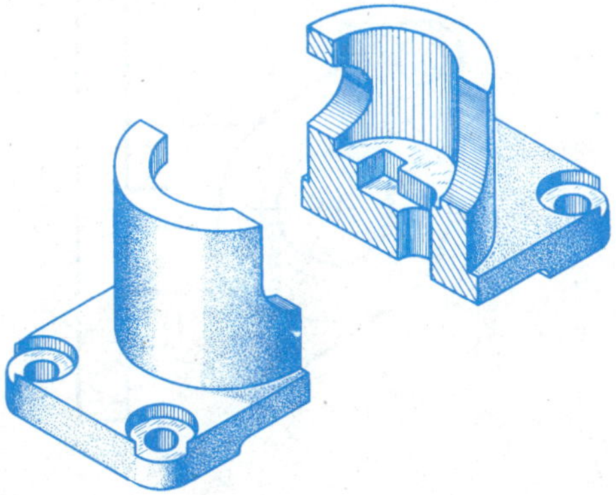

班级 姓名 学号

附录 4　选做题答案。

班级　姓名　学号

1.（130 页第 1 题答案，其轴测图在 191 页）。

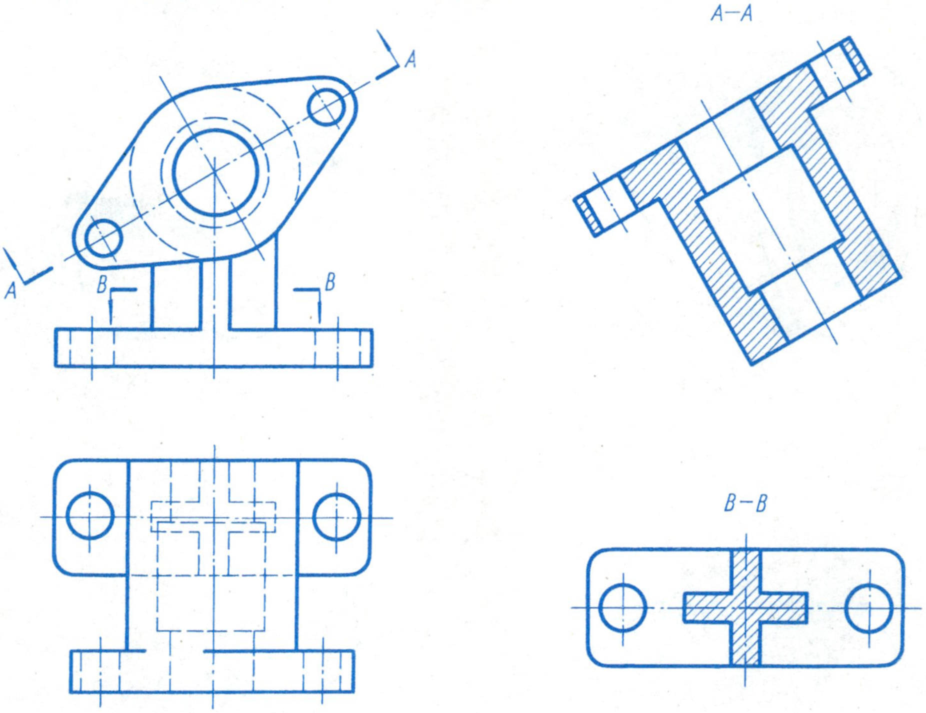

2.（130 页第 2 题答案，其轴测图在 191 页）。

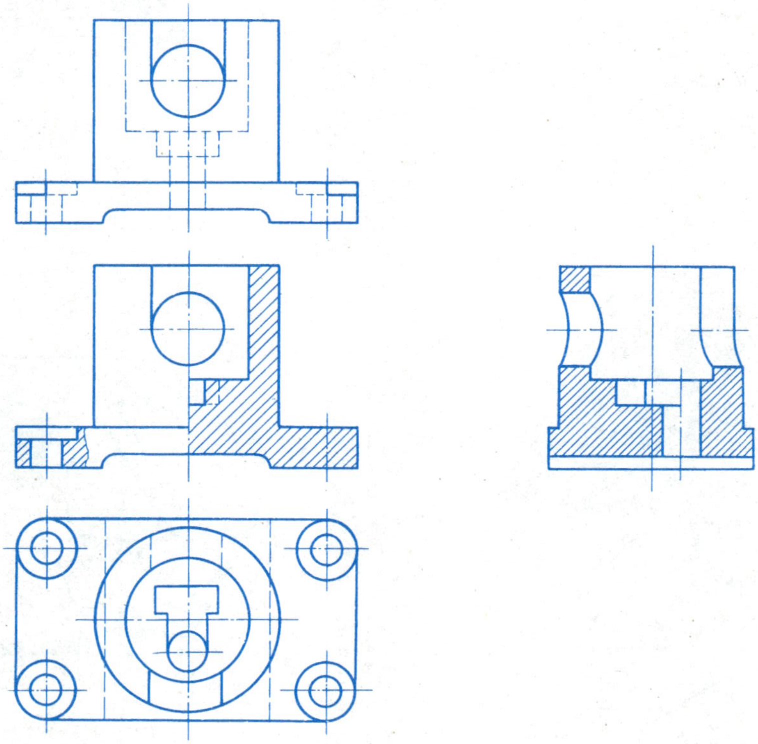

附录5 选做题答案。

1.（161 页所示零件的轴测图）。

2.（162 页所示零件的轴测图）。

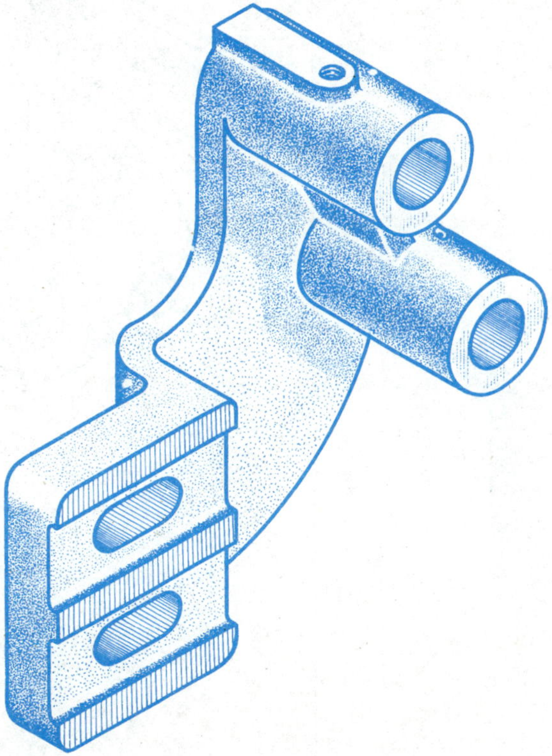

3.（160 页所示零件的轴测图）。

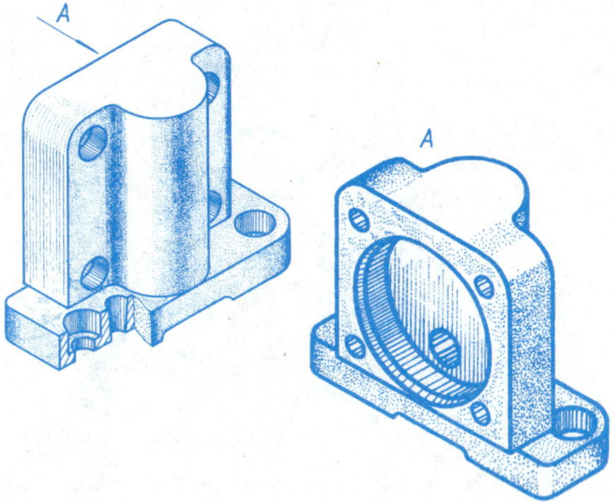

4.（167 页所示零件的轴测图）。

班级 姓名 学号

1.（163页所示零件的轴测图）。

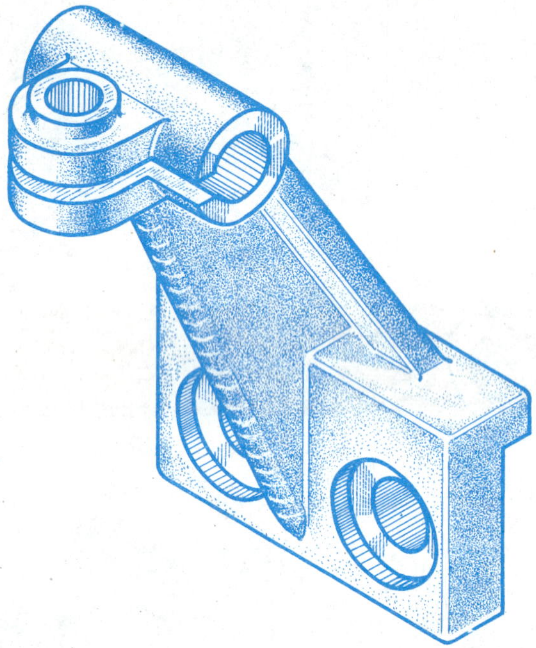

2.（166页所示零件的轴测图）。

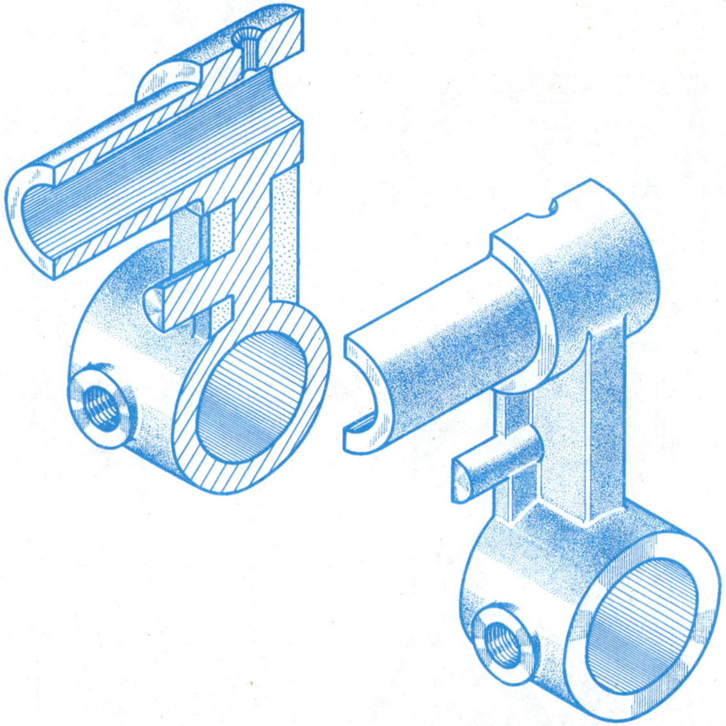

班级　　　　　　　　　　姓名　　　　　　　　　　学号

附录 7 截止阀、减速机及其机座、机盖的直观图、轴测图。

1. 179 页所示截止阀的直观图。

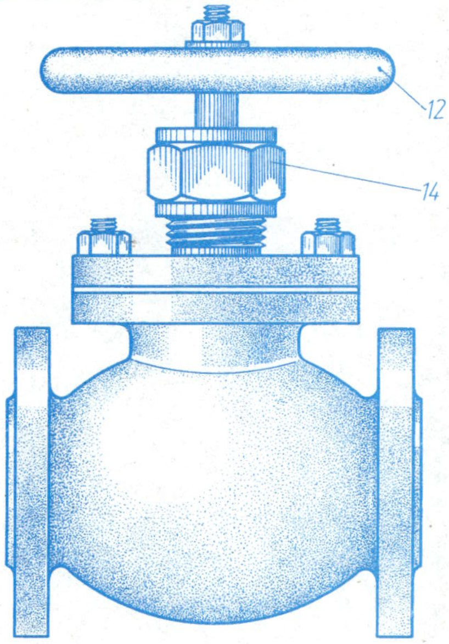

外观图

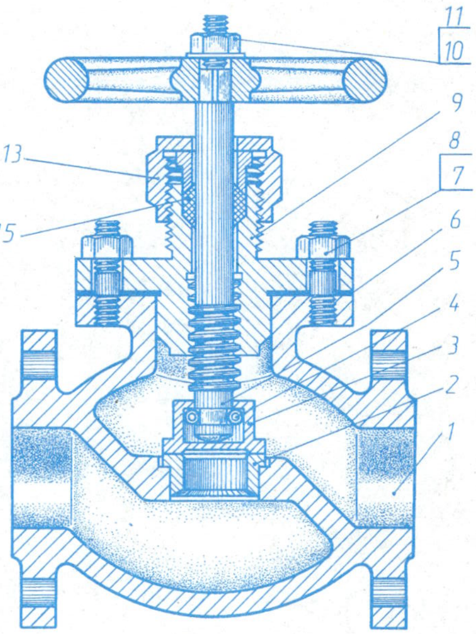

结构图

1—阀体 2—阀座 3—阀盘 4—插销 5—阀杆 6—垫片 7—螺柱
8、11—螺母 9—阀盖 10—垫圈 12—手轮 13—压盖 14—盖螺母 15—填料

2. 180 页所示减速机的轴测图。

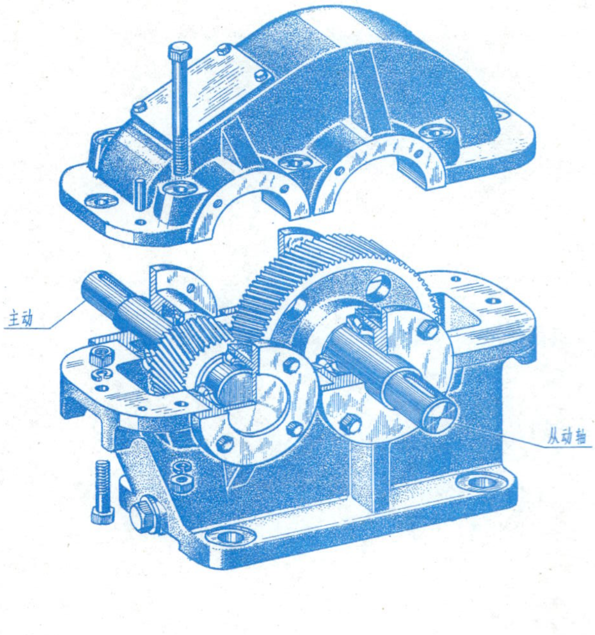

3. 164 页、165 页所示零件的轴测图。

班级 姓名 学号